10章　书籍与长文档排版
　　　西点美食食谱
　　　视频位置：光盘/教学视频/第10章

07章　颜色与效果
　　　使用效果制作时尚版式
　　　视频位置：光盘/教学视频/第07章

12章　综合实例
　　　欧美风格卡通音乐海报
　　　视频位置：光盘/教学视频/第12章

08章　图像处理
　　　使用链接面板替换素材
　　　视频位置：光盘/教学视频/第08章

SUPER

Asadal Contents

Extraction of a large number of tea extract

SWEET baby

you and caring you all the **BROKEN**

Frederico
ORLANDO POTTER

olour of Pomegranates, The/Legend of the Suram Fortress

It is graceful grief and sweet sadness to think of you, but in my heart, there is a kind of soft warmth that can't be expressed with any choice of words. Listening to my heart beating. Seeing how much I love you ,I dare to admit how much I loveyou of you, I hope you can passionate words. I Thousand of thought of you .My going high into the and flying with blessing towards don't care loneliness. I am satisfied when you are happy and I am happy when I think of you. Do you someone and caring Your smiling of my heart, receive words I left for you!

"I'll be Sorry, you tha ah1
When thinking receive the left for you! time I have heart is a i r m my you I

"You've had one too many, love. OUT?"

I am when you are and a m when I know! you! know there is thinking of you you all the time on the curtain the passionate

Christina's star turn

One of our all-time favourite music videos is *Lady Marmalade*, which saw Christina Aguilera, Pink, Lil' Kim and Mya burlesque-dancing their hearts out. So we got very excited that in her new film *Burlesque*, Xtina dons a basque and fishnets again for her role as Ali Rose, a small-town girl who heads to Vegas to make it as a dancer. Like a 100-minute version of the music video, it co-stars Cher as Ali's mentor – completing a package that's outrageously flamboyant, glittery and fun, fun, fun.

... SELF-HELP GURUS
January sees bookshelves across the land groaning under the weight of self-help books. Here are three of the best – from experts with proven track records – to help achieve a shinier, happier you

1 *I Can Make you Happy* by Paul McKenna (£10.99, Bantam Press)
Hypnotist Paul McKenna is Britain's best-selling non-fiction author, and everyone's favourite purveyor of the 'look into my eyes, not around the eyes' school of self-improvement. This book promises to help you beat depression, overcome destructive thought patterns and banish the blues for good.

2 *Adore Yourself Slim* by Lisa Jackson (£12.99, Simon & Schuster)
A rounded programme of hypnotherapy, nutrition and exercise designed to get you into your swimsuit without the usual agonies that go with shedding the post-Christmas pounds. The encouraging thing about this book is that the author herself lost 3st 7lbs using her own strategies.

3 *Get The Job You Really Want* by James Caan (£12.99, Portfolio Penguin)
We don't need to shout about *Dragon's Den* entrepreneur James Caan's credentials - he's got his fingers in so many pies, it's surprising his fingers aren't permanently burnt. Here, he uses his years of experience to show you how to land the right job for you – even when competition is stiffer than Jimmy Carr's hair.

THOUSAND OF TIME I HAVE

DESIGN

NO.100201

ERAY DESIGN STUDIO

heart beats for you every day

longer becomes

becomes a poet

keeps the cold out better than a cloak.

Who travels for love finds

Who travels for love finds a thousand miles not longer than one.

between there are always wishes

LONELY The heart that once truly loves never forgets

poet there

DIRECT
PRINTING MADE EASY

The Future Network produces targeted specialist magazines for people who a passion. We aim to satisfy that passion by creating titles offering value for money

Enhance your naturally gorgeous look with this ultimate summer accessory—healthy hair! Channel your inner mermaid with luscious waves from the *Herbal Essences Tousle Me Softly Collection*. Layer the products together for perfectly imperfect hair that begs to be touched.

Start with *Tousle Me Softly Shampoo* for a refreshing, soft clean, *Conditioner* for a tousled look fights frizz, versile tangle-parting, and delivers against styling damage.

Gentle Tousling Spray Gel on wet or dry hair to lay the styling foundation for a tousled hair look and soft, touchable locks.

Finish with *Flexible Style Hairspray* to really turn heads. This flexible formula doesn't leave a dull film. Just gives you tousled looks that are soft even everywhere.

Exfoliate with a swimsuit picture for smooth, supple skin. Mix sea salt with a creamy body wash with a creamy (not luscious) and smell great.

The rich blue-green colors of the sea evoke calm tranquility. Brighten your eyes with cool, oceanic hues.

Rosy tones are universally flattering and warm up your entire complexion. Accentuate your lips with shimmery, seashell pink gloss.

Get a golden glow the smart and safe way. After applying SPF, sweep a bronzer across your forehead, cheeks, nose and collarbone for a natural, sexy luster.

www.journal-plaza.net & www.freedsense.net

※ 水润美女养成手册

※ 10 条美肌标准养成后天美女

Beauty 美肤

I am looking for the missing glass-shoes who has picked it up .

The last 10 days, Merchandise discount to panic buying

LOVE IS BLIND.

You don't love a woman because she is beautiful, but she is beautiful because you love her. When the words "I love you" were said by you for the first time, my world blossoms. I feel happy at times we have had angry words but these have been kissed away. Do you have a map. Because I just keep losing in your eyes. Love is a life, but love is long.

You make my heart smile.

Female beauty

#1 YOU MAKE MY HEART

—201—

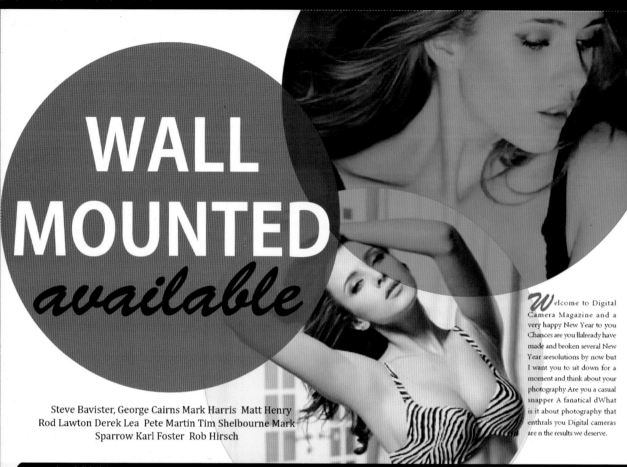

WALL
MOUNTED
available

Steve Bavister, George Cairns Mark Harris Matt Henry
Rod Lawton Derek Lea Pete Martin Tim Shelbourne Mark
Sparrow Karl Foster Rob Hirsch

Welcome to Digital Camera Magazine and a very happy New Year to you Chances are you llalready have made and broken several New Year sresolutions by now but I want you to sit down for a moment and think about your photography Are you a casual snapper A fanatical dWhat is it about photography that enthrals you Digital cameras are n the results we deserve.

11章 印前与输出
使用叠印制作杂志版式
视频位置：光盘/教学视频/第11章

Love is a carefully designed lie.

05章 对象的编辑操作
快餐店订餐彩页设计
视频位置：光盘/教学视频/第05章

04章 绘制图形
使用矩形工具制作多彩版式
视频位置：光盘/教学视频/第04章

07章 颜色与效果
制作炫彩音乐海报
视频位置：光盘/教学视频/第07章

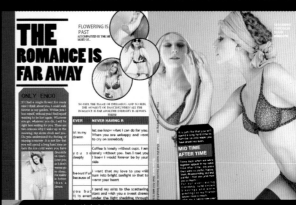

12章 综合实例
建筑楼盘宣传画册
视频位置：光盘/教学视频/第12章

05章 对象的编辑操作
制作体育杂志
视频位置：光盘/教学视频/第05章

04章 绘制图形
制作欧美风时尚招贴
视频位置：光盘/教学视频/第04章

用簡約譜寫時尚

最新时尚衣服、流行女装，潮流服装尽在美丽网服饰频道流行服饰栏目今况指身上穿的各种衣裳服装 衣服的本意是指防寒保暖、护身的介质；在现代社会成为人体的装饰物品。从环境一般的制衣厂到金碧辉煌的高档商场专卖店的路径，最IN最潮的衣服款式图，时尚、淑女、职业、优雅、经典，风格多样，式样齐全

12章 综合实例
杂志大图版式排版
视频位置：光盘/教学视频/第12章

时尚中国风休闲会馆
领衔入驻

俱乐部招贴

PACKED WITH PRACTICAL PHOTOICE

06章 文本与段落
直排文字工具
视频位置：光盘/教学视频/第06章

乐游旅行
HAPPY WITH YOU!

我的旅行手记

假期期间 推出多条经典

超值　　　　经典

假期旅游去哪好呢？乐游替您解烦恼！国庆期间推出多条经典线路！

经典/经济/旅游热线供您选择！带您领略自然的风光！

乐游地址：北京市宽城区
乐游电话：400-8888-8888
乐游官网：www.000.com

I WILL MAKE YOU DELIGHTED WHEN YOU

乐游旅行
HAPPY WITH YOU!

IF I HAD A SINGLE FLOWER FOR EVERY TIME I THINK ABOUT YOU I COULD WALK FOREVER IN MY GARDEN

【乐游】经典推荐　　A happy Valentine's Day to you

青年超值线路	大理 / 丽江 / 香格里拉 / 泸沽
经济标准线路	昆明 / 石林 / 九乡 / 腾冲 / 瑞丽 / 芒市
娱乐纯玩线路	香港 / 澳门 / 广州 / 深圳 / 珠海
国际购物线路	香港 / 澳门 / 马来西亚 / 新加坡 / 泰国

【乐游】出行配置　　but it will take me a whole life to forget you

乐游	奢华品质团	尊贵品质团	经济品质团
住宿	五星酒店二晚高级房住宿，二次自助早餐，一次自助晚餐。	五星酒店二晚高级房住宿，二次自助早餐，一次自助晚餐。	二晚四星酒店住宿，二次早餐，二次晚餐。
出行	往返机票、机场建设费、陆地正规空调旅游车。	往返机票、机场建设费、陆地正规空调旅游车。	往返机票、机场建设费、陆地正规空调旅游车。

【乐游】旅行手记　　【乐游】给您优质体验

最专业全面的旅游线路和自助游一站式旅游服务提供商——乐游旅行团
MY HEART DIDN'T. TODAY I HAVE MADE UP MY MIND TO SAY "I LOVE YOU".

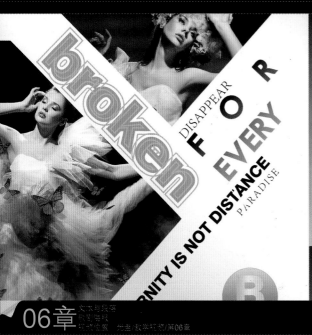

05章 对象的编辑操作
创建段落文字
视频位置 光盘/教学视频/第05章

12章 综合实例
时尚杂志封面设计
视频位置 光盘/教学视频/第12章

07章 对象的编辑操作
版块的对齐与分布排列方式
视频位置 光盘/教学视频/第07章

04章 绘制图形
使用钢笔工具制作多彩相册
视频位置 光盘/教学视频/第04章

12章 综合实例
家居周刊排版
视频位置：光盘/教学视频/第12章

07章 颜色与效果
典雅风格房地产展板
视频位置：光盘/教学视频/第07章

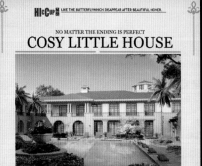

12章 综合实例
复古感房地产杂志内页
视频位置：光盘/教学视频/第12章

04章 绘制图形
使用角选项与路径文字制作中式LOGO
视频位置：光盘/教学视频/第04章

12章

综合实例
制作童话风格日历
视频位置：光盘/教学视频/第12章

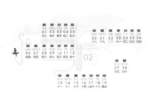

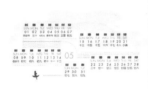

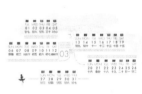

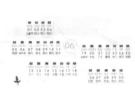

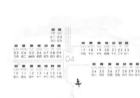

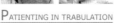

12章 综合实例
奢华风格贵宾卡
视频位置：光盘/教学视频/第12章

06章 文本与段落
企业宣传册
视频位置：光盘/教学视频/第06章

06章 文本与段落
置入Microsoft Excel文本
视频位置：光盘/教学视频/第06章

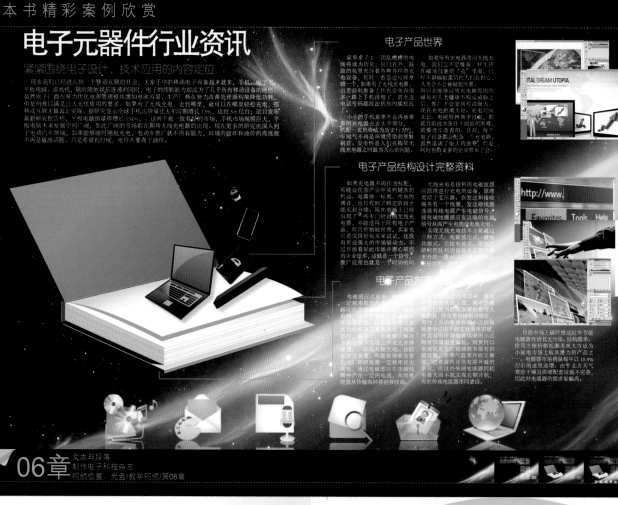

电子元器件行业资讯

紧紧围绕电子设计、技术应用的内容定位

电子产品世界

电子产品结构设计完整资料

电子产品制作

06章 文本与段落
制作电子科技杂志
视频位置 光盘/教学视频/第06章

2024 BUNUEL 国际旅游岛
投标文件
BUNUEL INTERNATIONAL TRAVEL ISLAND BIDDING DOCUMENT

BUNUEL 国际有限公司
Bunuel International Company Limited
电话：010-88888888
传真：010-99999999

07章 颜色与效果
使用预交工具制作清新风格标书
视频位置 光盘/教学视频/第07章

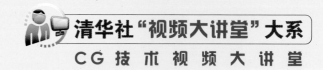

清华社"视频大讲堂"大系

CG 技 术 视 频 大 讲 堂

InDesign CS5
从入门到精通

47集大型高清同步视频讲解

☑资深讲师编著　☑海量精彩实例　☑多种商业案例　☑超值学习套餐

亿瑞设计 编著

清华大学出版社

北 京

内 容 简 介

《InDesign CS5从入门到精通》一书共分为12个章节，在内容安排上基本涵盖了日常工作所使用到的全部工具与命令。主要内容包括初识InDesign CS5、文档的基础操作、图形的绘制、对象的编辑、文本与段落设置、颜色与效果调整、表格的制作、书籍和长文档的排版以及印前与输出等核心功能与应用技巧。最后一章则从InDesign CS5的实际应用出发，通过贵宾卡、海报、杂志内页、封面设计等11个大型综合案例对InDesign CS5进行案例式的针对性和实用性实战练习，不仅使读者巩固了前面学到的InDesign CS5中的技术技巧，更是为读者在以后实际学习工作进行提前"练兵"。

本书适合于InDesign的初学者，同时对具有一定InDesign使用经验的读者也有很好的参考价值，还可作为学校、培训机构的教学用书，以及各类读者自学InDesign的参考用书。

本书和光盘有以下显著特点：

1.47集大型高清同步视频讲解，涵盖全书几乎所有实例，让学习更轻松、更高效！

2.作者系经验丰富的专业设计师和资深讲师，确保图书"实用"和"好学"。

3.讲解极为详细，中小实例达到47个，为的是能让读者深入理解、灵活应用！

4.书后边给出不同类型的综合商业案例，以便积累实战经验，为工作就业搭桥。

5.21类经常用到的设计素材，总计1106个。《色彩设计搭配手册》和常用颜色色谱表，平面设计色彩搭配不再烦恼。104集Photoshop CS6视频精讲课堂，囊括Photoshop基础操作所有知识。

图书在版编目（CIP）数据

InDesign CS5从入门到精通 /亿瑞设计编著.—北京：清华大学出版社，2013.4（2014.9重印）

（清华社"视频大讲堂"大系CG技术视频大讲堂）

ISBN 978-7-302-29642-3

I. ①I… II. ①亿… III. ①电子排版—应用软件 IV. ①TS803.23

中国版本图书馆CIP数据核字（2012）第185105号

责任编辑：赵洛育
封面设计：杨静华
版式设计：文森时代
责任校对：王国星
责任印制：杨 艳

出版发行：清华大学出版社
　　　　网　　　址：http://www.tup.com.cn，http://www.wqbook.com
　　　　地　　　址：北京清华大学学研大厦 A 座　　　邮　　编：100084
　　　　社 总 机：010-62770175　　　　　　　　　邮　　购：010-62786544
　　　　投稿与读者服务：010-62776969，c-service@tup.tsinghua.edu.cn
　　　　质 量 反 馈：010-62772015，zhiliang@tup.tsinghua.edu.cn
印 刷 者：北京鑫丰华彩印有限公司
装 订 者：三河市吉祥印务有限公司
经　　销：全国新华书店
开　　本：203mm×260mm 印　张：25.25 插　页：8 字　　数：1058 千字
　　　　（附 DVD 光盘 1 张）
版　　次：2013 年 4 月第 1 版　　　　　　　　　印　　次：2014 年 9 月第 2 次印刷
印　　数：4001～5500
定　　价：88.00 元

产品编号：043930-01

前　言

InDesign是Adobe公司开发的一个定位于专业排版领域的设计软件，是面向公司专业出版方案的新平台。作为优秀的排版软件，InDesign的应用范围非常广泛，覆盖标志设计、VI设计、海报招贴设计、报刊版式设计、书籍版式设计、杂志版式设计等领域。

本书内容编写特点

1. 零起点、入门快

本书以入门者为主要读者对象，通过对基础知识细致入微的介绍，辅以对比图示效果，结合中小实例，对常用工具、命令、参数，做了详细的介绍，同时给出了技巧提示，确保读者零起点、轻松快速入门。

2. 内容细致、全面

本书内容涵盖了InDesign CS5几乎全部工具、命令的相关功能，是市场上内容最为全面的图书之一，可以说是入门者的百科全书，有基础者的参考手册。

3. 实例精美、实用

本书的实例均经过精心挑选，确保例子实用的基础上精美、漂亮，一方面熏陶读者朋友的美感，一方面让读者在学习中享受美的世界。

4. 编写思路符合学习规律

本书在讲解过程中采用了"知识点+理论实践+实例练习+综合实例+技术拓展+技巧提示"的模式，符合轻松易学的学习规律。

本书显著特色

1.同步视频讲解，让学习更轻松更高效

47集大型高清同步视频讲解，涵盖全书几乎所有实例，让学习更轻松、更高效！

2.资深讲师编著，让图书质量更有保障

作者系经验丰富的专业设计师和资深讲师，确保图书"实用"和"好学"。

3.大量中小实例，通过多动手加深理解

讲解极为详细，中小实例达到47个，为的是能让读者深入理解、灵活应用！

4.多种商业案例，让实战成为终极目的

书后边给出不同类型的综合商业案例，以便积累实战经验，为工作就业搭桥。

5.超值学习套餐，让学习更方便更快捷

21类经常用到的设计素材，总计1106个。《色彩设计搭配手册》和常用颜色色谱表，平面设计色彩搭配不再烦恼。104集Photoshop CS6视频精讲课堂，囊括Photoshop基础操作所有知识。

本书光盘

本书附带一张DVD教学光盘，内容包括：

（1）本书中实例的视频教学录像、源文件、素材文件，读者可看视频，调用光盘中的素材，完全按照书中操作步骤进行操作。

（2）平面设计中经常用到的21类设计素材总计1106个，方便读者使用。

（3）104集Photoshop CS6视频精讲课堂，囊括Photoshop CS6基础操作所有知识，让读者在Photoshop CS5和

Photoshop CS6之间无缝衔接。

（4）附赠《色彩设计搭配手册》和常用颜色色谱表，平面设计色彩搭配不再烦恼。

本书服务

1.InDesign CS5软件获取方式

本书提供的光盘文件包括教学视频和素材等，没有可以进行版式设计与编排的InDesign CS5软件，读者朋友需获取InDesign CS5软件并安装后，才可以进行排版编辑等，可通过如下方式获取InDesign CS5简体中文版：

（1）购买正版或下载试用版：登录http://www.adobe.com/cn/。

（2）可到当地电脑城咨询，一般软件专卖店有售。

（3）可到网上咨询、搜索购买方式。

2.交流答疑QQ群

为了方便解答读者提出的问题，我们特意建立了如下QQ群：

平面设计 技术交流QQ群：206907739。（如果群满，我们将会建其他群，请留意加群时的提示）

3.YY语音频道教学

为了方便与读者进行语音交流，我们特意建立了亿瑞YY语音教学频道：62327506。（YY语音是一款可以实现即时在线交流的聊天软件）

4.留言或关注最新动态

为了方便读者，我们会及时发布与本书有关的信息，包括读者答疑、勘误信息，读者朋友可登录亿瑞设计官方网站：www.eraybook.com。

关于作者

本书由亿瑞设计工作室组织编写，瞿颖健和曹茂鹏参与了本书的主要编写工作。在编写的过程中，得到了吉林艺术学院副院长郭春方教授的悉心指导，得到了吉林艺术学院设计学院院长宋飞教授的大力支持，在此向他们表示诚挚的感谢。

另外，由于本书工作量巨大，以下人员也参与了本书的编写及资料整理工作，他们是：杨建超、马啸、李路、孙芳、李化、葛妍、丁仁雯、高歌、韩雷、瞿吉业、杨力、张建霞、瞿学严、杨宗香、董辅川、杨春明、马扬、王萍、曹诗雅、朱于振、于燕香、曹子龙、孙雅娜、曹爱德、曹玮、张效晨、孙丹、李进、曹元钢、张玉华、鞠闯、艾飞、瞿学统、李芳、陶恒斌、曹明、张越、瞿云芳、解桐林、张琼丹、解文耀、孙晓军、瞿江业、王爱花、樊清英等，在此一并表示感谢。

由于时间仓促，加之水平有限，书中难免存在错误和不妥之处，敬请广大读者批评和指正。

编　者

目 录

Contents

47节大型高清同步视频讲解

Chapter 1
第1章

初识InDesign CS5

InDesign是Adobe公司在1999年发布的一款定位于专业排版领域的设计软件，与传统的排版软件相比，InDesign CS5不仅具有灵活、友好、便捷的中文界面，还融合了Photoshop、Illustrator的优秀功能，非常容易绘制出复杂的图形，并且在字符的样式化、制作复杂的表格以及随意地进行图文的组合方面都凸显出其优秀的性能。使用InDesign CS5不仅能够进行书籍的排版，还可以进行画册、传单、广告、包装、电子杂志以及网页等的制作。

本章学习要点：

- 了解Adobe InDesign CS5的相关知识
- 了解色彩相关知识
- 了解版式设计相关知识
- 掌握印刷相关知识

1.1　InDesign CS5简介

　　InDesign是Adobe公司在1999年发布的一款定位于专业排版领域的设计软件，与传统的排版软件相比，InDesign CS5不仅具有灵活、友好、便捷的中文界面，还融合了Photoshop、Illustrator的优秀功能，非常容易绘制出复杂的图形，并且在字符的样式化、制作复杂的表格以及随意地进行图文的组合方面都凸显出其优秀的性能。使用InDesign CS5不仅能够进行书籍的排版，还可以进行画册、传单、广告、包装、电子杂志以及网页等的制作。如图1-1所示为使用InDesign CS5制作的作品。

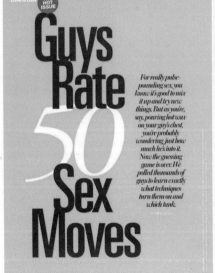

图1—1

1.2　InDesign CS5的应用

　　作为一款优秀的排版软件，InDesign CS5在平面设计中的应用非常广泛，覆盖报纸版式设计、书籍版式设计、杂志版式设计、海报招贴设计、标志设计、VI设计等众多领域。

- 报纸版式设计：报刊全称"报纸期刊"，报纸的发行量非常大、覆盖面非常广，其版式设计水平的高低直接影响到宣传效果，如图1-2所示。

图1-2

- 书籍版式设计：版式设计是书籍制作过程中非常关键的一个步骤，可以更好地展现书籍文字的内容、风格。其中包括书籍封面设计和内页设计，如图1-3所示。

图1-3

- 杂志版式设计：对于杂志（又称期刊）来说，版式设计同样是不可缺少的一个环节，在一些时尚杂志中，版式设计的表现手法更为灵活、丰富，如图1-4所示。

图1-4

- 海报招贴设计：所谓招贴，又名"海报"或宣传画，属于户外广告，是广告艺术中比较大众化的一种体裁，用来完成一定的宣传任务，主要为报道、广告、劝喻和教育服务，如图1-5所示。

图1—5

- 标志设计：标志是表明事物特征的记号，具有象征和识别功能，是企业形象、特征、信誉和文化的浓缩，如图1-6所示。

图1—6

- VI设计：VI的全称是Visual Identity，即视觉识别，是企业形象设计的重要组成部分，如图1-7所示。

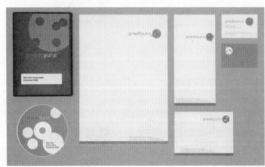
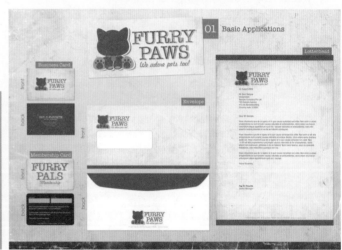

图1—7

1.3 InDesign CS5的安装与卸载

想要使用 InDesign CS5，首先必须学会如何正确地安装与卸载该软件。InDesign CS5的安装与卸载过程并不复杂，与其他应用软件大致相同。

1.3.1 安装 InDesign CS5

安装InDesign CS5的步骤如下。

① 将 InDesign CS5安装光盘放入光驱中，然后在光盘根目录下的Adobe CS5文件夹中双击Setup.exe文件；或者从Adobe官方网站下载试用版，运行Setup.exe文件。运行安装程序后开始初始化，在随后显示的"欢迎使用"窗口中单击"接受"按钮，如图1-8所示。

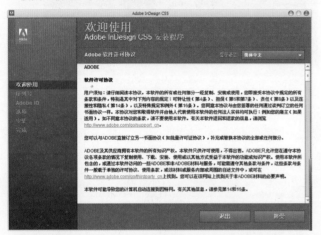

图1-8

② 在弹出的"请输入序列号"窗口中选中"提供序列号"单选按钮，输入购买时厂商提供的序列号；如果没有购买安装盘，可选中"安装此产品的试用版"单选按钮（试用版可以免费使用一个月，但超过期限之后需要重新激活才能使用）。然后选择合适的语言类型，单击"下一步"按钮，如图1-9所示。

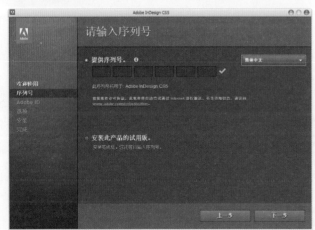

图1-9

③ 在弹出的"输入Adobe ID"窗口中单击"创建Adobe ID"按钮，在线注册一个ID号（注册后可以获取Adobe公司提供的产品信息支持），然后单击"下一步"按钮，也可以单击"跳过此步骤"按钮直接跳到下一步，如图1-10所示。

图1-10

④ 在弹出的"安装选项"窗口中选择要安装的组件，并设置安装路径，然后单击"安装"按钮，如图1-11所示。

图1-11

⑤ 系统开始安装，并实时显示安装进度和剩余时间，如图1-12所示。

图1-12

⑥ 等待一段时间后，系统会提示安装完成，此时单击"完成"按钮即可，如图1-13所示。

图1-13

1.3.2 卸载InDesign CS5

在Windows桌面上执行"开始>设置>控制面板"命令，在弹出的"控制面板"窗口中双击"添加或删除程序"图标，在弹出的"添加或删除程序"窗口中选择Adobe InDesign CS5选项，然后单击"删除"按钮，即可将其卸载，如图1-14所示。

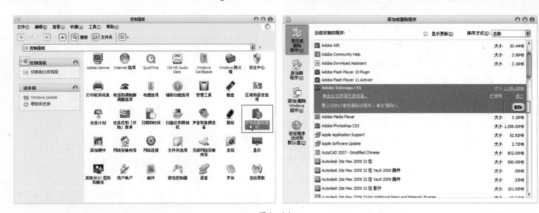

图1-14

1.4 色彩相关知识

作为事物最显著的外部特征之一，色彩能够最先引起人们的关注。色彩也是平面作品的灵魂，是设计师进行设计时最活跃的元素。如图1-15所示为平面作品中色彩运用的效果。

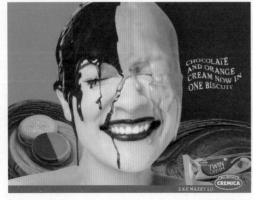

图1-15

1.4.1 色与光的关系

我们生活在一个多彩的世界里。白天，在阳光的照耀下，各种色彩争奇斗艳；夜晚，月光、街灯、霓虹灯……又构成了另一种绚丽无比的新世界。从中可以看出，光与色有着极其紧密的联系。一方面，色来源于光，没有光就没有色（例如，在漆黑的夜晚或暗室中，我们看不见任何物体的颜色，甚至连物体的外形也分辨不清），光是人们感知色彩的必要条件；另一方面，光也离不开色，否则无从表现，如图1-16所示。

图1-16

由于光的存在并通过其他媒介的传播，反射到我们的视觉之中，我们才能看到色彩。实际上，光是一种电磁波，有着极其宽广的波长范围。根据电磁波的波长不同，可以将其分为γ射线、X射线、紫外线、可见光、红外线及无线电波等。人眼可以感知的电磁波波长一般在400~700nm之间，也有一些人能够感知波长大约在380~780nm之间的电磁波，通常将这个范围内的电磁波称为可见光。光可分出红、橙、黄、绿、青、蓝、紫等色光，各种色光的波长各不相同，如图1-17所示。

颜色	频率	波长
紫色	668 - 789 THz	380 - 450 nm
蓝色	631 - 668 THz	450 - 475 nm
青色	606 - 630 THz	476 - 495 nm
绿色	526 - 606 THz	495 - 570 nm
黄色	508 - 526 THz	570 - 590 nm
橙色	484 - 508 THz	590 - 620 nm
红色	400 - 484 THz	620 - 750 nm

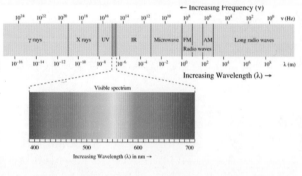

图1-17

1.4.2 光源色、物体色、固有色

1.光源色

同一物体在不同的光源下将呈现不同的色彩。例如，白纸在红光照射下呈现为红色，在绿光照射下则呈现为绿色。因此，光源色光谱成分的变化，必然对物体色产生影响，如图1-18所示。

图1-18

2.物体色

光线照射到物体上以后，会产生吸收、反射、透射等现象。各种物体都具有选择性地吸收、反射、透射色光的特性。以其对光的作用而言，大体上可分为不透明体和透明体两大类。不透明体的颜色是由它所反射的色光决定的；透明体的颜色是由它所透过的色光决定的，如图1-19所示。

图1-19

3.固有色

由于每一种物体对各种波长的光都具有选择性地吸收、反射、透射的特殊功能，所以它们在相同条件下（如光源、距离、环境等因素），就具有相对不变的色彩差别。人们习惯上把白色阳光下物体呈现的色彩效果称为物体的"固有色"。严格地说，所谓的固有色应是指"物体固有的物理属性"在常态光源下产生的色彩，如图1-20所示。

图1-20

1.4.3 色彩的构成

1.色光三原色

色光三原色指的是黄，青，品红。色光之间的相加会越加越亮，两两混合可以得到更亮的中间色，3种等量组合可以得到白色，如图1-21所示。

2.印刷三原色

印刷三原色由三种基本原色构成。原色是指不能透过其他颜色的混合调配而得出的"基本色"。以不同比例将原色混合，可以产生出其他的新颜色，如图1-22所示。例如，将黄色颜料和青色颜料混合起来，因为黄色颜料吸收蓝光，青色颜料吸收红光，因此只有绿色光反射出来，这就是黄色颜料加上青色颜料形成绿色的道理。

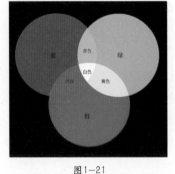

图1-21　　　　　　　　　　图1-22

1.4.4 色彩的三属性

色彩的三属性，即色相、明度、纯度。

1.色相

色相即每种色彩的相貌、名称，如红、橘红、翠绿、草绿等。色相是区分色彩的主要依据，是色彩的最大特征。色相的称谓，即色彩与颜料的命名有多种类型与方法。如图1-23所示分别为绿色的水果和红色的水果。

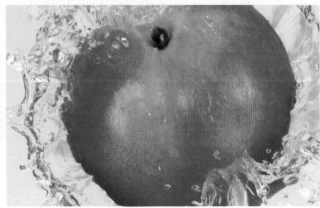

图1-23

2.明度

明度是指色彩的明暗差别，即深浅差别。色彩的明度差别包括两个方面：一是指某一色相的深浅变化，如粉红、大红、深红都是红，但一种比一种深；二是指不同色相间存在的明度差别，如六标准色中黄最浅，紫最深，橙和绿、红和蓝处于相近的明度之间。如图1-24所示分别为明度较高和明度较低的图像。

图1-24

3.纯度

纯度是指色彩中包含的单种标准色成分的多少。纯色的色感强，即色度强，所以纯度亦是色彩感觉强弱的标志（如非常纯粹的蓝色、蓝色、较灰的蓝色）。如图1-25所示分别为纯度较低和纯度较高的图像。

图1-25

1.4.5 色彩的混合

色彩的混合有加色混合、减色混合和中性混合3种方式，如图1-26所示。

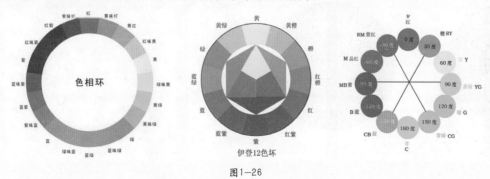

图1-26

1.加色混合

在对已知光源色的研究过程中，发现色光的三原色与颜料色的三原色有所不同。色光的三原色为红（略带橙）、绿、蓝（略带紫），而它们混合后形成的中间色（红紫、黄、绿青）相当于颜料色的三原色（混合后的色光明度增加）。这种使色彩明度增加的混合方法称为加色混合，也叫色光混合，如图1-27所示。色光的三原色混合具有下列规律：

- 红光+绿光=黄光。
- 红光+蓝光=品红光。
- 蓝光+绿光=青光。
- 红光+绿光+蓝光=白光。

图1-27

2.减色混合

当色料混合在一起时，会呈现出另一种颜色效果，这就是减色混合法。色料的三原色分别是指品红、青和黄色。一般三原色色料的颜色本身就不够纯正，所以混合以后的色彩也不是标准的红、绿和蓝色，如图1-28所示。色料的三原色混合具有下列规律：

- 青色+品红色=蓝色。
- 青色+黄色=绿色。
- 品红色+黄色=红色。
- 品红色+黄色+青色=黑色。

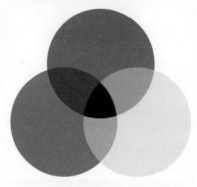

图1-28

3.中性混合

中性混合是基于人的视觉生理特征所产生的视觉色彩混合，而并不变化色光或发光材料本身，混色效果的亮度既不增加也不减低，所以称为中性混合。中性混合主要有色盘旋转混合与空间视觉混合两种。把红、橙、黄、绿、蓝、紫等色料等量地涂在圆盘上，旋转之即呈浅灰色。把品红、黄、青色料涂上，或者把品红与绿、黄与蓝紫、橙与青等色料互补上色，只要比例适当，都能呈浅灰色。

❶ 色盘旋转混合

把两种或多种色并置于一个圆盘上，通过动力令其快速旋转，而看到的新的色彩。颜色旋转混合效果在色相方面与加法混合的规律相似，但在明度上却是相混各色的平均值，如图1-29所示。

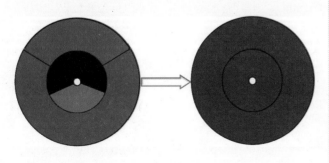

图1-29

❷ 空间视觉混合

将不同的颜色并置在一起，当它们在视网膜上的投影小到一定程度时，这些不同的颜色刺激就会同时作用到视网膜上非常邻近的部位的感光细胞，以至眼睛很难将它们独立地分辨出来，就会在视觉中产生色彩的混合，这种混合称空间视觉混合，如图1-30所示。

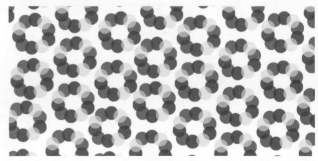

图1-30

1.4.6 色彩空间

　　色彩空间（Color Space）是指某种显示设备所能表现的各种色彩数量的集合。色彩空间越广阔，能显示的色彩种类就越多，色域范围也就越大，如图1-31所示。

　　在绘画时可以使用红色、绿色和蓝色这3种原色生成不同的颜色，这些颜色就定义了一个色彩空间。我们将品红色的量定义为 X 坐标轴、青色的量定义为 Y 坐标轴、黄色的量定义为 Z 坐标轴，这样就得到了一个三维空间，每种可能的颜色在这个三维空间中都有唯一的一个位置。

　　CMYK和RGB是两种不同的色彩空间，如图1-32所示。CMYK是印刷机和打印机等输出设备上常用的色彩空间；而RGB则义被细分为Adobe RGB、Apple RGB、ColorMatch RGB、CIE RGB以及sRGB等多种不同的色彩空间。其中，Apple RGB是苹果公司的苹果显示器默认的色彩空间，广泛应用于平面设计以及印刷照排；CIE RGB是国际色彩组织制定的色彩空间标准。对于数码相机来说，以Adobe RGB和sRGB这两种色彩空间最为常见。

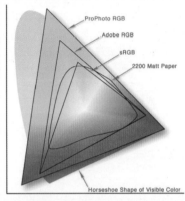

图1—31

图1—32

1.4.7 用色的原则

　　色彩对于视觉来说，是最为敏感的。色彩的直接心理效应来自于色彩的物理光刺激对人的生理发生的直接影响。一幅优秀的作品最引人注目的地方，就是来自于色差对人们的感官刺激。当然，摄影作品通常是由多种颜色组成的，优秀的作品离不开合理的色彩搭配。虽然丰富的颜色看起来更吸引人，但是一定要把握住"少而精"的原则，即颜色搭配尽量要少，这样画面才会显得比较完整、不杂乱，如图1-33所示。当然，特殊情况除外。例如，要体现绚丽、缤纷的效果时，色彩就要多一些。一般来说，一幅图像中色彩不宜太多，一般不超过5种。

　　若颜色过多，虽然显得很丰富，但是会出现画面杂乱、跳跃、无重心的感觉，如图1-34所示。

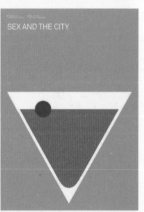

图1—33

图1—34

技术拓展： 基本配色理论

常用的有10种基本的配色设计方案，分别介绍如下。

- 无色设计 ▨▨▨ ：不用任何彩色，只用黑白灰来表现。
- 类比设计 ▨▨▨ ：在色相环上任选3种连续的色彩或任一明色和暗色。
- 冲突设计 ▨▨▨ ：把一种颜色与其补色左边或右边的色彩配合起来。
- 互补设计 ▨▨ ：使用色相环上全然相反的颜色。
- 单色设计 ▨▨▨ ：把一种颜色与它所有的明色、暗色配合起来。
- 中性设计 ▨▨▨ ：加入一种颜色的补色或黑色，使色彩消失或中性化。
- 分裂补色设计 ▨▨▨ ：把一种颜色与其补色相邻的颜色组合起来。
- 原色设计 ▨▨▨ ：把纯原色红、绿、蓝结合起来。
- 二次色设计 ▨▨▨ ：把二次色绿、紫、橙结合起来。
- 三次色三色设计 ▨▨▨ ：三次色三色设计是红橙、黄绿、蓝紫或者蓝绿、黄橙、红紫两种组合之一，并且

在色相环上每种颜色彼此都有相等的距离。

1.5 版面设计要素

版面设计是一个调整文字字体、图形图像、线条和色块等诸多因素，根据特定内容的需要将它们有机组合起来，并运用造型要素及形式原理把构思与计划以视觉形式表现出来的编排过程。其涉及的范围很广，如开本、版心和周围空白的尺寸，正文的字体、字号、字数、排列地位，还有目录和标题、注释、表格、图名、图注、标点符号、书眉、页码以及版面装饰等项的排法。归纳起来，主要包括5个方面，分别是文字排版、插图排版、图形排版、表格排版、色彩排版，如图1-35所示。

图1-35

1.5.1 文字排版

书籍的所有功能主要是以文字为载体展现出来，文字在书籍装帧中的功能性和审美性显得尤为重要，如图1-36所示。字体与字号的安排既要有利于读者阅读，又要兼顾版面的美观。字号的大小直接关系到阅读效果和版面美观，正文一般用中号字，大号字一般用于标题以示醒目，小号字一般用于注解、说明等。针对不同的年龄段，使用的字号也需有所不同。例如，

老年读者需要用小四号或者四号，幼儿读物需要更大一些。当然，版式设计中文字的字体、字号选择也有一定的规律。

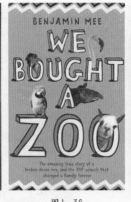

- 书籍、报刊的正文，通常使用宋体、仿宋体、楷体、黑体等，字号一般不小于五号字，可用小四号字或四号字。
- 辞书、字典、手册、书目等工具书，通常使用仿宋体，字号通常是小五号或五号。
- 书籍中的注释、说明、图表常用宋体、六号字（也可用在一些词典、字典等工具书中）。

图1—36

- 标题字体、字号的选用，要根据标题顺次由大到小。一般按篇、章、页、项、目等顺序区分标题的层次，其中往往从最大的标题确定，然后依次缩小一号。当一部书稿的层次较多时，字号不能满足需要的情况下，可以通过变换字体的方法来解决。

1.5.2 插图排版

　　当一幅画面中同时有图片和文字时，那么我们第一眼看到的一定会是图片，其次才会是文字。当然画面中可能有一张或多张图片。图片大小、数量和位置的不同，会产生不同的视觉冲击效果，如图1-38所示。

图1-38

1.5.3 图形排版

广义地说，一切含有图形因素的并与信息传播有关的形式，及一切被平面设计所运用、借鉴的形式，都可以称为图形。例如，绘画、插图、图片、图案、图表、标志、摄影、文字等。狭义地讲，图形就是可视化的"图画"。图形是平面设计中非常重要的元素，甚至可以说是视觉传达体系中不可或缺的。

1.图形的形状

图形的形状是指图在版面上的总体轮廓，也可以理解为图内部的形象。在版面中，图形的形状，主要分为规则形和不规则形，如图1-39所示。

图1-39

2.图形的数量和面积

一般学术性或者文学性的刊物版面上图形较少，而普及性、新闻性的刊物图形较多。图形的数量并不是随意的，一般需要由版面的内容来决定，并需要精心安排，如图1-40所示。

图1-40

3.图形的位置

对于版面上图形的位置，一定要注意主次得当、穿插使用，才能在对比中产生丰富的层次感，如图1-41所示。

图1—41

1.5.4 表格排版

表格是版面设计中比较常见的元素之一，主要起到统计、归纳的作用，如图1-42所示。

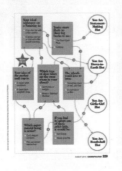

图1—42

1.5.5 色彩与排版

色彩是平面作品的灵魂，不仅可以为版式设计增添变化和情趣，还增加了作品的空间感，如图1-43所示。如同字体能向我们传达信息一样，色彩给我们传递的信息更多。记住色彩具有的象征意义是非常重要的，例如红色，往往让人联想起火焰，因而使人觉得温暖并充满力量。你选择的颜色会影响作品的情趣和人们的回应程度。

图1—43

1.6 版式设计的分类

版式设计的分类主要包括骨骼型、满版型、分割型、中轴型、曲线型、倾斜型、中间型等。熟练地掌握各种版式设计的特点，对于把握版式设计的风格来说是非常有帮助的。

1.6.1 骨骼型

骨骼型是指根据内容设定充满秩序感的骨骼，在图片和文字的编排上严格按照骨骼比例进行编排、配置，给人以严谨、和谐、理性的美，如图1-44所示。

图1-44

1.6.2 满版型

版面以图像为主，直观、强烈；文字只占据少量版面，大方、舒展，这种版式设计称为满版型。在商品广告中，这是一种最常用的方式，能够起到很好的宣传效果，如图1-45所示。

图1-45

1.6.3 分割型

　　分割型就是把整个版面分为不同的部分，一部分配置图片，另一部分则配置文案。配置有图片的部分感性而有活力，而文案部分则理性而文静，如图1-46所示。

图1-46

1.6.4 中轴型

　　中轴型是将图形在水平或垂直方向上进行排列，直观地表达出主题思想。水平排列的版面能够给人以稳定、安静、和平与含蓄之感，垂直排列的版面则带给人一种强烈的动感，醒目大方，如图1-47所示。

图1-47

1.6.5 曲线型

　　所谓曲线型，就是将图像或文字在版面结构上以曲线的形式编排，使其产生一种韵律感。这种排版方式能给人一种柔美、优雅的视觉感受，营造出轻松、舒展的气氛，如图1-48所示。

图1—48

1.6.6 倾斜型

版面主体形象或多幅图片倾斜编排，能够使平静的版面变得动感十足、生机盎然，给人一种视觉上的飞跃、冲刺的感受，如图1-49所示。

图1—49

1.6.7 中间型

中间型具有多种概念及形式，如直接以独立而轮廓分明的形象占据版面焦点；以颜色和搭配的手法，使主题突出、明确；向外扩散地运动，从而产生视觉焦点；视觉元素向版面中心做聚拢的运动，如图1-50所示。

图1—50

1.7 版面排列的分类

版式设计按照版面排列的方式可以分为多种类型，包括对称、黄金版、节奏、对比、平衡、四边中心、破型、方向性等。合理地设置版面的排列方式，对于整体的版式设计是至关重要的。

1.7.1 对称

版面设计中，进行上下或左右对称式排列，可使画面产生统一、协调的美感，给人以高品质的感觉，如图1-51所示。

图1—51

1.7.2 黄金版

黄金版的比例为1:0.618，是希腊建筑中美的标准比例。在版面设计中，采用这种方法对文字和图片等进行精心的调整，可以体现出自然的均衡与灵动感，为人们带来视觉上的飨宴，如图1-52所示。

图1—52

1.7.3 节奏

通过节奏感的设计，可产生一种特殊的意境效果，增加版面的层次感，使其主次清晰，整体看起来显得更加自然而又灵活，设计感极强，如图1-53所示。

图1-53

1.7.4 对比

在采用对比手法的版面中，需要注意整体版面的平衡，把握好对比的强弱，使之产生一种平衡、安静、稳定的效果，如图1-54所示。

图1-54

1.7.5 平衡

平衡感的设计在强调动感与情感和谐的同时，会获得一种相应的稳定。版面轻快而又富有弹性，图像有被强调的感觉，同时诱导视觉注意，气场的感应明显增强，此外还能凸显宣传主题，使之变得突出、明确，如图1-55所示。

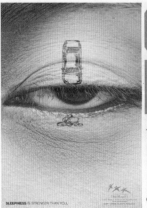

图1-55

1.7.6 四边中心

在四边中心排列的版式中，以画面为中心展开设计，创造出独具一格的横、竖居中的平衡效果，为读者留下充分的想象空间，如图1-56所示。

图1-56

1.7.7 破型

顾名思义，破型就是打破常规的编排方式。在版面设计中运用破型处理，可以在图片裁切时最大限度地发挥美感，更好地彰显版面主题，如图1-57所示。

图1-57

1.7.8 方向性

方向性的版面设计在日常工作生活中是最常见的。这是一种很有效的版面设计方式，通过与其他元素的和谐搭配，可以使功能和形式美感统一起来，将人们的视线吸引到核心区域，从而达到理想的宣传效果，如图1-58所示。

图1-58

1.8 印刷相关知识

1.8.1 印刷流程

印刷品的生产，一般要经过原稿的选择或设计、原版制作、印版晒制、印刷、印后加工等5个工艺过程。也就是说，首先选择或设计适合印刷的原稿，然后对原稿的图文信息进行处理，制作出供晒版或雕刻印版的原版（一般称之为阳图或阴图底片），再用原版制出供印刷用的印版，最后把印版安装在印刷机上，利用输墨系统将油墨涂敷在印版表面，由压力机械加压，油墨便从印版转移到承印物上。如此复制的大量印张，经印后加工，便成了适应各种使用目的的成品。现在，人们常常把原稿的设计、图文信息处理、制版统称为印前处理；把印版上的油墨向承印物上转移的过程叫做印刷；而印刷后期的工作，一般指印刷品的后期加工，包括裁切、覆膜、模切、装订、装裱等，多用于宣传类和包装类印刷品。归纳起来，一件印刷品的完成需要经过印前处理、印刷、印后加工等过程。

1.8.2 什么是出血

出血又叫出血位，其作用主要是为了保护成品裁切，防止因切多了纸张而丢失内容，或因切少了而出现白边，如图1-59所示。

出血框

出血位

裁切框

图1-59

1.8.3 套印、压印、叠印、陷印

下面简单介绍一下套印、压印、叠印、陷印等概念。

- 套印：指多色印刷时要求各色板图案印刷时重叠套准。
- 压印和叠印：两者是一个意思，即一个色块叠印在另一个色块上。不过印刷时特别要注意黑色文字在彩色图像上的叠印，不要将黑色文字底下的图案镂空，不然印刷套印不准时黑色文字会露出白边。
- 陷印：也叫补漏白，又称为扩缩，主要是为了弥补因印刷套印不准而造成两个相邻的不同颜色之间的漏白，如图1-60所示。

图1-60

1.8.4 拼版与合开

在工作中经常要制作一些并不是正规开数的印刷品，如包装盒、小卡片等。为了节约成本，就需要在拼版时尽可能地把成品放在合适的纸张开度范围内，如图1-61所示。

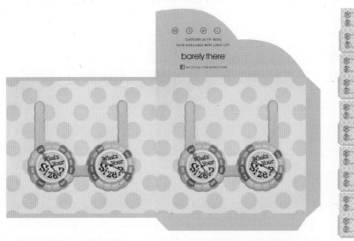

图1—61

1.8.5 纸张的基础知识

◆ 1.纸张的构成

印刷用纸张由纤维、填料、胶料、色料4种主要原料混合制浆、抄造而成。印刷使用的纸张按形式可分为平板纸和卷筒纸两大类，平板纸适用于一般印刷机，卷筒纸一般用于高速轮转印刷机。

◆ 2.印刷常用纸张

纸张根据用处的不同，可以分为工业用纸、包装用纸、生活用纸、文化用纸等几类。在印刷用纸中，根据纸张的性能和特点分为新闻纸、凸版印刷纸、胶版印刷涂料纸、字典纸、地图及海图纸、凹版印刷纸、画报纸、周报纸、白板纸、书面纸等，如图1-62所示。

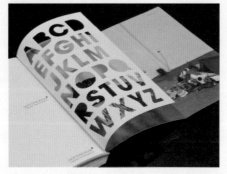

图1—62

◆ 3.纸张的规格

纸张的规格大小一般都要按照国家制定的标准生产。印刷、书写及绘图类用纸原纸尺寸是：卷筒纸宽度分1575mm、1092mm、880mm、787mm4种；平板纸的原纸尺寸按大小分为：880mm×1230mm、850mm×1168mm、880mm×1092mm、787mm×1092mm、787mm×960mm、690mm×960mm等6种。

◆ 4.纸张的重量、令数换算

纸张的重量是以定量和令重来表示的。一般是以定量来表示，即我们日常俗称的"克重"。定量是指纸张单位面积的质量关系，用g/m^2表示。如150g的纸是指该种纸每平方米的单张重量为150g。凡纸张的重量在$200g/m^2$以下（含$200g/m^2$）的纸张称为纸，超过$200g/m^2$重量的纸则称为纸板。令重表示1令全张纸的质量，一般以"千克"为单位。令重可通过单张纸的面积和定量来计算，公式如下：令重=单张纸面积×定量×500÷1000。其中，令重的单位是"千克"，单张纸面积的单位是"平方米"，定量的单位是"克／平方米"。由于1令=500全张纸，所以需要乘以500。由于定量的单位是"克／平方米"，而令重的单位是"千克"，所以需要除以1000。由于单张纸面积的单位是"平方米"，而纸张规格单位是"毫米"，所以要先将"毫米"转换成"米"，然后再相乘。

Chapter 2
第2章

熟悉InDesign CS5工作界面

在系统学习InDesign CS5之前，需要全面熟悉InDesign CS5的工作环境，了解各个界面元素的基本使用方法。

本章学习要点：

- 熟悉InDesign CS5的工作区布局
- 掌握自定义工作区的方法
- 熟悉菜单栏、工具箱与面板堆栈
- 掌握使用InDesign CS5浏览文档的方法
- 掌握InDesign CS5的常用设置

2.1 InDesign CS5的工作区

在系统学习InDesign CS5之前，需要全面熟悉InDesign CS5的工作环境，了解各个界面元素的基本使用方法。如图2-1所示为使用InDesign CS5制作的优秀作品。

图2-1

2.1.1 熟悉InDesign CS5的界面布局

随着版本的不断升级，InDesign CS5的工作界面布局也更加合理、更加具有人性化。启动InDesign CS5，其工作界面主要包含8部分：程序栏、菜单栏、控制栏、文档栏、工具箱、绘图区、状态栏与面板，如图2-2所示。

图2-2

● **程序栏**：程序栏位于操作界面的最上方，主要用于显示程序图标和文档名称等信息。其右侧还有3个窗口控制按钮，用于控制窗口的最小化、最大化和关闭等操作，如图2-3所示。

图2-3

● **菜单栏**：InDesign的大部分命令都存放在菜单栏中，并且按照功能的不同进行分类，其中包括文件、编辑、版面、文字、对象、表、视图、窗口和帮助9大菜单，如图2-4所示。要执行菜单栏中的某一项命令，直接使用鼠标单击即可。

❶ 文件　　　❷ 编辑　　　❸ 版面　　　❹ 文字　　　❺ 对象　　　❻ 表　　　❼ 视图　　　❽ 窗口　　　❾ 帮助

图2-4

● **控制栏**：在 InDesign 中，控制栏用于显示当前所选对象的选项，如图2-5所示。

● **文档栏**：打开一个文件以后，InDesign会自动创建一个文档栏。在标题栏中会显示这个文件的名称、格式、窗口缩放比例以及颜色模式等信息，如图2-6所示。

图2-5　　　　　　　　　　　　　　　　　　　　　　　　　*未命名-1 @ 100% [叠印预览]

图2-6

● **工具箱**：工具箱中包含InDesign 的常用工具。默认状态下的工具箱位于操作界面的左侧。单击工具箱顶部的折叠 按钮，可以将其折叠为双栏；单击 按钮即可还原回展开的单栏模式。可以将光标放置在 按钮上，然后使用鼠标左键进行拖曳即可将工具箱设置为浮动状态，如图2-7所示。

● **状态栏**：状态栏是窗口中很重要的组成部分，状态栏位于文档窗口的下方，其提供了当前文档的显示比例和状态，如图2-8所示。

● **绘画区**：所有图形的绘制操作都将在该区域中进行，可以通过缩放操作对绘制区域的尺寸进行调整，如图2-9所示。

● **面板**：单击菜单栏中的"窗口"菜单按钮，在展开的菜单中可以看到InDesign包含的面板，这些面板主要用来配合图像的编辑、对操作进行控制以及设置参数等。每个面板的右上角都有一个 按钮，单击该按钮可以打开该面板的菜单选项，如图2-10所示。

图2-8

图2-7　　　　　　　　　　图2-9　　　　　　　　　　图2-10

技术拓展：**拆分与组合面板**

在默认情况下，面板是以面板组的形式显示在工作界面中的，比如颜色面板和描边面板就是组合在一起的。如果要将其中某个面板拖曳出来形成一个单独的面板，可以将光标放置在面板名称上，然后按住鼠标左键拖曳面板，即可拖曳出面板组，如图2-11所示。

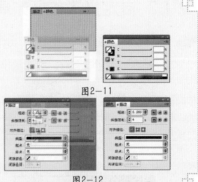

图2-11

如果要将一个单独的面板与其他面板组合在一起，可以将光标放置在该面板的名称上，然后按住鼠标左键将其拖曳到要组合的面板名称上即可，如图2-12所示。

图2-12

2.1.2 使用预设工作区

在程序栏中单击"基本功能"按钮 <u>基本功能 ▼</u>，系统会弹出一个菜单，在该菜单中可以选择系统预设的一些工作区，如图2-13所示。

当然也可以通过选择"窗口＞工作区"菜单下的子命令来选择合适的工作区，如图2-14所示。

如图2-15所示分别为"CS5新增功能"的界面、"书籍"的界面、"排版规则"的界面、"基本功能"的界面。

图2-13　　　　图2-14

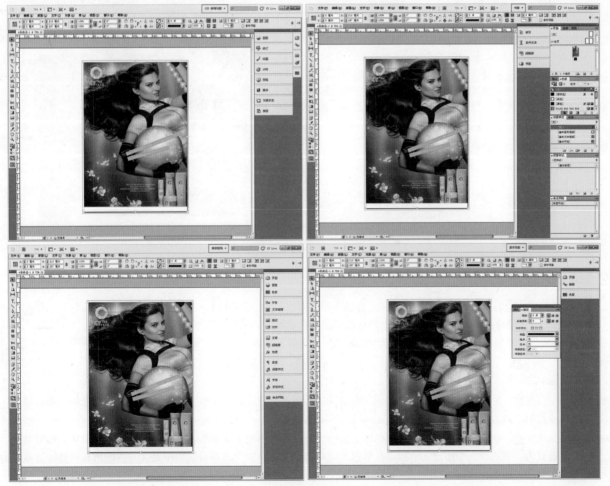

图2-15

2.1.3 自定义工作区布局

1.存储自定工作区

在进行版式设计操作时，有些操作面板很少用到，而操作界面中如果存在过多的面板就会大大地影响操作的空间，从而影响工作效率。所以用户可以定义一个适合自己的工作区，以符合个人的操作习惯。如图2-16所示为我们根据面板的使用情况而设置的界面。

图2-16

为了在下次启动文件时，可以调用我们之前存储的工作区，需要将自定义的工作区进行保存。对于需要保存相应设置的工作区，选择"窗口>工作区>新建工作区"命令，输入工作区的名称，设置相应的选项，如图2-17所示。

- **面板位置**：保存当前面板位置。
- **菜单自定义**：保存当前的菜单组。

保存完成后，在程序栏中非常方便地就可以找到"命名"的工作区，如图2-18所示。

图2-17

2.调用自定工作区

在制作其他文件时，仍然可以调用之前保存过的自定义工作区。只需要在界面顶部右侧单击切换预设工作区按钮，即可选择刚刚存储的"命名"工作区，也可以执行"窗口>工作区"，进行选择，如图2-19所示。

图2-18　　　　图2-19

此时的"命名"工作区界面，如图2-20所示。

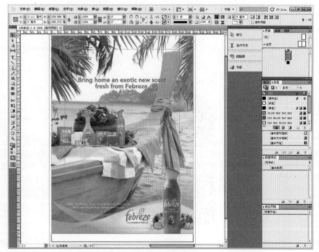

图2-20

2.1.4 更改屏幕模式

可使用工具箱底部的"模式"按钮，或选择"视图>屏幕模式"命令菜单中相应命令，来更改文档窗口的可视性。工具箱单栏显示时，可通过单击当前模式按钮并从显示的菜单中选择不同的视图模式。其中包括"正常"、"预览"、"出血"、"辅助信息区"、"演示文稿"选项，如图2 21所示。

图2-21

- **"正常"模式**：在标准窗口中显示版面及所有可见网格、参考线、非打印对象、空白粘贴板等，如图2-22所示。
- **"预览"模式**：完全按照最终输出的标准显示图稿，所有非打印元素（网格、参考线、非打印对象等）都被禁止，粘贴板被设置为"首选项"中所定义的预览背景色，如图2-23所示。
- **"出血"模式**：完全按照最终输出的标准显示图稿，所有非打印元素（网格、参考线、非打印对象等）都被禁止，粘贴板被设置为"首选项"中所定义的预览背景色，而文档出血区（在"文档设置"中定义）内的所有可打印元素都会显示出来，如图2-24所示。

InDesign CS5从入门到精通

图2-22

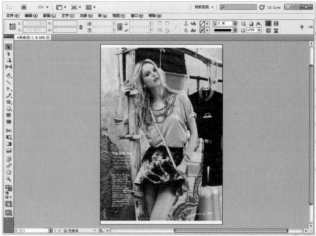

图2-23

● "辅助信息区"模式▣：完全按照最终输出的标准显示图稿，所有非打印元素（网格、参考线、非打印对象等）都被禁止，粘贴板被设置成"首选项"中所定义的预览背景色，而文档辅助信息区内的所有可打印元素都会显示出来，如图2-25所示。

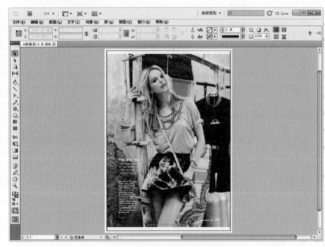

图2-24

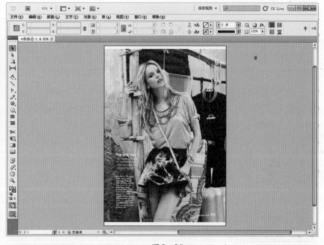

图2-25

● "演示文稿"模式▢：以幻灯片演示的形式显示图稿，不显示任何菜单、面板或工具，如图2-26所示。

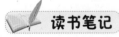读书笔记

图2-26

2.1.5 自定义快捷键

InDesign CS5中为用户提供了快捷键编辑器，在该编辑器中，不仅可以查看并生成所有快捷键的列表，而且可以编辑或创建自己的快捷键。快捷键编辑器中包括所有接受快捷键的命令，但这些命令中有一部分未在"默认"快捷键集里定义。

1.查看快捷键

在菜单栏中选择"编辑＞键盘快捷键"命令，在弹出的"键盘快捷键"对话框中首先需要设置"集"下拉列表，在其中选择一个快捷键集，然后需要设置"产品区域"下拉列表，并选择包含要查看命令的区域；最后从"命令"选项中选择一个命令。此时该快捷键将显示在"当前快捷键"列表中，如图2-27所示。

2.创建新快捷键集

选择"编辑＞键盘快捷键"命令。单击 新建集(N)... 按钮，在弹出的"新建集"对话框中，命名新集的名称的"新建"，在"基于集"菜单中选择一个快捷键集，最后单击"确定"按钮。如图2-28所示。

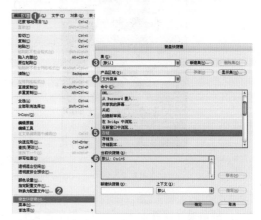

图2-27

图2-28

此时选择其中的一个命令，如"导入XML"，单击"新建快捷键"按钮，接着按下Ctrl+9，此时选项中会自动出现Ctrl+9，然后单击 指定(A) 按钮，如图2-29所示。

指定快捷键完成后，在"当前快捷键"下方就会出现刚才设置的快捷键Ctrl+9，最后单击 确定 按钮即可，如图2-30所示。

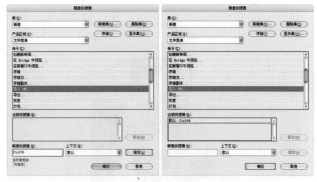

图2-29 　　　　　　　　　　图2-30

（2.2）熟悉菜单栏

隐藏不常使用的菜单命令或对经常使用的菜单命令进行着色，可以避免菜单出现杂乱现象，并可突出显示常用的命令。隐藏菜单命令只是将其从视图中删除，不会影响任何功能。而且随时都可以选择菜单底部的"显示全部菜单项目"命令来查看隐藏的命令，或者选择"窗口＞工作区＞显示完整菜单"命令来显示所选工作区内的所有菜单。可将自定菜单加入存储的工作区内。

2.2.1 自定菜单集

选择"编辑＞菜单"命令，单击"存储为"按钮，在弹出的"存储菜单集"对话框输入菜单集的名称，然后单击"确定"按钮，如图2-31所示。

技巧提示

需要特别注意的是，不能对默认的菜单进行编辑。

从"类别"菜单中选择"应用程序菜单"或"上下文菜单和面板菜单",以此确定要自定哪些类型的菜单。单击菜单类别左边的箭头以显示子类别或菜单命令。对于每一个要自定义的命令,单击"可视性"下方的眼睛图标以显示或隐藏此命令;单击"颜色"下方的"无"可从菜单中选择一种颜色。单击"存储"按钮,然后单击"确定"按钮,如图2-32所示。

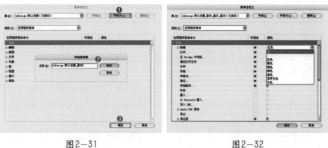

图2-31　　　　　　　　　图2-32

2.2.2 编辑或删除自定菜单集

选择"编辑>菜单"命令。从"集"下拉菜单中选择相应的菜单集,要编辑某一菜单集或者更改菜单命令的可视性或颜色,单击"存储"按钮,然后单击"确定"按钮,如图2-33所示。

要删除某一菜单集,先在"集"下拉菜单中选中它,再单击"删除"按钮,然后单击"确定"按钮。如果已修改菜单集但未存储它,则系统将会提示是否存储当前的菜单集。单击"确定"存储菜单集,或者单击"取消"放弃更改,如图2-34所示。

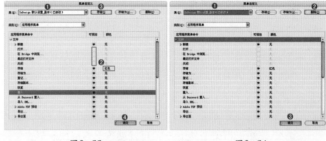

图2-33　　　　　　　　　图2-34

2.3 熟悉工具箱

工具箱中包含大量的实用工具,其中一些工具用于选择、编辑和创建页面元素,而另一些工具用于选择文字、形状、线条和渐变,可以通过改变工具箱的整体版面以适应选用的窗口和面板。

2.3.1 工具箱的显示方式

工具箱可以折叠显示、垂直显示或水平显示。单击工具箱顶部的 ◀◀ 按钮,可以将其直排改为横排;单击 ▲ 按钮即可展开双栏模式。可以将光标放置在 ▶▶ ✕ 按钮位置上,然后使用鼠标左键进行拖曳即可将工具箱设置为浮动状态,如图2-35所示。

2.3.2 常用工具概述

单击一个工具图标,即可选择该工具,如果工具的右下角带有三角形图标,表示这是一个工具组,在工具上右击即可弹出隐藏的工具,如图2-36所示是工具箱中的所有隐藏工具。

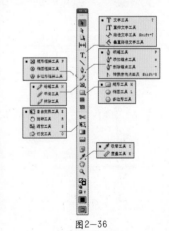

图2-35　　　　　　　　图2-36

各工具的具体功能如表2-1所示。

表2-1

按　钮	工具名称	说　明	快捷键
选择工具组			
▶	选择工具	可以选择全部对象	V, Esc
▶	直接选择工具	可以选择路径上的点或框架中的内容	A
▣	页面工具	可以在文档中创建多种页面大小	Shift+P
↔	间隙工具	可以调整对象间的间距	U
文字工具组			
T.	文字工具	可以创建文本框架并选择文本	T
IT.	直排文字工具	可以创建直排文本框架并选择文本	无
⤳.	路径文字工具	可以在路径上创建和编辑文字	Shift + T
⤵.	垂直路径文字工具	可以在路径上创建和编辑垂直文字	无
铅笔工具组			
✎.	铅笔工具	可以绘制任意形状的路径	T
✐.	平滑工具	可以从路径中删除多余的角	无
✐.	抹除工具	可以删除路径上的点	无
绘制工具组			
＼	直线工具	可以绘制线段	\
⊠	矩形框架工具	可以创建正方形或矩形占位符	F
⊗	椭圆框架工具	可以创建圆形或椭圆形占位符	无
⊗	多边形框架工具	可以创建多边形占位符	无
▢	矩形工具	可以创建正方形或矩形	M
○	椭圆工具	可以创建圆形或椭圆形	L
○	多边形工具	可以创建多边形	
钢笔工具组			
✒.	钢笔工具	可以绘制直线和曲线路径	P
✒.	添加锚点工具	可以将锚点添加到路径	=
✒.	删除锚点工具	可以从路径中删除锚点	-
▷.	转换锚点工具	可以转换角点和平滑点	Shift + C
网格工具组			
▦	水平网格工具	创建水平网格框架	Y
▦	垂直网格工具	创建垂直网格框架	Q
修改和导航工具组			
▭	渐变色板工具	可以调整对象中的起点、终点和渐变角度	G
▭	渐变羽化工具	可以将对象渐隐到背景中	Shift + G
✂	剪刀工具	可以在指定点剪开路径	C
▤	附注工具	可以添加注释	无
✐.	吸管工具	可以对对象的颜色或文字属性进行采样并将其应用于其他对象	I
✐.	度量工具	可以测量两点之间的距离	K
✋	抓手工具	可以在文档窗口中移动页面视图	H
🔍	缩放显示工具	可以提高或降低文档窗口中视图的放大比例	Z
变形工具组			
▧	自由变换工具	可以旋转、缩放或切变对象	E
↻.	旋转工具	可以围绕一个固定点旋转对象	R
⊠.	缩放工具	可以围绕一个固定点调整对象大小	S
▱.	切变工具	可以围绕一个固定点倾斜对象	O

2.4 熟悉面板堆栈

InDesign CS5中共有19组面板，这些面板的作用是配合图像的编辑、对操作进行控制以及设置参数等。选择"窗口"菜单下的命令可以打开面板，如图2-37所示。

2.4.1 面板的显示方式

在默认的情况下，InDesign 软件中的面板将以图标的方式停放在右侧的面板堆栈中，通过单击相应的面板，可以临时显示出该面板。通过拖曳面板堆栈左侧的边缘可以将该区域缩小或扩大，若要将面板全部显示出来，可以单击面板堆栈右上角的 ◄◄ 按钮，如图2-38所示。

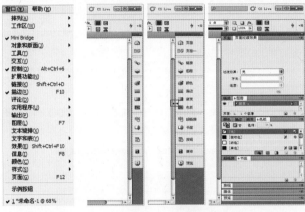

图2-37　　　　　　　　图2-38

2.4.2 面板概述

下面将对这些面板分别进行详细讲述。

● Mini Bridge面板：利用Mini Bridge面板，可以为文件系统导航并以可视缩览图的形式预览文件，而无须离开InDesign 的环境。可以将文件从Mini Bridge面板拖放到InDesign中，以此作为向文档中置入文件的替代方法。这种操作可以将拖动的图像载入光标所在位置，就像从 Bridge 中拖动一样。也可以将选定的项目拖入 Mini Bridge 以创建片段，如图2-39所示。

● "变换"面板：可以使用"变换"面板查看或指定任一选定对象的几何信息，包括位置、大小、旋转和切变的值。"变换"面板菜单提供了更多命令选项以及旋转或对称对象的快捷方法，如图2-40所示。

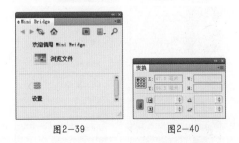

图2-39　　　　　　图2-40

● "对齐"面板：使用"对齐"面板，可以沿选区、边距、页面或跨页水平或垂直地对齐或分布对象，如图2-41所示。

● "路径查找器"面板：可以使用"路径查找器"面板创建复合形状。复合形状可由简单路径、复合路径、文本框架、文本轮廓或其他形状所组成。复合形状的外观取决于所选择的"路径查找器"按钮，如图2-42所示。

图2-41　　　　　　图2-42

● "工具"面板：工具面板包含用于创建和编辑图像、图稿、页面元素等的工具。相关工具可以进行分组，如图2-43所示。

● "按钮"面板：使用"按钮"面板可以将这些按钮变为交互式按钮，如图2-44所示。

● "超链接"面板：使用该面板可以创建超链接，以便在导出到Adobe PDF时，单击某个链接后即可跳转到同一PDF文档中的其他位置、其他PDF文档或网站，如图2-45所示。

● "动画"面板：通过动画面板，可以使对象在导出的

SWF 文件中移动，如图2-46所示。

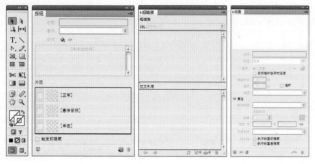

图2-43　　图2-44　　　图2-45　　　　图2-46

- "对象状态"面板：使用"对象状态"面板可以创建多状态对象，如图2-47所示。
- "计时"面板：使用"计时"面板可以更改动画对象播放的时间顺序，如图2-48所示。

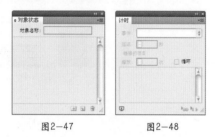

图2-47　　　　　图2-48

- "媒体"面板：使用"媒体"面板，可以直接在 InDesign 中预览 SWF、FLV、F4V、MP4 和 MP3 文件，如图2-49所示。
- "书签"面板：使用"书签"面板可以嵌套书签列表以显示主题之间的嵌套父级/子级关系。可以根据需要展开或折叠此层次结构列表。更改书签的顺序或嵌套顺序并不影响实际文档的外观，如图2-50所示。

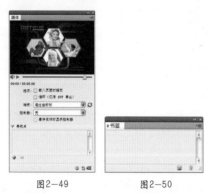

图2-49　　　　　图2-50

- "页面过渡效果"面板：通过该面板可以添加诸如擦除、溶解之类的页面过渡效果，如图2-51所示。
- "预览"面板：通过该面板可以显示所选文件的预览效果，与内容区域中显示的缩览图分离，并通常要比缩览图大。可以缩小或放大预览，如图2-52所示。

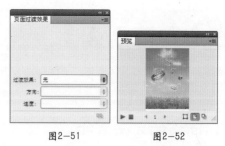

图2-51　　　　　图2-52

- CS News and Resources面板：该面板可用来显示新闻和资源的相关内容，如图2-53所示。
- CS Review面板：是一种联机服务，可以在 Web 上提供一种快速共享设计的途径，其他人员从而可以进行反馈，如图2-54所示。

图2-53　　　　　图2-54

- Kuler面板：Kuler面板是访问由在线设计人员社区所创建的颜色组、主题的入口，如图2-55所示。
- "访问CS Live"面板：通过该面板可以指定电子邮件地址和密码，如图2-56所示。

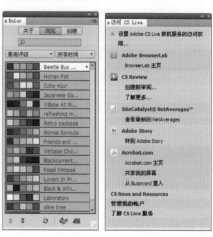

图2-55　　　　　图2-56

- "链接"面板：如果已经将视频文件置入 InDesign 文档中，那么使用"链接"面板可以将该文件重新链接至最新的版本，如图2-57所示。
- "描边"面板："描边"面板提供了对描边粗细和外观的设置，这些选项可以设置路径如何连接、起点形状和终点形状以及用于拐角点等，如图2-58所示。

图2-57　　　　　　图2-58

- "附注"面板："附注"面板可以向受管理的内容添加编辑附注，这些附注可供工作流程中的其他用户使用，如图2-59所示。
- "任务"面板："任务"面板是用于处理任务的主要工具，显示为从当前活动的 InDesign 文档中导出的文件，并有一个图标指示这些文件的状态，如图2-60所示。

图2-59　　　　　　图2-60

- "修订"面板：使用"修订"面板可以接受和拒绝文档中的更改，如图2-61所示。
- "标签"面板：在选择"添加未添加标签的项目"命令时，InDesign 会将标签添加到"标签"面板，并将"文章"和"图形"标签应用到某些不带标签的页面项目，如图2-62所示。

图2-61　　　　　　图2-62

- "后台任务"面板：在存储大型文档，或将文档导出为 PDF 或 IDML 文件时，可以继续处理文档。也可以让多个 PDF 导出任务在后台排队进行，如图2-63所示。
- "工具提示"面板：在"工具提示"面板中会列出所有隐藏的可用于当前选定工具的修改键行为，如图2-64所示。

图2-63　　　　　　图2-64

- "脚本"面板：在"脚本"面板中可以运行脚本而不必离开 InDesign。"脚本"面板显示的是位于 InDesign 应用程序文件夹和 Preferences 文件夹下的 Scripts 文件夹中的脚本，如图2-65所示。
- "脚本标签"面板：通过"脚本标签"面板可以为页面项目（如文本框架或形状）指定标签。为页面项目指定标签对于编写需要在其中标识对象的脚本尤为有用，如图2-66所示。

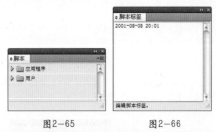

图2-65　　　　　　图2-66

- "数据合并"面板："数据合并"面板通过创建套用信函、信封或邮件标签，可将数据源文件与目标文档合并。数据合并也称为邮件合并，如图2-67所示。
- "分色预览"面板：如果要对文档进行分色，则可以使用"分色预览"面板，预览分色和油墨覆盖限制，如图2-68所示。

图2-67　　　　　　图2-68

- "拼合预览"面板：使用"拼合预览"面板中的选项，可以高亮显示拼合影响的区域，而且还可以根据着色提供的信息调整拼合选项，如图2-69所示。
- "属性"面板：该面板可以控制4种属性，分别为叠印填充、叠印描边、非打印、叠印间隙，如图2-70所示。

图2-69   图2-70

- "陷印预设"面板：在"陷印预设"面板中指定的陷印设置将修改陷印引擎的结果，如图2-71所示。
- "印前检查"面板：该面板可设定在交叉引用已过期或不可解析时发送通知，如图2-72所示。

图2-71   图2-72

- "图层"面板：新的 InDesign "图层"面板现在更类似于 Illustrator 的"图层"面板。每个图层左侧都有一个三角形，可以展开该三角形来显示活动跨页的给定图层上的对象及其堆叠顺序，如图2-73所示。
- "文本绕排"面板：该面板可以将文本绕排在任何对象周围，包括文本框架、导入的图像以及在 InDesign 中绘制的对象等，如图2-74所示。

图2-73   图2-74

- "表"面板："表"面板可以设置表格在文档中的显示方式，如图2-75所示。
- "段落"面板：可以在"段落"面板中修改文本的设置，如图2-76所示。

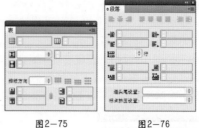

图2-75   图2-76

- "交叉引用"面板：交叉引用是指向相关条目而非页码的索引条目，如图2-77所示。
- "命名网格"面板：使用"命名网格"面板，可以命名网格格式存储框架网格设置，然后将这些设置应用于其他框架网格，如图2-78所示。

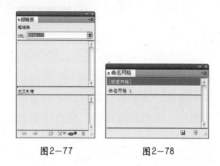

图2-77   图2-78

- "索引"面板："索引"面板由主题和引用两部分组成。"主题"模式主要用于创建索引结构，而"引用"模式则用于添加索引条目，如图2-79所示。
- "条件文本"面板：条件文本是一种为同一文档创建不同版本的方法。创建条件后，可以将其应用到文本的各种范围，如图2-80所示。

图2-79   图2-80

- "文章"面板：将此标签用于文章。当选择"添加未标记的项目"时，"文章"标签将应用到所有未添加标签的文本框架，如图2-81所示。
- "字符"面板："字符"面板中会显示与此相同的文本格式控制。也可以使用"字符"面板更改文本外观，如图2-82所示。

图2-81　　　　　　图2-82

- "字形"面板：使用"字形"面板可以输入字形。该面板最初显示光标所在处的字体字形，但可以查看不同字体、字体中的文字样式以及在面板中显示字体字形的子集，如图2-83所示。

- "效果"面板：使用"效果"面板可以为对象及其描边、填色或文本指定不透明度，并可以决定对象本身及其描边、填色或文本与下方对象的混合方式，如图2-84所示。

图2-83　　　　　　图2-84

- "信息"面板："信息"面板显示有关选定对象、当前文档或当前工具下的区域信息，包括表示位置、大小和旋转的值。移动对象时，"信息"面板还会显示该对象相对于其起点的位置，如图2-85所示。

- "渐变"面板：使用"渐变"面板可以创建、命名和编辑渐变色，如图2-86所示。

图2-85　　　　　　图2-86

- "色板"面板："色板"面板的作用类似于样式，在色板中创建的颜色、渐变色可以保存并快速应用于文档，如图2-87所示。

- "颜色"面板："颜色"面板中显示当前选择对象的填充色和描边色的颜色值，通过该面板可以使用不同的颜色模式来设置对象的颜色，也可以从显示的面板底部的色谱中选取颜色，如图2-88所示。

图2-87　　　　　　图2-88

- "表样式"面板：在该面板中可以创建和命名表样式，并将这些样式应用于现有表或者创建或导入的表，如图2-89所示。

- "单元格样式"面板：使用该面板可以创建和命名单元格样式，并将这些样式应用于表的单元格，如图2-90所示。

图2-89　　　　　　图2-90

- "段落样式"面板：可以创建和编辑段落样式，并将这些样式应用于文档中的段落文本，如图2-91所示。

- "对象样式"面板：对于每个新文档，对象样式面板列出了一组默认的对象样式。只要创建一个对象，就会有一种对象样式应用于它，如图2-92所示。

图2-91　　　　　　图2-92

- "字符样式"面板：可以创建和编辑字符样式，并将这些样式应用文档中的文本，如图2-93所示。

- "页面"面板：此面板是一个专门用于编辑页面和主页的面板，如图2-94所示。

图2-93　　　　　　图2-94

2.5 浏览文档

在Adobe InDesign中打开多个义档时，选择合理的方式查看图像窗口可以更好地对图像进行编辑。查看图像窗口的方式包括图像的缩放级别、多种图像的排列形式、多种屏幕模式、使用抓手工具查看图像等。

2.5.1 改变文档排列方法

当打开多个文档时，通过单击程序栏中的 按钮，可以显示不同的文档排列效果。分别为："全部合并"、"全部按网格拼贴"、"全部垂直拼贴"、"全部水平拼贴"，如图2-95所示。

如图2-96所示为切换为"全部合并"的效果。

如图2-97所示为切换为"全部按网格拼贴"的效果。

如图2-98所示为切换为"全部垂直拼贴"的效果。

如图2-99所示为切换为"全部水平拼贴"的效果。

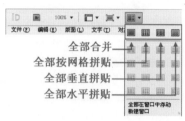

图2-95

图2-96

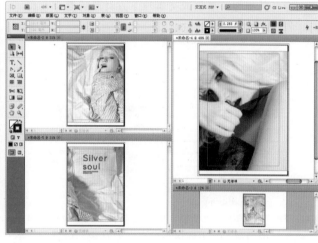

图2-97

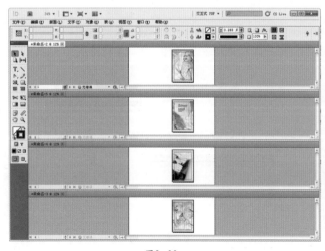

图2-98

图2-99

InDesign CS5从入门到精通

2.5.2 使用工具浏览图像

在软件中提供了两个用于浏览视图的工具，一个是用于缩放图像的缩放工具，另一个是用于浏览图像的抓手工具。

1.使用缩放工具

　　当要使用缩放工具对图像进行缩放时，单击工具箱中的"缩放工具"按钮，指针会变为一个中心带有加号的放大镜。单击要放大的区域的中心，或者按住Alt键，单击要缩小的区域的中心，如图2-100所示。

　　使用缩放工具，并在要放大的区域单击拖曳虚线方框，然后释放鼠标，相应的图像部分将显示成整个窗口，如图2-101所示。

图2-100

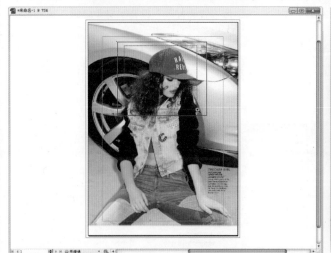

图2-101

2.使用抓手工具

　　当使用抓手工具进行图像放大时，可以拖动不同的可视区域，这在浏览比较大的图像时非常方便。使用方法为单击工具箱中的按钮，并在图像中拖动即可，如图2-102所示。

图2-102

2.6 首选项设置

执行"编辑＞首选项＞常规"命令，打开"首选项"对话框，在该对话框中，可以对界面、文字、排版、单位、网格等选项进行设置。首选项设置指定了InDesign文档和对象最初的行为方式。InDesign的许多程序选项和默认设置都存储在首选项文件中。

2.6.1 常规

在"首选项"对话框中选择"常规"选项卡，在这里可以对"页码"、"字体下载和嵌入"以及"对象编辑"等参数进行设置，如图2-103所示。

- 页码：在"页码"部分中，从"视图"选项中选择一种页码编排方法。
- 字体下载和嵌入：在"字体下载和嵌入"部分中，根据字体所包含的字形数来指定触发字体子集的阈值。这一设置将影响"打印"和"导出"对话框中的字体下载选项。
- 阻止选取锁定的对象：选中此项时锁定对象不可被选中，否则锁定对象可以被选中。
- 缩放时：在"缩放时"部分中，可以决定缩放对象在面板中的反映形式，以及缩放框架的内容的行为方式。如果希望缩放文本框架时，点大小随之更改，请选择"应用于内容"。如果在缩放图形框架时选择了"调整缩放百分比"选项，则图像的百分比大小会发生变化，但框架的百分比将恢复为100%。
- 重置所有警告对话框：单击"重置所有警告对话框"按钮以显示所有警告，甚至包括所选的不予显示的警告。

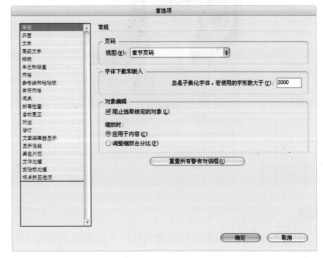

图2-103

2.6.2 界面

在"首选项"对话框中选择"界面"选项卡，在这里可以对光标、面板和选项进行设置，如图2-104所示。

● **工具提示**：将鼠标指针放在界面项目（如工具栏中的工具和控制面板中的选项）上时，就会出现工具提示。选择"无"可关闭工具提示。

● **置入时显示缩览图**：置入图形时，在载入图形光标处会显示缩览图。同样地，在载入文本光标处也会显示开头几行文本的缩览图。如果不希望在置入图形或文本时显示缩览图，取消选中此选项。

● **显示变换值**：在创建对象、调整对象大小或旋转对象时，光标会显示[x,y]坐标、宽度、高度或旋转信息。

● **启用多点触控手势**：选中此选项可以在InDesign中启用Windows多点触控鼠标手势。

● **浮动工具面板**：指定工具栏的显示方式为单列、双列还是单行。

● **自动折叠图标面板**：选中此选项后，单击文档窗口可自动折叠打开的面板。

● **自动显示隐藏面板**：选中此选项，在按Tab键隐藏面板后，将鼠标指针放到文档窗口边缘可临时显示面板。如果未选中此选项，则必须再次按Tab键才能显示面板。

● **以选项卡方式打开文档**：取消选中此选项时，创建或打开的文档将显示为浮动窗口，而非选项卡式窗口。

● **启用浮动文档窗口停放**：如果选中此选项，可以按照选项卡窗口的形式停放每个浮动窗口。如果取消选中此选项，除非拖动时按住Ctrl键，否则浮动的文档窗口不会与其他文档窗口一起停放。

● **手形工具**：要控制滚动文档时是否灰条化显示文本和图像，可将手形工具滑块拖到所需的性能/品质级别上。

● **即时屏幕绘制**：选择一个选项以确定拖动对象时是否重新绘制图像。如果选中"立即"选项，则拖动时会重新绘制该图像。如果选中"永不"选项，则拖动图像只会移动框架，当释放鼠标时图像才会移动。如果选中"延迟"选项，则仅暂停拖动时图像才会重新绘制。

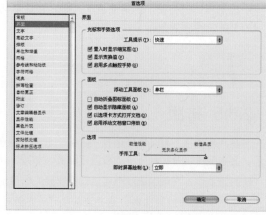

图2-104

2.6.3 文字

在"首选项"对话框中选择"文字"选项卡，在这里可以对文字的相关属性进行设置，如图2-105所示。

● **使用弯引号（西文）**：如果选中了该选项，则在输入时将自动显示这些引号字符。

● **文字工具将框架转换为文本框架**：如果选中了该选项，则会将空框架转换为文本框架。

● **自动使用正确的视觉大小**：该选项用于设置字体显示的大小效果。

● **三击以选择整行**：如果选中此选项，在行的任意位置单击三次可以选择整行，否则单击三次将选择整个段落。

● **对整个段落应用行距**：选中此选项即可对整个段落应用行距，在使用字符样式对文本应用行距时，无论是否选中该选项，只会影响应用了此样式的文本，而不会影响整个段落。

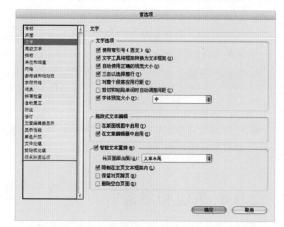

图2-105

● **剪切和粘贴单词时自动调整行距**：选中该选项即可在文本中剪切或粘贴字符时自动调整行距。

● **字体预览大小**：该选项可用于设置字体列表中的预览尺寸。

● **拖放式文本编辑**：该选项可用于设置是否在版面视图和文章编辑器中启用拖放式文本编辑。

- 智能文本重排：选中"智能文本重排"选项后，在输入和编辑文本时将会自动添加或删除页面。默认情况下，在基于主页的串接文本框架末尾输入文本时，将添加新的页面，从而允许在新文本框架中继续输入文本。

2.6.4 高级文字

在"首选项"对话框中选择"高级文字"选项卡，在这里可以对字符、输入法以及缺失自行保护进行设置，如图2-106所示。

- 字符设置：在字符设置栏中可以设置字符的上标和下标的默认大小和位置。
- 直接输入非拉丁文字：选中该选项可以直接输入亚洲文字。可以使用系统的输入程序，将双字节文本直接输入到文本框架中。
- 键入时保护：如果选中该选项，将无法输入当前字体不支持的字形。
- 应用字体时保护：如果选中该选项，在将不同的字体（如罗马字体）应用到亚洲语言文本中时，可以避免引入不支持的字形。

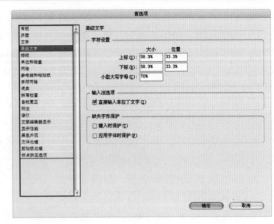

图2-106

2.6.5 排版

在"首选项"对话框中选择"排版"选项卡，在这里可以对突出显示、文本绕排以及标点挤压选项进行设置，如图2-107所示。

- 突出显示：在该组选项中可以设置需要突出显示的对象。
- 对齐对象旁边的文本：选择该选项可对齐沿对象绕排的文本。
- 按行距跳过：选中该选项可将绕排文本移至文本绕排对象下方的下一个可用行距增量。如果不选择此选项，文本行可能会跳到对象下方，使得文本无法与相邻的栏或文本框架中的文本对齐。在希望确保文本与基线网格对齐时，选择此选项尤其有用。
- 文本绕排仅影响下方文本：堆叠在绕排对象上方的文本不受文本绕排影响。堆叠顺序由"图层"面板中的图层位置以及图层上对象的堆叠顺序决定。
- 使用新建垂直缩放：选中该选项可以使用InDesign CS2的垂直缩放方法。在直排情况下，罗马字文本通常会被旋转，而CJK文本仍然保持直立。

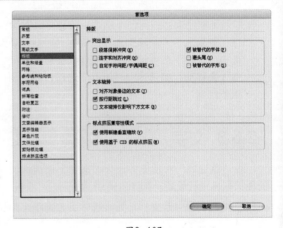

图2-107

- 使用基于CID的标点挤压：选择该选项可以确定使用字体中JIS编码的字形，而非Unicode字形。在使用OpenType字体的情况下，选择该选项就特别有用。

2.6.6 单位和增量

在"首选项"对话框中选择"单位和增量"选项卡，在这里可以对标尺单位、其他单位等选项组进行设置，如图2-108所示。

- 标尺单位：该选项组用于设置标尺原点的位置以及水平/垂直标尺的单位。
- 其他单位：该选项组用于设置排版、文本大小以及描边尺寸的单位。

- 点/派卡大小：该选项组用于设置点/英寸的参数。
- 光标键：该选项用于控制轻移对象时光标键的增量。
- 大小/行距：该选项用于控制使用键盘快捷键增加或减小点大小或行距时的增量。
- 基线偏移：该选项用于控制使用键盘快捷键偏移基线的增量。
- 字偶间距/字符间距：该选项用于控制使用键盘快捷键进行字偶间距调整和字符间距调整的增量。

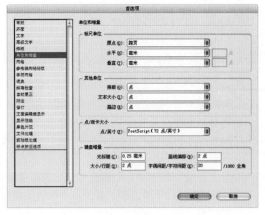

图2-108

2.6.7 网格

在"首选项"对话框中选择"网格"选项卡，在这里可以对基线网格、文档网格等选项组中的选项进行设置，如图2-109所示。

- 颜色：可以在"颜色"列表中指定一种颜色为基线网格颜色。
- 相对于：该选项用于指定网格是从页面顶部开始，还是从上边距开始。
- 开始：输入一个值，以使网格从页面顶部或页面的上边距偏移，这取决于"相对于"列表中选中的选项。如果使用垂直标尺对齐网格时有困难，请尝试以零值开始。
- 间隔：在文本框中输入一个值作为网格线之间的间距。在大多数情况下，输入等于正文文本行距的值，以便文本行能恰好对齐此网格。
- 视图阈值：在"视图阈值"文本框中输入数值，指定一个放大倍数。低于此倍数时，网格将不显示。增加视图阈值以防止在较低的放大倍数下网格线过于密集。

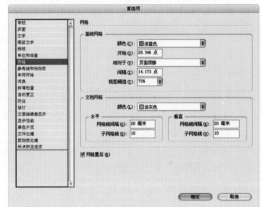

图2-109

- 文档网格：在该选项组中可以对文档网格的颜色、网格线间隔、子网格线进行设置。
- 网格置后：选中该选项可以将文档和基线网格置于其他所有对象之后。

2.6.8 参考线和粘贴板

在"首选项"对话框中选择"参考线和粘贴板"选项卡，可以对参考线的参数进行详细设置，也可以设置粘贴板的相关选项，如图2-110所示。

- 颜色：在颜色选项组中可以对多种参考线的颜色进行设置。
- 靠齐范围：用于指定靠齐范围的数值，靠齐范围值始终以像素为单位。
- 智能参考线选项：用于指定智能参考线对齐对象以及尺寸。
- 粘贴板选项：用于设置水平边距和垂直边距的数值。

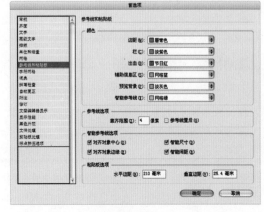

图2-110

2.6.9 字符网格

在"首选项"对话框中选择"字符网格"选项卡，在这里可以对字符网格的相关选项进行设置，如图2-111所示。

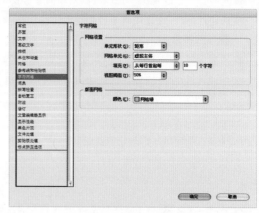

- 单元形状：在该选项中，可将单元形状指定为"矩形"或"圆形"。
- 网格单元：在该选项中可以对网格单元进行设置。设置"虚拟主体"以显示匹配全角字框大小的网格单元，并将"表意字"设置为显示与网格中字符集的"表意字字符外观"相匹配的网格单元。
- 填充：设置"从框架角点填充"或者"从行边缘填充"，以便更容易计算字数。指定填充的单元格之间的单元格数目。如果输入5，则填充所有的第5个单元格。显示出自行边缘起（左）的所有第10个字符的网格。突出显示自框架角点起（右）的所有第10个字符的网格。
- 视图阈值：在该选项中，指定合适的放大倍数（在此倍数之下，网格将不显示）。这可以防止网格线在较低的放大倍数下彼此距离过近。

图2-111

- 颜色：该选项用于指定版面网格颜色。要更改颜色设置，可弹出菜单中的颜色集中选择颜色，或选择"颜色"弹出菜单中的"自定"选项。也可以双击"颜色"弹出框，并使用系统拾色器。

2.6.10 词典

在"首选项"对话框中选择"词典"选项卡，在这里可以对词典的相关选项进行设置，如图2-112所示。

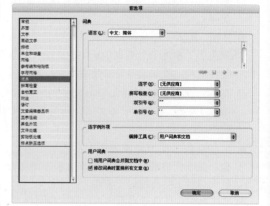

- 语言：从"语言"列表框中选择语言。
- 连字：如果安装的连字组件不是Adobe公司的产品，则请在"连字"列表框中选择该组件。
- 拼写检查：如果安装的拼写词典组件不是Adobe公司的产品，则请在"拼写检查"菜单选择该组件。
- 双引号：选择一对双引号，或输入要使用的字符对。
- 单引号：选择一对单引号，或输入要使用的字符对。
- 连字例外项：在"连字例外项"选项组的"编排工具"选项中，执行下列操作之一：要使用存储在外部用户词典中的连字例外项列表编排文本，请选择"用户词典"。要使用存储在文档内部的连字例外项列表编排文本，请选择"文档"。要同时使用这两个列表编排文本，请选择"用户词典和文档"。

图2-112

- 将用户词典合并到文档中：要将存储在外部用户词典中的例外项列表添加到存储在文档内部的例外项列表中，请选择"将用户词典合并到文档中"。
- 修改词典时重排所有文章：要在更改某些设置时重排所有文章，请选中该选项，则当更改"编排工具"设置或使用"词典"命令添加或删除单词时，将会重排文章。重排所有文章可能需要一些时间，这取决于文档中的文本量。

2.6.11 拼写检查

在"首选项"对话框中选择"拼写检查"选项卡，在这里可以对"拼写检查"的相关选项进行设置，如图2-113所示。

- 拼写错误的单词：选中该选项可查找未在语言词典中出现的单词。
- 重复的单词：选中该选项可查找重复的单词，如thethe。
- 首字母未大写的单词：选中该选项可查找在词典中仅以首字母大写形式（如Germany）出现的单词（如germany）。
- 首字母未大写的句子：选中该选项可查找句号、感叹号和问号后首字母未大写的单词。
- 启用动态拼写检查：选中该选项可在输入时对可能出现拼写错误的单词加下划线。
- 下划线颜色：在这里可以对拼写错误、重复、首字母未大写的单词以及首字母未大写的句子进行下划线颜色的设置。

2.6.12 自动更正

在"首选项"对话框中选择"自动更正"选项卡，在这里可以设置是否启用系统的自动更正功能，如图2-114所示。

- 启用自动更正：选中该选项可以对文本中的错误进行自动更正。
- 自动更正大写错误：选中该选项可以对文本中大写字母的错误进行自动更正。

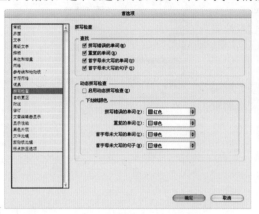 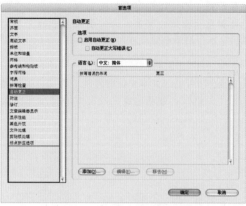

图2-113　　　　　　　　　　　　　　　　　图2-114

2.6.13 附注

在"首选项"对话框中选择"附注"选项卡，在这里可以对附注的相关选项进行设置，如图2-115所示。

- 附注颜色：从"附注颜色"菜单中可为附注锚点和附注书挡选择颜色。选择"[用户颜色]"可使用在"用户"对话框中指定的颜色。这在有多个用户使用该文件时尤为有用。

- 显示附注工具提示：如果选中该选项，可以在鼠标指针悬停在附注锚点（在版面视图中）或附注书挡（文章编辑器中）上时，将附注信息和全部或部分附注内容显示为工具提示。

- 文章编辑器中的附注：用于指定是否选中"在查找/更改操作中包括附注内容"和"拼写检查时包括辅助内容"选项。

- 随文背景颜色：选择"无"或"附注颜色"作为随文附注的背景颜色。

图2-115

2.6.14 修订

在"首选项"对话框中选择"修订"选项卡，在这里可以对修订的显示选项组以及更改条进行设置，如图2-116所示。

- 显示：选择要进行修订的每种更改类型。对于每种更改类型，指定文本颜色、背景颜色和标识方法。
- 文本：可以指定文本颜色。
- 标记：可以指定标记方法。
- 背景：可以指定背景颜色。
- 防止用户颜色重复：选中该选项可以确保为所有用户分配的颜色各不相同。
- 更改条：要显示更改条，请选中该选项。从"更改条颜色"列表框中选择一种颜色，并指定希望更改条显示在左边距还是显示在右边距。
- 拼写检查时包括删除的文本：如果希望对标记为已删除的文本进行拼写检查，请选中该选项。

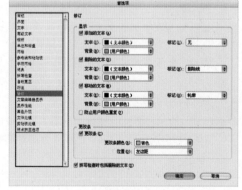

图2-116

2.6.15 文章编辑器显示

在"首选项"对话框中选择"文章编辑器显示"选项卡，在这里可以对文本显示选项和光标选项进行设置，如图2-117所示。

- 文本显示选项：在该选项组中可以选择显示字体、大小、行间距、文本颜色和背景。还可以指定不同的主题，如选择"传统系统"以在黑色背景上查看黄色文本。这些设置会影响文本在文章编辑器窗口中的显示，但不会影响在版面视图中的显示。

- 启用消除锯齿：选择该选项可以平滑文字的锯齿边缘。

- 光标选项：该选项可更改文本光标的外观。例如，如果希望光标闪烁，请选择"闪烁"。嵌套框架中的文本不显示在父级文章编辑器窗口中，但可显示在它自己的文章编辑器窗口中。

图2-117

2.6.16 显示性能

在"首选项"对话框中选择"显示性能"选项卡，在这里可以设置显示性能的相关选项，如图2-118所示。

- 默认视图：在"默认视图"中，可选择"典型"、"快速"或"高品质"选项。选中的选项将应用于打开或创建的所有文档。

- 保留对象级显示设置：选择该选项存储应用于单个对象的显示设置。要使用默认显示选项显示所有图形，则应取消选中该选项。

- 调整视图设置：在该选项组中可以选择希望定制的显示选项，然后将栅格图像或矢量图形对应的滑块移动到所需的设置。

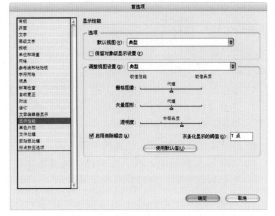

图2-118

2.6.17 黑色外观

在"首选项"对话框中选择"黑色外观"选项卡，在这里可以针对黑色外观的相关属性进行设置，如图2-119所示。

- 屏幕显示：在该对话框下拉列表中选中不同的选项，可以定义屏幕显示的方式。当选中"精确显示所有黑色"选项时，纯CMYK黑显示为深灰，本设置允许用户查看单色黑和多色黑之间的差异。当选中"将所有黑色显示为多黑色"选项时，纯CMYK黑显示为墨黑，此设置使纯黑和复色黑在屏幕上的显示效果一样。

- 打印/导出：在该下拉列表中选中不同的选项，可以定义打印输出黑色时的处理方式。

- 叠印100%的[黑色]：该选项适用于打印或储存已选中的粉色，它仅影响使用[黑色]（100K）色板着色的对象或文本。

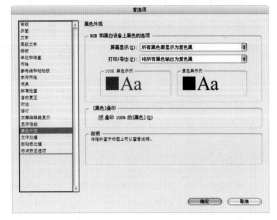

图2-119

InDesign CS5从入门到精通

2.6.18 文件处理

在"首选项"对话框中选择"文件处理"选项卡，在这里可以设置关于文档恢复与存储以及链接的相关选项，如图2-120所示。

- 要显示的最近使用的项目数：该选项用于指定要显示使用为该选项指定一个数字。最大值为30。
- 总是在文档中存储预览图像：如果要在每次存储文档时包含预览图像，则需选中该选项。
- 页面和预览大小：如果要使用"首选项"对话框设置预览，请从"页面"菜单中选择预览的页数，然后从"预览大小"菜单中选择预览大小。
- 片段导入：选择"位置"菜单中的"原始位置"，可以保留对象在片段中的原始位置。选择"位置"菜单中的"光标位置"，则可以根据单击的位置来置入片段。
- 打开文档前检查链接：如果不选中此选项，InDesign将立即打开文档，且链接保持挂起状态，直到确定它们的状态是最新、缺失还是已修改。如果选中此选项，InDesign将检查已修改或缺失的链接。
- 打开文档前查找缺失链接：如果不选中此选项，InDesign不会尝试解析缺失的链接。如果链接影响到服务器的性能，或是发生异常链接，可能希望不选中此选项。如果不选中了"打开文档前检查链接"选项，此选项将灰显。
- 置入文本和电子表格文件时创建链接：要创建指向将置入的文件的链接，则需要选择"置入文本和电子表格文件时创建链接"选项。
- 重新链接时保留图像尺寸：如果希望图像的显示尺寸与被替换的图像相同，请选择"重新链接时保留图像尺寸"。如果取消选择此选项，重新链接的图像将按其实际尺寸显示。
- 默认重新链接文件夹：指定默认的"重新链接"文件夹。

2.6.19 剪贴板处理

在"首选项"对话框中选择"剪贴板处理"选项卡，在该选项卡中可对剪贴板和粘贴的相关属性进行设置，如图2-121所示。

- 剪贴板：该选项组用于设置粘贴类型以及剪贴板存储选项。
- 从其他应用程序粘贴文本和表格时：粘贴文本前，可选择"所有信息（索引标志符、色板、样式等）"或"仅文本"来决定粘贴文本是否包括色板和样式等其他信息。

2.6.20 标点挤压选项

在"首选项"对话框中选择"标点挤压选项"选项卡，在该选项卡中可以对标点挤压集显示的相关选项进行设置，如图2-122所示。

- 标点挤压集显示设置：选择要在标点挤压预设部分项目名称显示为灰色，无法选择的项目是当前应用于段落的标点挤压集或默认的标点挤压集。

图2-120　　　　　　　　　　图2-121　　　　　　　　　　图2-122

Chapter 3
第3章

文档基础操作

在使用Adobe InDesign 软件时，基础操作非常重要，如新建文档、打开文档、存储文档等。

本章学习要点：

- 掌握新建文档、新建书籍/库的方法
- 掌握文档打开、存储、关闭、置入、导出的方法
- 掌握文档恢复与打包的方法
- 掌握常用的辅助工具的使用方法

3.1 新建文档/书籍/库

在使用Adobe InDesign软件时，基础操作非常重要，如新建文档、打开文档、存储文档等。下面就简单介绍一下这些文档中最基本的操作，如图3-1所示。

图3-1

技巧提示

默认情况下启动InDesign CS5时，都会自动弹出"欢迎屏幕"，在"欢迎屏幕"窗口中既可以打开最近使用过的文档，也能从右侧的"新建"选项区中创建不同用途的新文档。如果选中"不再显示"，那么再次启动InDesign CS5时就不会弹出"欢迎窗口"了。另外，执行"帮助＞欢迎屏幕"命令也可以打开该窗口，如图3-2所示。

图3-2

3.1.1 创建新文档

与其他平面处理软件的使用方法类似，打开InDesign CS5软件后首先需要新建文档。执行"文件＞新建＞文档"命令，此时会弹出"新建文档"对话框。创建文档时，有两种工作流程可供选择："版面网格对话框"或"边距和分栏"，如图3-3所示。

无论是采用哪种方式都需要进行当前页面参数的设置，开始页面设计的基本步骤：创建新文档、设置页面、边距和分栏，或者更改网格设置。要指定出血和辅助信息区的尺寸，单击"更多选项"按钮，如图3-4所示。

图3-3

图3-4

技巧提示

页面的纵向和横向与页面的高度和宽度设置有关，当"高度"的数值较大时，系统将自动选择纵向图标，而当"宽度"的数值较大时，系统将自动选择横向图标。

- **用途**：如果要将创建的文档输出为适用于 Web 的 PDF 或 SWF，可以在下拉列表框中选择相应的选项。

- **起始页码**：指定文档的起始页码。如果选中"对页"并指定了一个偶数，则文档中的第一个跨页将以一个包含两个页面的跨页开始。

- **对页**：选中此选项可以使双页面跨页中的左右页面彼此相对，如书籍和杂志，否则每个页面彼此独立。

- **主页文本框架**：选择此选项，将创建一个与边距参考线内的区域大小相同的文本框架，并与所指定的栏设置相匹配。此主页文本框架将被添加到主页中。

- **页面大小**：从菜单中选择一个页面大小，或者输入"宽度"和"高度"值。页面大小表示所期望的在裁切了出血或页面外其他标记后的最终大小。

- **页面方向**：单击"纵向" 📄（高）或"横向" 📄（宽）图标，将与在"页面大小"中输入的尺寸进行动态交

互。当"高度"的值较大时，将选择纵向图标。当"宽度"的值较大时，将选择横向图标。单击已取消选中的图标，可切换"高度"和"宽度"值。

- **出血**：出血区域可以打印排列在已定义页面大小边缘外部的对象。对于具有固定尺寸的页面，如果对象位于页面边缘处，则打印或裁切过程中稍有不慎，就会在打印区域的边缘出现一些白边。出血区域在文档中用一条红线表示。可以在"打印"对话框的"出血"中进行设置。

- **辅助信息区**：将文档裁切为最终页面大小时，辅助信息区将被裁掉。辅助信息区可存放打印信息和自定颜色条信息，还可显示文档中其他信息的说明和描述。定位在辅助信息区中的对象（包括文本框架）将被打印，但在将文档裁切为其最终页面大小时，该对象将消失。

3.1.2 创建"版面网格"文档

以"版面网格"作为排版基础的工作流程仅适用于亚洲语言版本。选择"版面网格"时，文档中将显示方块网格。可以在"页面大小"中设置各个方块的数目（行数或字数），页边距也可由此确定。使用版面网格时，可以网格单元为单位在页面上准确定位对象，如图3-5所示。

通过执行"文件＞新建＞文档"命令，在"新建文档"对话框中进行基础选项的设置。单击"版面网格对话框"按钮，设置"新建版面网格"对话框中的选项，如图3-6所示。

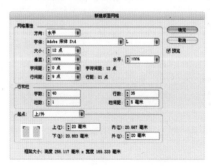

图3-5

- **网格属性**：在该选项组中可以设置网格的方向、字体、大小、垂直/水平缩放比率、字间距和行间距的参数，从而控制网格的样式。

- **行和栏**：在该选项组中可以控制每行的字数、行数、分栏数以及栏间距的数值。

- **起点**：使用数值控制网格对于页面的相对位置。

图3-6

技巧提示

无论选择哪种工作流程，文档的文件类型完全相同。可以使用"边距和分栏"查看在文档中创建的版面网格，或者通过在视图之间切换来隐藏使用"版面网格"选项创建的文档版面网格。

3.1.3 创建"边距和分栏"文档

"边距和分栏"工作流程选项与"西文"工作流程中的选项相同。"西文"工作流程可从"边距和分栏"中进行配置，其对象将排列在没有版面网格的页面上，如图3-7所示。

单击"边距和分栏"按钮后，在弹出的"新建边距和分栏"对话框中进行相应的设置，如图3-8所示为设置"边距和分栏"选项后的界面效果。

图3-7

图3-8

- 边距：在该选项组的文本框中输入值，可以指定边距参考线到页面的各个边缘之间的距离。如果在"新建文档"或"文档设置"对话框中选中了"对页"，则"左"和"右"边距选项名称将更改为"内"和"外"，这样可以指定更多的内边距空间中来装订。
- 栏：在该选项组中选择"水平"或"垂直"来指定栏的方向。

技巧提示

可以更改页面和跨页的分栏和边距设置。更改主页上的分栏和边距设置时，将更改应用该主页的所有页面的设置。更改普通页面的分栏和边距时，只影响在"页面"面板中选定的页面。

3.1.4 新建书籍

书籍文件是一个可以共享样式、色板、主页及其他项目的文档集。可以按顺序给编入书籍的文档中的页面编号、打印书籍中选定的文档或者将它们导出为 PDF。一个文档可以隶属于多个书籍文件。添加到书籍文件中的其中一个文档便是样式源。

执行"文件>新建>书籍"命令，打开"新建书籍"对话框。为该书籍输入一个名称，指定"保存在"的位置并单击"保存"按钮，然后弹出"书籍"面板可以向书籍文件中添加文档，如图3-9所示。

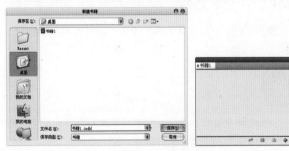

图3-9

新建"书籍"后，可以单击"添加文档"按钮➕，打开"添加文档"对话框，在该对话框中选中需要添加的文档，单击"打开"按钮，如图3-10所示。

图3-10

添加文档后的"书籍"面板效果如图3-11所示。书籍面板中各选项按钮的功能如下。

- 使用"样式源"同步样式和色板 ▦：单击该选项按钮，可以使用"样式源"同步样式和色板操作。
- 存储书籍 💾：单击该选项按钮，可以对书籍进行存储。
- 打印书籍 🖨：单击该选项按钮，可以对书籍进行打印。
- 添加文档 ➕：单击该选项按钮，可以为书籍添加文档。
- 移去文档 ➖：单击该选项按钮，可以对书籍进行移去文档操作。

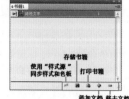

图3-11

3.1.5 新建库

对象库在磁盘上是以命名文件的形式存在。创建对象库时，首先要指定其存储位置。对象库在打开后将显示为面板形式，可以与任何其他面板编组；对象库的文件名显示在它的面板选项卡中。关闭操作会将对象库从当前会话中删除，但并不删除它的文件。可以在对象库中添加（或删除）对象、选定页面元素或整页元素。可以将库对象从一个库添加或移动到另一个库。

执行"文件>新建>库"命令，打开"新建库"对话框，为库文件指定保存位置和文件名称，然后单击"保存"按钮。所指定名称将成为弹出的"库"面板选项卡的名称，如图3-12所示。

图3-12

3.2 打开文件

在InDesign中打开文件的方法，通常可以像在其他程序中打开文档和模板文件一样。在打开一个InDesign模板时，默认情况下，它将作为一个新建的未命名文档打开。文档文件使用.indd扩展名，模板文件使用.indt扩展名，片段文件使用.idms扩展名，库文件使用.indl扩展名，交换文件使用.inx扩展名，标记文件使用.idml扩展名，书籍文件使用.indb扩展名。

3.2.1 打开文件

执行"文件>打开"命令，弹出"打开文件"对话框，在其中选中相应打开的文件，然后单击"打开"按钮，如图3-13所示。

 技巧提示

若选择"正常"选项则打开原始文档或模板副本，若选择"原稿"选项则打开原始文档或模板，若选择"副本"选项则可以打开文档或模板的副本。

选择"正常"选项后，打开的文件如图3-14所示。

InDesign CS5从入门到精通

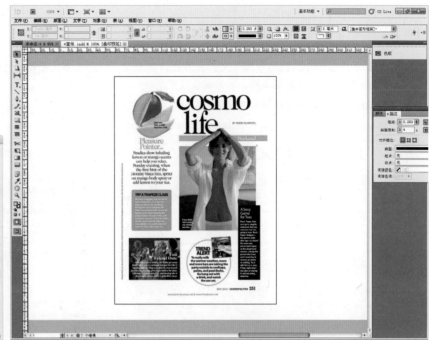

图3-13

图3-14

3.2.2 在Bridge中浏览

使用Adobe Bridge 软件可以帮助查找、组织、浏览、创建、打印、Web、视频以及音频内容所需的各种资源。

要使用 Adobe Bridge 打开并预览文件，执行"文件＞在 Bridge 中浏览"命令或使用快捷键Ctrl+Alt+O，也可以单击"控制"面板中的 Adobe Bridge 图标，打开 Adobe Bridge，在其中找到需要的文件，如图3-15所示。

然后执行"文件＞打开方式＞Adobe InDesign CS5"命令，即可在InDesign中打开选中的文件，如图3-16所示。

图3-15

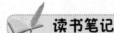

读书笔记

图3-16

在 Adobe Bridge 中，可以执行下列任一操作。

○ 管理图像、素材以及音频文件。在 Bridge 中可以自由地预览、搜索和处理文件以及对其进行排序，而无须打开各个应用程序。也可以编辑文件元数据，并使用 Bridge 将文件放在相关的文档、项目或合成文件中。

○ 管理照片。从数码相机存储卡中导入并编辑照片，通过

堆栈对相关照片进行分组，以及打开或导入 Photoshop Camera Raw 文件并对其进行编辑，而无须启动 Photoshop软件。

● 执行自动化任务，如批处理命令。

● 在 Creative Suite 颜色管理组件之间同步颜色设置。

● 启动实时网络会议以共享桌面和审阅文档。

3.2.3 最近打开的文件

要打开最近存储的文件，执行"文件＞最近打开的文件"命令，在子菜单中会显示出最近打开过的一些文档，然后直接选中相应的选项即可打开该文档，如图3-17所示。

技巧提示

要指定显示最近打开过的文档的数目，执行"编辑＞首选项＞文件处理"命令，然后为"要显示的最近使用的项目数"指定一个数字。最大值为30。

图3-17

3.3 存储文件

存储一个文档系统会保存当前的版面、对源文件的引用、当前显示的页面以及缩放级别。在对文件的编辑过程中，经常对文件进行存储操作有助于保护我们的工作成果。可以将文件存储为3种类型。第一种为常规文档；第二种为文档副本，使用另一个名称为该文档创建一个副本，同时保持原始文档为现用文档；第三种为模板，通常作为无标题的文档打开，模板可以包含预设为其他文档的起点的设置、文本和图形。

3.3.1 "存储"命令

在InDesign中需要进行存储文件时，可以执行"文件＞存储"命令或使用快捷键Ctrl+S。在弹出的"存储为"对话框中选择要进行存储文件的位置。在"文件名"文本框中可以重新对文件进行命名。在"保存类型"下拉列表中选择保存文件的格式，然后单击"保存"按钮保存文件，如图3-18所示。

保存文件后在存储文件的位置可以看到"1.indd"的文件，如图3-19所示。

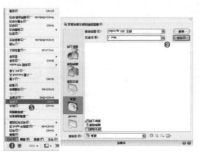
图3-18

图3-19

3.3.2 "存储为"命令

如果要将文件保存为其他的名称文件和格式，或者存储在其他位置，可以执行"文件＞存储为"命令，在弹出的"存储为"对话框中将文件另存为其他文件名称和格式，如图3-20所示。

保存文件后的存储文件的位置可以看到文件名为"2.indd"的文件，如图3-21所示。

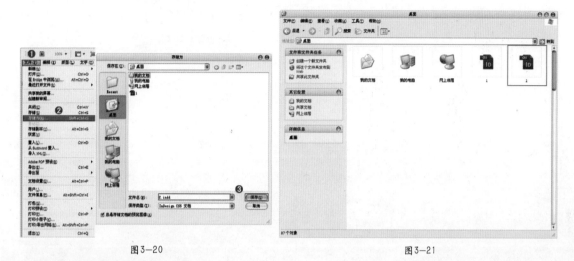

图3-20   图3-21

3.3.3 "存储副本"命令

要将一个文件存储为副本文件，可以执行"文件＞存储副本"命令或使用快捷键Ctrl+Alt+S。在弹出的"存储副本"对话框中，可以看到保存了当前状态下文档的一个副本，而不影响文档及其名称，如图3-22所示。

保存文件后在存储文件的位置可以看到"2副本.indd"的文件，如图3-23所示。

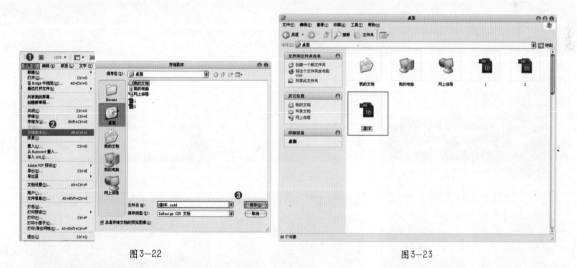

图3-22   图3-23

3.3.4 存储为旧版本可用文件

如果要在InDesign CS4中打开使用InDesign CS5制作的文档，则需要在 InDesign CS5 中将文档导出为InDesign 标记语言（IDML）。IDML 格式取代了在早期版本中用于降版存储的 INX 交换格式。执行"文件＞导出"命令，在"保存类型"列表框中，选择InDesign Markup (IDML)。单击"保存"按钮，如图3-24所示。

技巧提示

确保运行InDesign CS4的计算机已更新了相应的增效工具，以便可以打开导出的IDML文件。通过执行"帮助>更新"命令，并按照相应的提示进行操作，运行InDesign CS4的用户可以获取兼容性增效工具。在InDesign的早期版本中打开文档也称为"降版存储"。

图3-24

3.4 关闭文件

执行"文件>关闭"命令，可以将当前打开的文档关闭。如果关闭文档前没有进行相应的保存操作，则系统就会将弹出Adobe InDesign对话框，询问是否先保存文档然后再进行关闭的操作。单击"是"按钮，系统会先保存文件，然后再将其关闭。单击"否"按钮，系统将不保存文档而直接执行关闭操作。单击"取消"按钮，则会关闭提示对话框回到文档中，如图3-25所示。

图3-25

3.5 置入文件

使用InDesign进行排版时经常需要用到外部素材，InDesign作为排版软件并不能处理图片，它所用的图片都是从其他图像处理软件（如Photoshop、Illustrator）中获取的。这时就需要使用"置入"命令，"置入"命令是导入文件的主要方式，因为该命令提供了对文件格式、置入选项和颜色的最高级别的支持。使用"置入"命令不仅仅可以导入位图素材，还可以导入矢量素材以及文本文件、表格文件、InDesign源文件等。置入文件后，可以使用"链接"面板来识别、选择、监控和更新文件。如图3-26所示为使用置入外部素材制作的作品。

执行"文件>置入"命令，在打开的"置入"对话框中选择需要的文件，单击"打开"按钮即可，如图3-27所示。

图3-26

图3-27

● **显示导入选项**：要设置特定格式的导入选项需要选中该项。

● **替换所选项目**：导入的文件可以替换所选框架的内容、所选文本或添加到文本框架的插入点。取消选中该选项则将导入的文件排列到新框架中。

● **创建静态题注**：要添加基于图像源数据的题注，则需选择该选项。

● **应用网格格式**：要创建带网格的文本框架，则应选中该选项。要创建纯文本框架，则应取消选中该选项。

3.5.1 Microsoft Word 和 RTF 导入选项

如果在置入 Word 或 RTF 文件时选择"显示导入选项"，单击"打开"按钮，就会弹出"Microsoft Word 导入选项"对话框，在这里可以对导入的文档属性进行设置，如图3-28所示。

在该对话框中可以对以下选项进行设置。

● **目录文本**：将目录作为文本的一部分导入到文章中。这些条目作为纯文本导入。

● **索引文本**：将索引作为文本的一部分导入到文章中。这些条目作为纯文本导入。

● **脚注**：导入 Word 脚注。脚注和引用将保留，但会根据文档的脚注设置重新编号。如果 Word 脚注没有正确导入，尝试将 Word 文档另存成 RTF 格式，然后导入该 RTF 文件。

● **尾注**：将尾注作为文本的一部分导入到文章的末尾。

● **使用弯引号**：确保导入的文本包含左右弯引号（"　"）和弯单引号（'　'），而不包含直双引号（"　"）和直单引号（'　'）。

● **移去文本和表的样式和格式**：从导入的文本（包括表中的文本）移去格式，如字体、文字颜色和文字样式。如果选中该选项，则不导入段落样式和随文图。

● **保留页面优先选项**：选择删除文本和表的样式和格式时，可选择"保留页面优先选项"以保持应用到段落某部分的字符格式，如粗体和斜体。取消选中该选项可删除所有格式。

● **转换表为**：选择移去文本、表的样式和格式时，可将表转换为无格式表或无格式的制表符分隔的文本。如果希望导入无格式文本和格式表，则导入无格式文本，然后将表从 Word 粘贴到 InDesign中。

● **保留文本和表的样式和格式**：在 InDesign 或 InCopy 文档中保留 Word 文档的格式。可使用"格式"部分中的其他选项来确定保留样式和格式的方式。

● **手动分页**：确定 Word 文件中的分页在 InDesign 或 InCopy 中的格式设置方式。选择"保留分页符"可使用 Word 中用到的同一分页符，或者选择"转换为分栏符"或"不换行"。

● **导入随文图**：在 InDesign 中保留 Word 文档的随文图。

● **导入未使用的样式**：导入 Word 文档的所有样式，即使未应用于文本的样式也导入。

- **将项目符号和编号转换为文本**：将项目符号和编号作为实际字符导入，保留段落的外观。但在编号列表中，不会在更改列表项目时自动更新编号。

- **修订**：选择此选项会导致 Word 文档中的修订标记显示在 InDesign 文档中。在 InDesign 中，可以在文章编辑器中查看修订。

- **自动导入样式**：将 Word 文档的样式导入到 InDesign 或 InCopy 文档中。如果"样式名称冲突"旁出现黄色警告三角形，则表明 Word 文档的一个或多个段落或字符样式与 InDesign 样式同名。

- **自定导入样式**：通过此选项，可以使用"样式映射"对话框来选择对于导入文档中的每个 Word 样式，应使用哪个 InDesign 样式。

- **存储预设**：存储当前的 Word 导入选项以便以后重复使用。指定导入选项，单击"存储预设"按钮，输入预设的名称，并单击"确定"按钮。下次导入 Word 样式时，可从"预设"菜单中选择创建的预设。如果希望所选的预设用作将来导入 Word 文档的默认值，单击"设置为默认值"按钮。

图 3-28

3.5.2 文本文件导入选项

如果在置入文本文件时选中"显示导入选项"选项，则会弹出"文本导入选项"对话框，在这里可以对导入的文本文件选项进行设置，如图3-29所示。

在"文本导入选项"对话框中可以对导入的文本文件选项进行设置。

- **字符集**：指定创建文本文件时使用的计算机语言字符集，如 ANSI、Unicode UTF8、Shift JIS 或 Chinese Big 5。默认选择是与 InDesign 或 InCopy 的默认语言和平台相对应的字符集。

- **平台**：指定文件是在 Windows 还是在 Mac OS系统中创建文件。

- **将词典设置为**：指定导入的文本使用的词典。

- **额外回车符**：指定如何导入额外的段落回车符。选择"在每行结尾删除"或"在段落之间删除"。

- **替换**：用制表符替换指定数目的空格。

- **使用弯引号**：确保导入的文本包含左右弯引号（" "）和弯单引号（' '），而不包含直双引号（" "）和直单引号（'）。

图 3-29

3.5.3 Microsoft Excel 导入选项

如果在置入Excel表格文本文件时选中"显示导入选项"，就会弹出"Microsoft Excel导入选项"对话框，在这里可以对导入的表格文件选项进行设置，如图3-30所示。

图 3-30

在该对话框中，可以对Excel表格文件如下选项进行设置。

- **工作表**：指定要导入的工作表。

- **视图**：指定是导入任何存储的自定或个人视图，还是忽略这些视图。

- **单元格范围**：指定单元格的范围，使用冒号（:）来指定范围（如 A1:G15）。如果工作表中存在指定的范围，则在"单元格范围"菜单中将显示这些名称。

- **导入视图中未存储的隐藏单元格**：包括格式设置为Excel 电子表格中的隐藏单元格的任何单元格。

- **表**：指定电子表格信息在文档中显示的方式。

InDesign CS5从入门到精通

技术拓展："表"显示方式详解

- **有格式的表**：虽然可能不会保留单元格中的文本格式，但InDesign将尝试保留Excel中用到的相同格式。如果电子表格是链接的而不是嵌入的，则更新链接会覆盖应用于InDesign中的表的所有格式。
- **无格式的表**：导入表时，不会从电子表格中导入任何格式。如果选择此选项，可以将表样式应用于导入的表。如果文本格式是使用段落和字符样式来设置的，则即使更新指向电子表格的链接，该格式也会保留。
- **无格式制表符分隔文本**：表导入为制表符分隔文本，然后可以在InDesign或InCopy中将其转换为表。
- **仅设置一次格式**：InDesign保留初次导入时Excel中使用的相同格式。如果电子表格是链接的而不是嵌入的，则在更新链接时会忽略链接表中对电子表格所作的格式更改。该选项在InCopy中不可用。

- **表样式**：将指定的表样式应用于导入的文档。仅当选中"无格式的表"时该选项才可用。
- **单元格对齐方式**：指定导入文档的单元格对齐方式。
- **包含随文图**：在 InDesign 中，保留来自 Excel 文档的随文图。

- **包含的小数位数**：指定电子表格中数字的小数位数。
- **使用弯引号**：确保导入的文本包含左右弯引号（" "）和弯单引号（' '），而不包含直双引号（" "）和直单引号（'）。

3.6 导出文件

文件制作完成之后，使用"存储"命令可以将工程文件进行保存，但是通常情况下.indd格式文件不能直接进行快速预览以及输出打印等操作，所以需要将文件导出为其他格式，这时就需要使用"导出"命令。该命令可以将文件导出为多种格式，以便于在InDesign以外的软件中使用。在"导出"对话框中列出了这些格式，如图3-31所示。

图3-31

3.6.1 导出文本

首先单击工具箱中的"文字工具"按钮 **T.**，再单击要导出的文件，然后执行"文件>导出"命令。为导出的文件指定文件名和要保存的位置，然后在"保存类型"列表框中选择导出文本文件格式。如果找不到文字处理应用程序列表，可将文档以该应用程序能够导入的格式（例如 RTF）存储。如果文字处理应用程序不支持任何其他 InDesign 导出格式，则使用纯文本格式。单击"保存"按钮以所选格式导出文件，如图3-32所示。

图3-32

3.6.2 导出为JPEG格式的位图

JPEG使用标准的图像压缩机制来压缩全彩色或灰度图像，以便在屏幕上显示。使用"导出"命令可按JPEG格式导出页面、跨页或所选对象。

❶ 导出页面或跨页时，需要确保页面中没有选中的对象。如果需要将页面中的某一部分导出，则需要选中该对象。如图3-33所示分别为导出整个页面与导出局部对象。

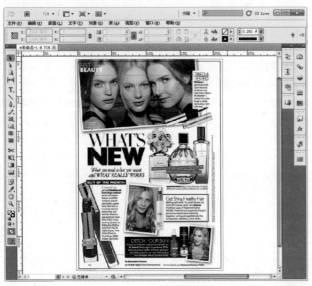 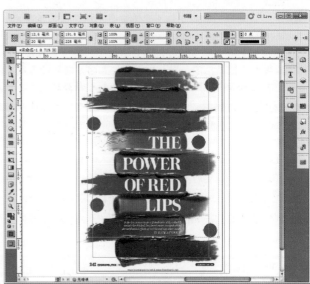

图3—33

❷ 执行"文件>导出"命令，在弹出的"导出"对话框中设置"保存类型"为JPEG格式，并输入文件名，接着单击"保存"按钮，弹出"导出JPEG"对话框，如图3-34所示。

图3—34

❸ 首先需要在"导出"选项组中选择需要导出的类型，如图3-35所示。

⬤ 选区：导出当前选定的对象。

⬤ 范围：输入要导出的页面的页码。使用连字符分隔连续的页码，使用逗号分隔多个页码或范围。

⬤ 全部：导出文档中的所有页面。

⬤ 跨页：将跨页中的对页导出为单个JPEG文件。如果取消选择该选项，跨页中的每一页都将作为一个单独的JPEG文件导出。

❹ 对"品质"进行设置，可以从下面的几个选项中进行选择，以确定文件压缩（较小的文件大小）和图像品质之间的平衡，如图3-36所示。

⬤ 最大值：会在导出文件中包括所有可用的高分辨率图像

数据，因此需要的磁盘空间最大。如果要将文件在高分辨率输出设备上打印，可选择该选项。

⬤ 低：只会在导出文件中包括屏幕分辨率版本（72dpi）的置入位图图像。如果只在屏幕上显示文件，可选择该选项。

⬤ 中和高：选择这两个选项包含的图像数据均多于选择"低"时的情形，但使用不同压缩级别来压缩文件。

❺ 对"格式方法"进行设置，可以选择下列选项之一，如图3-37所示。

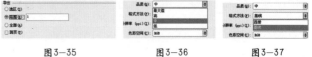

图3—35   图3—36   图3—37

⬤ 连续：在将JPEG图像下载到Web浏览器的过程中，逐渐清晰地显示该图像。

⬤ 基线：当JPEG图像已完全下载后，才显示该图像。

❻ 对"分辨率"进行设置，选择或输入导出的JPEG图像的分辨率，如图3-38所示。

❼ 对"色彩空间"进行设置，指定导出的文件的色彩空间。可以选择导出为RGB、CMYK或灰色，如图3-39所示。

❽ 继续在选项组中设置相应选项，如图3-40所示。

⬤ 嵌入颜色配置文件：如果选中了此选项，则文档的颜色配置文件将嵌入到导出的JPEG文件中。颜色配置文件的名称将以小文本的形式显示在该选项的右侧。可以在导出JPEG文件之前为文档选择所需的配置文件，方法是执行"编辑>指定配置文件"命令。如果在"色彩空间"菜单中选中了灰色，则禁用此选项。

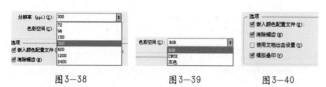

图3-38　　　　　　图3-39　　　　　　图3-40

- 消除锯齿：选中此选项可以平滑文本和位图图像的锯齿边缘。

- 使用文档出血设置：如果选中此选项，则在"文档设置"中指定的出血区域将出现在导出的JPEG文件中。选中"选区"选项时，将禁用此选项。

- 模拟叠印：此选项类似于"叠印预览"功能，但适用于所有选定的色彩空间。如果选中此选项，则InDesign导出的JPEG文件会将专色转换为用于打印的印刷色，模拟出具有不同中性密度值的叠印专色油墨效果。

⑨ 设置完毕后单击"导出"按钮，导出文件，如图3-41所示。

⑩ 如图3-42所示分别为导出整页与导出所选对象的效果。

图3-41　　　　　　　　图3-42

3.6.3　导出至Buzzword

Buzzword是一种基于Web的文本编辑器，利用它可以在Web服务器上创建和存储文本文件。将文件导出至Buzzword时，可以在Buzzword服务器上创建文本文件。操作方法为使用"文字工具"[T]选中需导出的文字，然后执行"文件>导出至>Buzzword"，如图3-43所示。

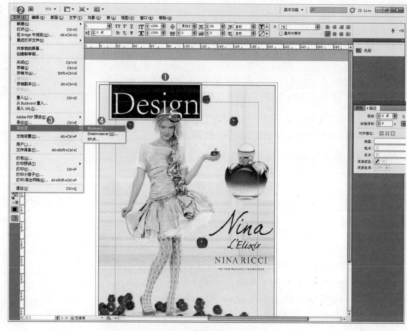

图3-43

3.6.4　导出至Dreamweaver

执行"导出至>Dreamweaver"命令，在"存储为"对话框中指定 HTML文档的名称和保存位置保存类型，然后单击"保存"按钮。弹出"XHTML 导出选项"对话框，在"常规"区、"图像"区和"高级"区中分别指定所需选项，然后单击"导出"按钮即可，如图3-44～图3-47所示。

图3-44

1. XHTML常规导出选项

- **导出**：确定是仅导出所选项目，还是导出整个文档。如果选中"选区"，则导出整篇文章（包括溢流文本）。如果选中"文档"，则将导出包括跨页的所有页面项目，只有仍未覆盖的主页项目以及不

图3-45

可见图层上的页面项目除外。XML标签以及所生成索引和目录也将被忽略。

- **依据页面布局**：如果选中该选项，则InDesign会根据文档的装订（从左至右或从右至左）确定页面对象的读取顺序。在某些情况下，尤其是在复杂的多栏文档中，导出的设计元素可能无法按所需读取顺序显示。使用Dreamweaver重新排列内容和为其设置格式。

- **与XML结构一致**：如果选中该选项，则"XML结构"面板将控制导出内容的顺序和所导出的内容。如果已经为内容添加了标记，则只需在"XML结构"面板中拖动这些标记，即可设置"XHTML导出"的顺序。如果内容未添加标记，则可以从"XML结构"面板菜单中选择"添加未标记的项目"，生成可以重新排序的标记。如果不希望在导出中包含某个项目，只需在"XML结构"面板中删除该标记即可。

- **项目符号**：选择"映射到无序列表"，将项目符号段落转换为列表项，其格式为使用<ul>标签的HTML。选择"转换为文本"，将使用<p>标签设置格式，将项目符号字符作为文本。

- **编号**：决定如何在HTML文件中转换编号。选择"映射到有序列表"将编号列表转换为列表项，其格式为使用<ol>标签的HTML。选择"映射到静态有序列表"将编号列表转换为列表项，但在InDesign中指定一个基于段落当前编号的<value>属性。选择"转换为文本"将编号列表转换为以段落当前编号作为文本开头的段落。

2. XHTML图像导出选项

- **复制图像**：确定如何将图像导出为HTML。选择"原稿"将原始图像导出到Web图像子文件夹，选中该选项后，所有其他选项都将变灰。选择"优化"用于更改设置以确定如何导出图像。

图3-46

- **格式**：尽可能多地为Web图像保留InDesign格式（如旋转或缩放）。

- **图像转换**：用于选择是否将文档中的优化图像转换为GIF或JPEG格式。选择"自动"以使InDesign确定每种情况下使用的格式。

- **调板**：允许控制InDesign在优化GIF文件时如何处理颜色。GIF格式使用有限制的调色板（不能超过256色）。选择"随样性（无仿色）"，可使用图形中的代表性颜色样本来创建调板，而不使用任何仿色（即混合少量专色来模拟其他颜色）。选择Web，以创建作为Windows和MacOS系统颜色子集的Web安全颜色的调板。选择"系统(Win)"或"系统(Mac)"，使用内建系统颜色调板来创建调板。该选项可能导致意外结果。

- **图像品质**：在创建的每个JPEG图像的压缩（用于较小的文件大小）和图像质量之间做出权衡。"低"会生成最小的文件和最低的图像质量。

- **格式方法**：确定在Web上打开包含图像的文件时，JPEG图像显示的速度有多快。选择"连续"，使JPEG图像随着下载的进程逐渐显示，并在细节方面逐渐丰富（通过此选项创建的文件要稍微大一些，并且需要更多RAM用于查看）。选择"基线"，使每个JPEG文件仅在其完全下载之后显示；在文件显示之前，其位置上会显示一个占位符。

3. XHTML高级导出选项

- **嵌入式CSS**：导出为XHTML时，可以创建一个CSS样式列表，该样式列表将显示在带有声明（属性）的HTML文件的标题部分。如果选中了"包含样式定义"，InDesign则会尝试以CSS等效值来匹配

图3-47

InDesign文本格式的属性。如果取消选中此选项，则HTML文件的声明为空。以后可以在Dreamweaver中编辑这些声明。如果选中了"保留本机优先选项"，则包含当前页面的格式（如斜体或粗体）。

- **无CSS**：选中此选项可以从HTML文件中忽略CSS部分。

- **外部CSS**：指定现有CSS样式表的URL，它通常是一个相对URL，例如/styles/style.css。InDesign不检查CSS是否存在或有效，因此要使用Dreamweaver确认外部CSS设置。

- **链接到外部JavaScript**：在HTML页面打开的情况下运行JavaScript，指定JavaScript的URL（通常为相对URL）。InDesign不检查JavaScript是否存在或有效。

3.6.5 导出至EPUB

要将文件导出至EPUB，需要执行"导出至＞EPUB"命令，在打开的"存储为"对话框中指定epub文档的文件名称和保存位置，然后单击"保存"按钮，如图3-48所示。

在弹出"Digital Editions 导出选项"对话框中的"常规"区、"图像"区和"目录"区中指定所需选项，然后单击"导出"按钮，如图3-49～图3-51所示。

图3-48   图3-49

1. Digital Editions 常规导出选项

- **包含文档元数据**：随导出的文件包含文档（如果已选择书籍，则为样式源文档）中的元数据。

- **添加出版商条目**：指定在eBook元数据中显示的出版商信息。可以指定出版商的URL，以便收到eBook的读者可以访问该网页，购买eBook。

- **唯一标识符**：每一个EPUB文档都需要一个唯一标识符，可以指定唯一标识符的属性。如果将此字段留空，则会自动创建一个唯一标识符。

- **顺序**：如果选中了"依据页面布局"，则EPUB中页面项目的读取顺序由其在页面上的位置决定。InDesign的阅读顺序为从左向右，从上向下。如果希望进一步控制读取顺序，请使用"XML标签"面板，为页面项目加上标签。如果选中了"与XML结构相同"，则"结构视图"中标签的顺序将决定读取的顺序。

- **项目符号**：选择"映射到无序列表"，将项目符号段落转换为列表项，其格式为使用<ul>标签的HTML。选择"转换为文本"，将使用<p>标签设置格式，将项目符号字符作为文本。

- **编号**：决定如何在HTML文件中转换编号。选择"映射到有序列表"将编号列表转换为列表项目，其格式为使用<ol>标签的HTML。选择"映射到静态有序列表"将编号列表转换为列表项目，但在InDesign中指定一个基于段落当前编号的<value>属性。选择"转换为文本"将编号列表转换为以段落当前编号作为文本开头的段落。

- **导出后查看eBook**：启动Adobe Digital Editions（如果存在）。如果系统没有配置可查看.epub文档的阅读器，则会显示一条警告消息。

2. Digital Editions 图像导出选项

- **带有格式**：尽可能多地为Web图像保留InDesign格式（如旋转或缩放）。

- **图像转换**：用于选择是否将文档中的优化图像转换为GIF或JPEG格式。选择"自动"以使InDesign确定每种情况下使用的格式。

图3-50

- **调板**：允许控制InDesign在优化GIF文件时如何处理颜色。GIF格式文件使用有限制的调色板（不能超过256色）。选择"自适应"，以使用没有任何抖动的图形中的代表颜色示例来创建调板（混合微小的色点，以模拟更多颜色）。选择Web，以创建作为Windows和MacOS系统颜色子集的Web安全颜色的调板。选择"系统(Win)"或"系统(Mac)"，以使用内置系统调色板创建调板，该选项可能导致意外结果。选择"交错"，以通过填充丢失行逐步显示缓慢加载的图像。如果未选择此选项，图像会显得模糊，并随图像升高到完整分辨率而逐渐变得清晰。

- **图像品质**：在创建的每个JPEG图像的压缩（用于较小的文件大小）和图像质量之间做出权衡。"低"会生成最小的文件和最低的图像质量。

- **格式方法**：确定在Web上打开包含图像的文件时，JPEG图像显示的速度有多快。选择"连续"，使JPEG图像随着下载的进程逐渐显示，并在细节方面逐渐丰富

（通过此选项创建的文件要稍微大一些，并且需要更多RAM用于查看）。选择"基线"，使每个JPEG文件仅在其完全下载之后显示；在文件显示之前，其位置上会显示一个占位符。

3. Digital Editions 目录导出选项

- ePub内容的格式：指定是要使用XHTML还是DTBook格式。

图3-51

- 包括InDesign目录项：如果希望在eBook的左侧生成目录，请选择此选项。从"目录样式"菜单中，指定要在eBook中使用的目录样式。可以选择"版面>目录样式"命令为eBook创建特殊的TOC样式。
- 禁止文档的自动条目：如果希望文档名称不要显示在

eBook目录中，请选择此选项。从书籍中创建eBook时，此选项非常有用。

- 使用一级条目作为章节分隔符：选择此选项可将ebook拆分为多个文件，其中每个文件都以一级目录条目开头。如果内容文件超过260KB，则新的章节就会从一级目录之间的起始段落开始，从而有助于避免超过300KB的上限。
- 生成CSS：生成CSS级联样式表，为一个可控制网页中内容显示的格式规则集合。当使用CSS设置页面格式时，可将内容与演示文稿分开。
- 包括样式定义：在导出为EPUB时，可以创建一个可编辑的CSS样式列表。
- 保留本机优先选项：如果选中此选项，则会包含像倾斜或加粗这样的本地格式。
- 包括嵌入字体：在eBook中包含所有允许嵌入的字体。字体包含可确定是否允许嵌入字体的嵌入位。
- 仅样式名：选择此选项将仅包含EPUB样式表中未定义的样式名称。
- 使用现有的CSS文件：指定现有CSS样式表的URL，它通常是一个相对URL，例如/styles/style.css。InDesign不检查CSS是否存在或有效，因此需要确认自己的CSS设置。

3.7 文件恢复

InDesign 中的自动恢复功能可以用来保护数据不会因为意外断电或系统故障而受损。自动恢复的数据位于临时文件中，该临时文件独立于磁盘上的原始文档文件。

正常情况下几乎用不到自动恢复的数据，因为当选择"存储"或"存储为"命令，或者正常退出 InDesign 时，任何存储在自动恢复文件中的文档更新都会自动添加到原始文档文件中。只有在出现意外电源故障或系统故障而又尚未成功存储的情况下，自动恢复数据才显得非常重要。执行"文件>恢复"命令，即可将该文件恢复到上次保存的状态，如图3-52所示。

图3-52

 技巧提示

在"首选项"对话框的"文件处理"中可以更改"文档恢复数据"文件夹的存储位置，在第2章中介绍过相关知识，如图3-53所示。

图3-53

InDesign CS5从入门到精通

3.8 修改文档设置

对"文档设置"对话框中选项的更改会影响文档中的每个页面。如果要在对象已添加到页面后，更改页面大小或方向，可以使用"版面调整"功能，尽量缩短重新排列现有对象所需的时间。

执行"文件>文档设置"命令则弹出"文档设置"对话框，选择"更多选项"，"文档设置"对话框扩展为更多选项，进行相应的设置，然后单击"确定"按钮，如图3-54所示。

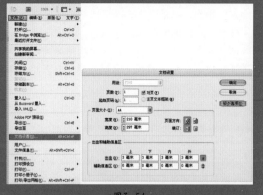

图3-54

 技巧提示

要为所有新文档设置统一的默认选项，执行"文件>文档设置"、"版面>边距和分栏"或"版面>版面网格设置"命令，在没有打开任何文档的情况下设置选项。

3.9 文件打包

可以收集使用过的文件（包括字体和链接图形）然后打包，以轻松地提交给服务提供商。打包文件时，可创建包含InDesign文档（或书籍文件中的文档）、任何必要的字体、链接的图形、文本文件和自定报告的文件夹。此报告（存储为文本文件）包括"打印说明"对话框中的信息，打印文档需要的所有使用的字体、链接和油墨的列表，以及打印设置。

通过执行"文件>打包"命令，打开"打包"对话框，然后单击"打包"按钮，如图3-55所示。

如果显示"警告对话框"，则需要在继续操作前存储出版物，单击"存储"按钮，如图3-56所示。

图3-55   图3-56

接着系统就会弹出"打印说明"对话框中的各项条目，填写打印说明。键入的文件名是所有被打包文件附带报告的名称，如图3-57所示。

填写完毕后单击"继续"按钮，然后指定存储所有打包文件的位置。单击"打包"文件以继续打包，如图3-58所示。

图3-57   图3-58

● 复制字体：复制所有必需的各款字体文件（CJK 除外），而不是整个字体系列。

● 复制链接图形：复制链接图形文件，链接的文本文件也将被复制。

- 更新包中的图形链接：将图形链接（不是文本链接）更改为包文件夹的位置。如果要重新链接文本文件，必须手动执行这些操作，并检查文本的格式是否还保持原样。
- 仅使用文档连字例外项：要防止文档使用外部用户词典排字，并防止文档的连字例外项列表与外部用户词典合并，则选中该选项。如果打包后将由工作组外部的人员打印的文档，可能要选择此选项。要允许外部用户词典（位于打开文件的计算机上）与文档的连字例外项列表合并，并允许文档使用同时存储在外部用户词典和当前文档中的例外项列表进行排字，则取消选中该选项。
- 包括隐藏和非打印内容的字体和链接：打包位于隐藏图层上的对象。
- 查看报告：打包后，立即在文本编辑器中打开打印说明报告。要在完成打包过程之前编辑打印说明，则单击"说明"按钮。

3.10 辅助工具

　　常用的辅助工具包括标尺、网格、参考线、度量等，借助这些辅助工具可以进行参考、对齐、对位等操作。能够在绘制精确度要求较高的图稿时提供很大的帮助，如图3-59所示为使用到辅助工具制作的作品。

图3-59

3.10.1 "信息"面板

　　"信息"面板中能够显示当前文档中选定对象的位置、大小和旋转等数值，"信息"面板中还会显示该对象相对于起点的位置。

　　然后执行"窗口>信息"命令，打开"信息"面板，再单击工具箱中的"选择工具"按钮，选中文档中的文本，即可在"信息"面板中查看到当前的位置，如图3-60所示。

- X：X选项用于显示光标的水平位置。
- Y：Y选项用于显示光标的垂直位置。
- D：D选项用于显示对象或工具相对于起始位置移动的距离，即不同位置的数值。
- W：W选项用于显示被选对象的宽度。
- H：H选项用于显示被选对象的高度。

　　在没有选中任何对象的前提下，"信息"面板下方的信息栏中将显示当前文档的相关信息，如图3-61所示。

图3-60

图3-61

66

3.10.2 度量工具

度量工具可计算文档窗口内任意两点之间的距离。从一点度量到另一点时，所度量的距离将显示在"信息"面板中。除角度外的所有度量值都以当前为文档设置的度量单位计算。使用度量工具测量了某一项目后，度量线会保持可见状态，直到进行了另外的测量操作或选择了其他工具为止。

1.测量两点之间的距离

首先执行"窗口>信息"命令，打开"信息"面板，然后单击工具箱中的"度量工具"按钮 ，接着在文档中单击第一点并拖移到第二点。按住 Shift 键的同时进行拖动以将工具的运动约束为 45°的倍数。不能拖动到单个粘贴板及其跨页之外。宽度和高度度量值显示在"信息"面板中，如图3-62所示。

2.度量角度

按住Alt键的同时，将光标移动到其中一个端点上，当

指针变为 时，按住鼠标并拖动可绘制出第二条测量线，即可得到需要测量的角度，度量自定角度时，"信息"面板将把第一条边的长度显示为 D1，并将第二条边的长度显示为D2，如图3-63所示。

图3-62   图3-63

3.10.3 标尺

标尺可帮助设计者准确定位和度量页面中的对象。

理论实践——使用标尺

执行"视图>显示标尺"命令或使用快捷键Ctrl+R，可以在页面中显示标尺，标尺出现在窗口的顶部和左侧。如果需要隐藏标尺，可以执行"视图>隐藏标尺"命令或使用快捷键Ctrl+R，如图3-64所示。

 读书笔记

图3-64

理论实践——设置标尺

执行"版面>标尺参考线"命令，在弹出的"标尺参考线"对话框中，可以对"视图阈值"和"颜色"进行设置，如图3-65所示。

图3-65

- 在"视图阈值"列表框中，指定合适的放大倍数（在此倍数以下，标尺参考线将不再显示）。这可以防止标尺参考线在较低的放大倍数下彼此距离太近。

- 在"颜色"列表框中，选择一种颜色，或选择"自定"选项以在系统拾色器中指定一种自定颜色。

 技巧提示

可以将当前的放大倍数设置为新标尺参考线的视图阈值，方法是按住Alt键的同时拖动选定的标尺参考线。

理论实践——调整标尺原点

默认情况下，标尺的原点位于窗口的左上方，用户可以修改原点的坐标位置。方法是将光标放置在原点上，然后使用鼠标左键拖曳原点，画面中会显示出十字线，释放鼠标左键，释放处便成了原点的新位置，并且此时的原点数字也会发生变化，如图3-66所示。

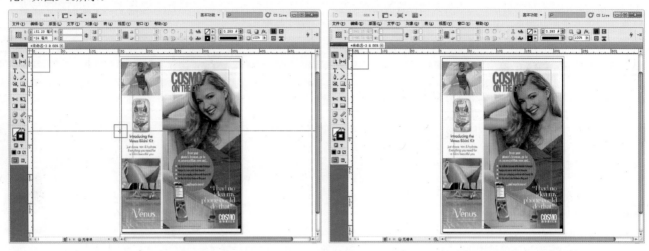

图3-66

如果想要锁定原点位置，可以在标尺的原点位置单击右键执行"锁定零点"命令，如图所示。如果想要将原点位置解锁，可以在标尺的原点位置单击右键，在弹出的菜单中可以看到"锁定零点"命令处于被启用状态，如图3-67所示。再次单击即可解锁原点。

图3-67

3.10.4 参考线

参考线在实际工作中应用得非常广泛，特别是在平面设计中。使用参考线可以快速定位图像中的某个特定区域或某个元素的位置，以方便用户在这个区域或位置内进行操作。与网格一样，参考线也是虚拟的辅助对象，输出打印时是不可见的。

1.创建参考线

执行"版面>创建参考线"命令，在弹出的"创建参考线"对话框中，进行相应的设置，如图3-68所示。

- 在"行数"列表框中输入一个值，可以指定要创建的行或栏的数目。

- 在"行间距"列表框中输入一个值，可以指定行或栏的间距。

图3-68

InDesign CS5从入门到精通

● "参考线适合"选项可以创建适用于自动排文的主栏分隔线。

2.使用参考线

① 执行"视图＞显示标尺"命令，可以在画板显示标尺，如图3-69所示。

② 将光标放置在水平标尺上，然后使用鼠标左键向下拖曳即可拖出水平参考线，如图3-70所示。

图3-69

图3-70

③ 将光标放置在左侧的垂直标尺上，然后使用鼠标左键向右拖曳即可拖出垂直参考线，如图3-71所示。

④ 如果要移动参考线，可以单击工具箱中的"选择工具"按钮 ，然后将光标放置在参考线上，当光标变成分隔符形状时 ，使用鼠标左键即可移动参考线，如图3-72所示。

图3-71

图3-72

⑤ 使用选择工具将参考线拖曳出画布之外，即可删除这条参考线，如图3-73所示。

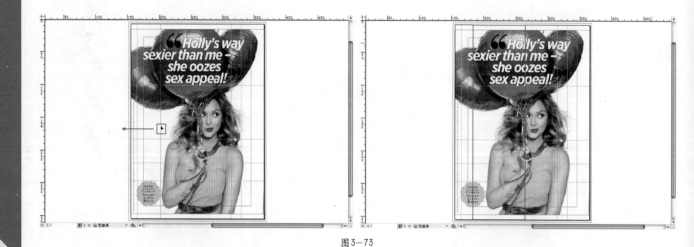

图3—73

⑥ 如果要隐藏参考线，可以执行"视图＞网格和参考线＞隐藏参考线"命令，如图3-74所示。

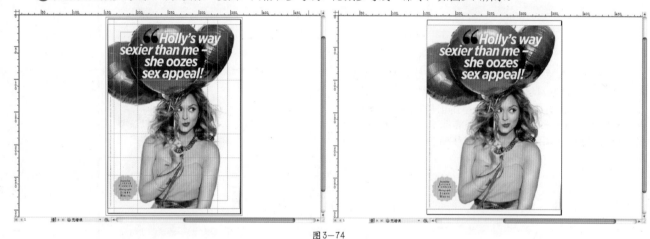

图3—74

⑦ 如果要删除参考线，也可以执行"视图＞网格和参考线＞删除跨页上的所有参考线"命令。

3.10.5 智能参考线

　　利用智能参考线功能，可以轻松地将对象与版面中的项目靠齐。在拖动或创建对象时，会出现临时参考线，表明该对象与页面边缘或中心对齐，或者与另一个页面项目对齐。

　　执行"视图＞网格和参考线＞智能参考线"命令，可以打开智能参考线，如图3-75所示。

- **智能对象对齐方式**：智能对象对齐方式允许轻松地靠齐页面项目中心或边缘。除了靠齐，智能参考线还可以动态绘制，以指示要靠齐哪个对象。

- **智能尺寸**：在调整页面项目大小、创建页面项目或旋转页面项目时，会显示智能尺寸反馈。例如，如果将页面上的一个项目旋转 24°，那么在将另一个项目旋转到接近 24°时，会显示一个旋转图标。此提示允许将对象靠齐相邻对象所用的旋转角度。同样，如果要

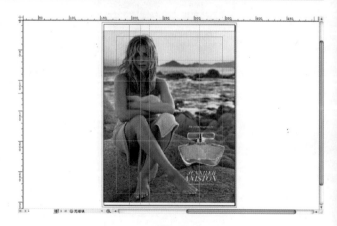

图3—75

调整其大小的对象与另一个对象相邻，将显示一条两端有箭头的线段，帮助您将第一个对象靠齐此相邻对象具有的宽度或高度。

- 智能间距：通过智能间距，可以在临时参考线的帮助下快速排列页面项目，这种参考线会在对象间距相同时给出提示。
- 智能光标：移动对象或调整对象大小时，智能光标反馈在灰色框中显示为 X 值和 Y 值；或者，在您旋转值时，智能光标反馈在灰色框中显示为度量值。使用界面首选项中的"显示变换值"选项可以打开和关闭智能光标。

3.10.6 网格

InDesign 提供了用于将多个段落根据其罗马字基线进行对齐的文档基线网格、用于将对象与正文文本大小的单元格对齐的版面网格和用于对齐对象的文档网格。基线网格或文档网格通常用在不使用版面网格的文档中。

要显示或隐藏基线网格，执行"视图＞网格和参考线＞显示/隐藏基线网格"命令，如图3-76所示。

要显示或隐藏文档网格，执行"视图＞网格和参考线＞显示/隐藏文档网格"命令，如图3-77所示。

3.10.7 "附注"面板

执行"窗口>评论>附注"命令，可以打开"附注"面板，如图3-78所示。

文字创建完成后，单击"附注工具"按钮，并且将鼠标移动到文字所在位置，此时会出现添加附注的图标，如图3-79所示。

图3-76　　　　　图3-77　　　　　图3-78　　　　　图3-79

理论实践——添加附注

添加附注的前提条件是要有文字，因此我们首先需要创建文字，如图3-80所示。

此时可以在"附注"面板中输入所需的附注内容，如图3-81所示。

理论实践——删除附注

如果要将当前附注内容删除，只需单击"删除附注"按钮，即可将附注删除，如图3-82所示。

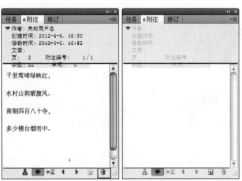

图3-80　　　　　图3-81　　　　　图3-82

Chapter 4
第4章

绘制图形

InDesign 提供了3种形状工具：矩形工具▢、椭圆工具◯、多边形工具◯。使用这些工具能够绘制出矩形、圆角矩形、正方形、圆角正方形、椭圆形、正圆形、多边形与星形等图形。在版式设计中用途非常广泛。

本章学习要点：

- 掌握常用绘图工具的使用
- 掌握角选项的设置
- 掌握路径查找器的使用方法

4.1 直线工具

绘制直线的操作方法非常简单，可以使用直线工具快速地绘制出各种精确的直线对象，如图4-1所示。

图4—1

单击工具箱中的"直线工具"按钮❨或使用快捷键"\"，将鼠标移动到要画直线的起始位置，光标为✛，然后拖曳到终点位置上释放鼠标。可以看到绘制了一条直线，如图4-2所示。

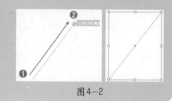

图4—2

技巧提示

在绘制直线的同时按住Shift键，可以锁定直线对象的角度为45°的倍数值，就是45°、90°等依此类推。如果按住Alt键，则所画直线以初始点为对称中心。

选中直线对象，然后执行"窗口>描边"命令，打开"描边"面板，然后在"类型"列表框中选择一个类型。在"起点"和"终点"列表框中各选择一个样式。"起点"样式将应用于路径的第一个端点，"终点"样式将应用于路径的最后一个端点，如图4-3所示。

要将添加的端点样式删除，只需用选择工具或者直接选择工具选中它，然后按Delete键即可。

图4—3

4.2 图形工具组

InDesign 提供了3种形状工具：矩形工具▢、椭圆工具◯、多边形工具◯。使用这些工具能够绘制出矩形、圆角矩形、正方形、圆角正方形、椭圆形、正圆形、多边形与星形等图形。在版式设计中用途非常广泛。如图4-4所示为使用形状工具制作的作品。

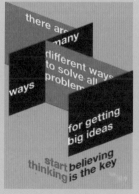

图4—4

4.2.1 矩形工具

使用矩形工具可以绘制出标准的矩形对象和正方形对象，如图4-5所示为使用该工具制作的作品。

图4-5

理论实践——绘制矩形

单击工具箱中的"矩形工具"按钮▢或使用快捷键M，在绘制的矩形对象一个角点处单击，将鼠标直接拖曳到对角角点位置，释放鼠标即可完成一个矩形对象的绘制，如图4-6所示。

打开"描边"面板，设置"粗细"选项数值为10点，然后再执行"窗口>颜色>色板"命令，打开"色板"面板，设置描边色为黄色，设置填充颜色为粉色，如图4-7所示。

图4-6　　　　　　　　　　　图4-7

 技巧提示

按住Shift键拖曳鼠标，可以绘制出正方形。按住Alt键拖曳鼠标可以绘制出由鼠标落点为中心点向四周延伸的矩形。同时按住Shift和Alt键拖曳鼠标，可以绘制出由鼠标落点为中心的正方形。

理论实践——绘制正方形

单击工具箱中的"矩形工具"按钮▢，按住Shift键进行绘制，即可得到一个正方形，如图4-8所示。

理论实践——绘制精确尺寸的矩形

单击工具箱中的"矩形工具"按钮▢，在要绘制矩形对象的一个角点位置单击，此时会弹出"矩形"对话框。在对话框中进行相应设置，单击"确定"按钮即可创建出精确的矩形对象，如图4-9所示。

● 宽度：在文本框中输入相应的数值，可以定义绘制矩形
　　网格对象的宽度。

● 高度：在文本框中输入相应的数值，可以定义绘制矩形
　　网格对象的高度。

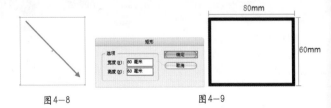

图4-8　　　　　　　　　　　图4-9

理论实践——绘制圆角矩形

如果要绘制圆角矩形，那么首先要单击工具箱中的"矩形工具"按钮■，并绘制一个矩形，如图4-10所示。

然后再设置"角选项"为"圆角"，数值为"10毫米"，如图4-11所示。

此时可以看到，矩形的四个直角向内收缩变成了圆角矩形，如图4-12所示。

图4-10　　　　　　　　图4-11　　　　　　　　图4-12

实例练习——使用矩形工具制作多彩版式

案例文件	实例练习——使用矩形工具制作多彩版式.indd
视频教学	实例练习——使用矩形工具制作多彩版式.flv
难易指数	★★★★★
知识掌握	矩形工具、角选项设置、文字工具的使用

案例效果

本案例的最终效果如图4-13所示。

图4-13

操作步骤

步骤01▶执行"文件＞新建＞文档"命令，或按Ctrl+N组合键，在"新建文档"对话框中的"页面大小"列表中选择A4纸张命令，设置"页数"为1，页面方向为纵向。单击"边距和分栏"按钮，打开"新建边距和分栏"对话框，单击"确定"按钮，如图4-14所示。

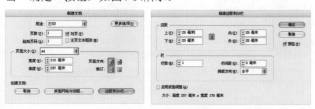

图4-14

步骤02▶使用矩形工具拖曳绘制一个矩形，如图4-15所示。

步骤03▶在控制栏中，单击"角选项"列表框，并设置角样式为圆角▢，最后设置"圆角数值"为8毫米，如图4-16所示。

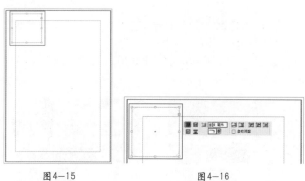

图4-15　　　　　　　　图4-16

步骤04▶将素材拖曳置入到上一步绘制的矩形中，此时之前绘制的圆角矩形将作为照片素材的框架，调整好素材的大小和位置，如图4-17所示。

步骤05▶继续使用同样的方法制作出剩余的11个矩形，并为其中4个矩形置入素材，另外7个暂时不置入素材，如图4-18所示。

图4-17　　　　　　　　图4-18

步骤06 选中第2个矩形，在控制栏中设置"填色"为黄色，如图4-19所示。

步骤07 继续选择其他的6个矩形，采用同样的方法设置不同的"填色"，如图4-20所示。

步骤10 继续使用文字工具，在图中右下角的位置创建文字，并设置合适的字体类型和文字大小，使其带有较好的设计感，如图4-23所示。

步骤11 最后置入右下角的素材，使其画面显得更加完整，如图4-24所示。

图4-19　　　　　　　　图4-20

步骤08 继续将素材置入到绘制的彩色矩形中，并调整好素材的大小和位置，如图4-21所示。

步骤09 使用文字工具，在图中相应的位置创建文字，如图4-22所示。

图4-23　　　　　　　　图4-24

步骤12 使用矩形工具制作多彩版式的最终效果，如图4-25所示。

图4-21　　　　　　　　图4-22

图4-25

4.2.2　椭圆工具

使用椭圆工具可以绘制出椭圆形和正圆形。在软件中使用该工具直接绘制的图形为椭圆形，所以进行定义时并不是定义半径，而是定义椭圆形的长和宽，如图4-26所示。

图4-26

理论实践——绘制椭圆

单击工具箱中的"椭圆工具"按钮◎或使用快捷键L，在椭圆形对象一个虚拟角点上单击，将鼠标直接拖动到另一个虚拟角点上释放鼠标即可，如图4-27所示。

理论实践——绘制正圆

在使用椭圆工具的同时，按住Shift键拖曳鼠标，可以绘制出正圆形。按住Alt键拖曳鼠标，可以绘制出由鼠标落点为中心点向四周延伸的椭圆。同时按住Shift和Alt键拖曳鼠标，可以绘制出以鼠标落点为中心向四周延伸的正圆形，如图4-28所示。

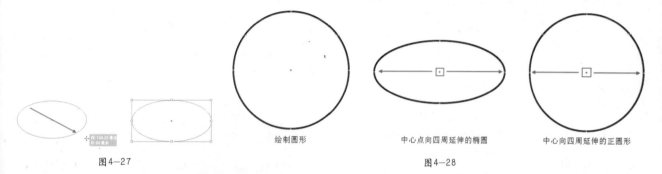

图4-27

绘制圆形　　　中心点向四周延伸的椭圆　　　中心向四周延伸的正圆形

图4-28

理论实践——绘制精确尺寸的椭圆

单击工具箱中的"椭圆工具"按钮◎，在要绘制椭圆对象的一个角点位置单击，此时会弹出"椭圆"对话框。在对话框中进行相应设置，单击"确定"按钮即可创建精确的椭圆形对象，如图4-29所示。

图4-29

实例练习——制作西点海报

案例文件	实例练习——制作西点海报.indd
视频教学	实例练习——制作西点海报.flv
难易指数	★★★★★
知识掌握	椭圆工具、描边、文字工具、投影效果

案例效果

本案例的最终效果如图4-30所示。

图4-30

操作步骤

步骤01 执行"文件>新建>文档"命令，或按Ctrl+N组合键，在"新建文档"对话框中设置"宽度"为210毫米，"高度"为100毫米，"页数"为1。单击"边距和分栏"按钮，打开"新建边距和分栏"对话框，单击"确定"按钮，如图4-31所示。

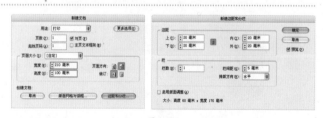

图4-31

步骤02 单击工具箱中的"矩形工具"按钮□，在一个角点处单击鼠标拖曳绘制出矩形选框，设置填充颜色为淡粉色，如图4-32所示。

图4-32

步骤03 执行"文件＞置入"命令,在弹出的"置入"对话框中选择素材文件,当鼠标指针变为图标时,在页面单击导入圆点素材,如图4-33所示。

图4-33

步骤04 导入果汁素材文件。选中果汁对象,执行"对象＞效果＞阴影"命令,打开"效果"对话框,设置"模式"为"正片叠底"、"不透明度"为35%、"距离"为3.492毫米、"X位移"为2.469毫米、"Y位移"为2.469毫米、"角度"为135°、"大小"为1.764毫米。添加阴影效果,如图4-34所示。

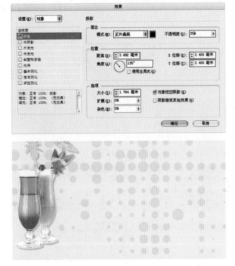

图4-34

步骤05 接着导入草莓和糕点素材文件,并使用同样的方法为其添加阴影效果,如图4-35所示。

图4-35

步骤06 单击工具箱中的"椭圆工具"按钮○,按住Shift键拖曳鼠标绘制正圆形。设置填充颜色为粉色,如图4-36所示。

图4-36

步骤07 使用复制和粘贴的快捷键(Ctrl+C,Ctrl+V)复制出一个副本。按住Shift和Alt键的同时将其向同心缩小。然后执行"窗口＞描边"命令,调出"描边"面板,设置"粗细"为3点,"斜接限制"为4x,在"类型"列表框中选择"虚线"选项。设置描边颜色为白色,如图4-37所示。

图4-37

步骤08 选中虚线,拖曳到创建新图层按钮中建立副本,然后按住Alt键选择角点向中心进行比例缩放,如图4-38所示。

图4-38

步骤09 单击工具箱中的"钢笔工具"按钮,绘制出一个梯形的闭合路径,设置其填充颜色为淡黄色,如图4-39所示。

图4-39

步骤10 单击工具箱中的"文字工具"按钮T.,绘制出一个文本框架,输入文字。然后执行"窗口＞文字和表＞字符"命令,调出"字符"面板,设置一种合适的字体,设置文字大小为104点，并在"填色"中设置文字颜色为白色，如图4-40所示。

图4-40

步骤11 使用文字工具在"西点风"上创建文本框，然后输入文本，设置合适的字体，设置文字大小为48点，在"填色"中设置文字颜色为白色，如图4-41所示。

图4-41

步骤12 接着使用文字工具，采用同样的方法在页面中输入文本，然后分别设置文本的字体、大小和颜色，如图4-42所示。

图4-42

步骤13 在"全球开始"的中间位置，使用文字工具输入数字5，设置一种合适的字体，文字大小为72点，在"填色"中设置文字颜色为橘黄色，然后执行"文字>创建轮廓"命令，将文字转换为文字路径。在"填色"中设置字体的颜色为淡黄色，描边大小为6点，如图4-43所示。

4.2.3 多边形工具

使用InDesign中的多边形工具不仅可以绘制任意边数的多边形，还能够通过调整"星形内陷"数值绘制任意角数的星形，如图4-46所示。

图4-43

步骤14 再次使用文字工具，在右上角输入文本。设置一种合适的"字体"，文字大小为28点，在"填色"中设置文字颜色为橘黄色，并单击工具箱中的"选择工具"按钮，将文本选中，在角点位置将文本进行旋转，如图4-44所示。

步骤15 制作西点海报的最终效果，如图4-45所示。

图4-44

图4-45

图4-46

理论实践——绘制多边形

　　单击工具箱中的"多边形工具"按钮 ◎，在绘制的多边形对象的一个虚拟角点上单击，将鼠标指针直接拖曳到定义尺寸后释放鼠标即可，如图4-47所示。

图4-47

理论实践——绘制精确尺寸和边数的多边形

　　单击工具箱中的"多边形工具"按钮 ◎，在要绘制多边形对象的中心位置单击，此时会弹出"多边形"对话框。在对话框中进行相应设置，单击"确定"按钮即可创建出精确的多边形对象。使用该方法可以绘制所需的任何多边形（包括三角形）。如图4-48所示。

图4-48

- 多边形宽度：在文本框中输入相应的数值，可以定义绘制多边形的宽度。
- 多边形高度：在文本框中输入相应的数值，可以定义绘制多边形的高度。
- 边数：在文本框中输入相应的数值，可以设置绘制多边形的边数。边数越多，生成的多边形越接近圆形，如图4-49所示。

图4-49

- 星形内陷：输入一个百分比值以指定星形凸起的长度。凸起的尖部与多边形定界框的外缘相接，此百分比决定每个凸起之间的内陷深度。百分比越高，创建的凸起就越长、越细，如图4-50所示。

图4-50

4.3 钢笔工具组

　　在矢量绘图中将点称为锚点，线称为路径。在InDesign CS5中，"路径"是图形最基本的构成元素。矢量图的创作过程就是创作路径、编辑路径的过程。路径是由锚点及锚点之间的连接线构成，锚点的位置决定着连接线的动向，由控制手柄和动向线构成，其中控制手柄可以确定每个锚点两端的线段弯曲度。如图4-51所示为一些可以使用钢笔工具组制作的作品。

图4-51

　　路径最基础的概念是两点连成一线，三个点可以定义一个面。在进行矢量绘图时，通过绘制路径并在路径中添加颜色可以组成各种复杂图形，如图4-52所示。

　　本节介绍的钢笔工具组，就是一个非常自由的绘图工具。钢笔工具组是Adobe InDesign 软件中专门用来制作路径的工具，在该工具组中共4个工具，分别是：钢笔工具 ◊、添加锚点工具 ◊⁺、删除锚点工具 ◊ 和转换锚点工具 ト，如图4-53所示。

图4-52　　　　图4-53

InDesign CS5从入门到精通

4.3.1 钢笔工具

使用钢笔工具可以绘制的最简单路径就是直线。方法是通过单击"钢笔工具"按钮创建两个锚点，继续单击可创建由角点连接的直线段组成的路径，如图4-54所示。

图4-54

理论实践——使用钢笔工具绘制直线

步骤01 单击工具箱中的"钢笔工具"按钮 ，或使用快捷键P，将光标移至画面中，单击可创建一个锚点，如图4-55所示。

步骤02 释放鼠标，将光标移至下一处位置单击创建第二个锚点，两个锚点会连接成一条由角点定义的直线路径，如图4-56所示。

图4-55   图4-56

 技巧提示

按住Shift键可以绘制水平、垂直或以45°角为增量的直线。

步骤03 将光标放在路径的起点，当光标变为 状时，单击即可闭合路径，如图4-57所示。

步骤04 如果要结束一段开放式路径的绘制，可以按住Ctrl键并在画面的空白处单击，单击其他工具，或者按下Enter键也可以结束路径的绘制，如图4-58所示。

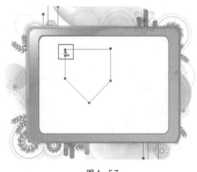

图4-57   图4-58

理论实践——使用钢笔工具绘制波浪曲线

步骤01 单击"钢笔工具"按钮 🖊️，此时绘制出的将是路径。在画布中单击鼠标即可出现一个锚点，释放鼠标移动光标到另外的位置单击并拖动即可创建一个平滑点，如图4-59所示。

图4-59

步骤02 将光标放置在下一个位置，然后单击并拖曳光标创建第2个平滑点，注意要控制好曲线的走向，如图4-60所示。

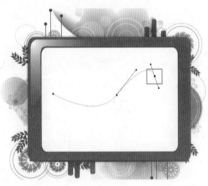

图4-60

步骤03 继续绘制出其他的平滑点，如图4-61所示。

图4-61

步骤04 然后可以使用直接选择工具选中锚点，并调节好其方向线，使其生成平滑的曲线，如图4-62所示。

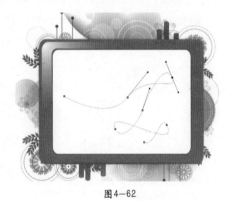

图4-62

理论实践——使用钢笔工具绘制多边形

步骤01 单击"钢笔工具"按钮 🖊️，然后将光标放置在一个网格上，当光标变成 🖊️ₓ 形状时单击鼠标左键，确定路径的起点，如图4-63所示。

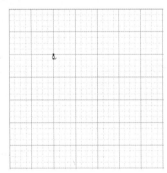

图4-63

技巧提示

为了便于绘制，执行"视图>显示网格"命令，画布中即可显示出网格，该网格作为辅助对象在输出后是不可见的，如图4-64所示。

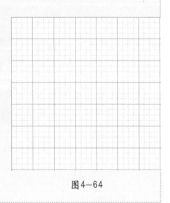

图4-64

InDesign CS5从入门到精通

步骤02 将光标移动到下一个网格处，然后单击创建一个锚点，两个锚点间会连成一条直线路径，如图4-65所示。

步骤03 继续在其他的网格上创建出锚点，如图4-66所示。

步骤04 将光标放置在起点上，当光标变成♣。形状时，单击鼠标左键闭合路径，取消网格，绘制的多边形如图4-67所示。

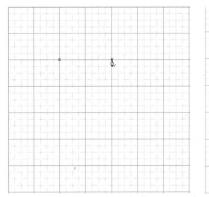　　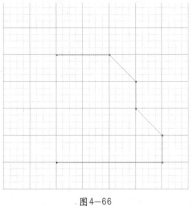　　

图4—65　　　　　　　　　　　图4—66　　　　　　　　　　　图4—67

4.3.2　添加锚点工具

在路径上添加锚点可以增强对路径的控制，也可以扩展开放路径，但最好不要添加多余的锚点。锚点数较少的路径更易于编辑、显示和打印，如图4-68所示。

　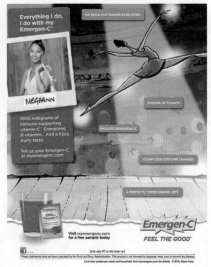　

图4—68

步骤01 选择要修改的路径。若要添加锚点，单击工具箱中的"添加锚点工具"按钮，或使用快捷键"+"，并将指针置于路径段上，然后单击，如图4-69所示。

步骤02 使用同样的方法，在路径上再添加3个锚点，然后使用直接选择工具拖曳新添加的锚点，形成一个圆滑的形状，如图4-70所示。

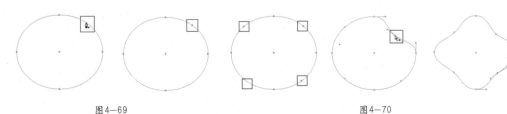

图4—69　　　　　　　　　　　　　　　　图4—70

4.3.3 删除锚点工具

可以通过删除不必要的锚点来降低路径的复杂性。添加和删除锚点的方式与其他Adobe应用程序中的相应操作类似，如图4-71所示。

若要删除锚点，单击工具箱中的"删除锚点工具"按钮 ✍ 或使用快捷键"-"，并将指针置于锚点上，然后单击，如图4-72所示。

技巧提示

单击工具箱中的"钢笔工具"按钮 ✍，将鼠标放置在路径上，可以看到鼠标缩小指针自动变为 ♣ 时，单击鼠标即可在路径上添加锚点；将鼠标指针放在锚点上，指针自动变为 ♣ 时，单击鼠标即可删除锚点。

图4-71

图4-72

4.3.4 转换锚点工具

转换锚点工具可以使角点变得平滑或尖锐，完成锚点之间的转化，如图4-73所示。

步骤01 单击工具箱中的"转换方向点工具"按钮 ▷ 或使用快捷键Shift+C，将鼠标指针放置在锚点上，单击并向外拖曳鼠标，可以看出锚点上拖曳出方向线，锚点转换成平滑曲线锚点。同理，将另一锚点转换为平滑曲线锚点，如图4-74所示。

图4-73

步骤02 如果要将平滑曲线锚点转换成没有方向线的角点，单击平滑曲线锚点，半滑点转换成角点，如图4-75所示。

图4-74

图4-75

InDesign CS5从入门到精通

实例练习——使用钢笔工具制作多彩相册

案例文件	实例练习——使用钢笔工具制作多彩相册.indd
视频教学	实例练习——使用钢笔工具制作多彩相册.flv
难易指数	★★★★★
知识掌握	钢笔工具、矩形框架工具、角选项、效果

案例效果

本案例的最终效果如图4-76所示。

图4-76

操作步骤

步骤01 执行"文件＞新建＞文档"命令，或按Ctrl+N组合键，在"新建文档"对话框中的"页面大小"列表框中选择A4纸张命令，设置"页数"为1，页面方向为横向。单击"边距和分栏"按钮，打开"新建边距和分栏"对话框，单击"确定"按钮，如图4-77所示。

图4-77

步骤02 单击工具箱中的"钢笔工具"按钮，绘制出一个闭合路径。然后执行"窗口＞颜色＞色板"命令，打开"色板"面板，设置填充颜色为粉色，如图4-78所示。

图4-78

步骤03 继续使用钢笔工具绘制出不同形状的闭合路径。然后分别选中每个形状，在"色板"面板中，分别为每个形状添加不同颜色。制作出拼图背景效果，如图4-79所示。

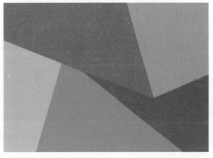

图4-79

步骤04 单击工具箱中的"矩形框架工具"按钮，绘制5个不同大小的矩形框架，依次执行"文件＞置入"命令，在打开的"置入"对话框中选中5张人像图片素材，单击"打开"按钮将它们导入，如图4-80所示。

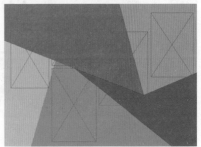

图4-80

步骤05 接着按Shift键将5张图片全部选中，在控制栏的"描边"中设置描边颜色为白色，描边大小为7点，如图4-81所示。

图4-81

步骤06 接着保持选中状态，执行"对象>角选项"命令，然后弹出"角选项"对话框，单击"统一所有设置"按钮，转角大小设置为8毫米，形状为圆角，设置一个选项，其他选项也跟着改变，如图4-82所示。

图4-85

图4-82

步骤07 使用钢笔工具，继续绘制一个星形闭合路径，在"填充"中将填充颜色设置为黑色，如图4-83所示。

图4-83

步骤08 单击工具箱中的"矩形工具"按钮□，在一个角点处单击，拖曳鼠标绘制出矩形。设置填充颜色为"白色"，然后再单击工具箱中的"旋转工具"按钮↻进行旋转，调整矩形角度，如图4-84所示。

图4-84

步骤09 选中矩形选框对象。执行"对象>效果>阴影"命令，打开"效果"对话框，设置"模式"为"正片叠底"、"不透明度"为75%、"距离"为2 毫米、"X位移"为1.414毫米、"Y位移"为1.414毫米、"角度"为135°、"大小"为1.764毫米。添加阴影效果，如图4-85所示。

步骤10 再单击"矩形工具"按钮□，在左上角绘制一个选框。设置填充颜色为"深绿色"，如图4-86所示。

图4-86

步骤11 单击工具箱中的"文字工具"按钮 T，绘制出一个文本框架，然后输入文本，调出"字符"面板，设置一种合适的字体，设置文字大小为34点，在"填色"中设置文字颜色为黑色，如图4-87所示。

图4-87

InDesign CS5从入门到精通

步骤12 下面使用文字工具在右下角黑色多边形上输入段落文本，然后旋转文本，如图4-88所示。

步骤13 调整为合适的字体样式，最后在左上角的选框中输入文字，制作多彩相册最终效果如图4-89所示。

图4-88

图4-89

4.4 铅笔工具组

铅笔工具组包含3个工具：铅笔工具、平滑工具、涂抹工具。铅笔工具主要用于创建路径，而平滑工具和涂抹工具则用于快速地修改和删除路径。使用铅笔工具组的工具可以快速地制作绘画效果，如图4-90所示为使用铅笔工具创作的作品。

图4-90

4.4.1 铅笔工具

单击工具箱中的"铅笔工具"按钮✐或使用快捷键N，在页面中要进行绘制的位置上，单击并拖动鼠标，即可按照鼠标指针移动的轨迹，在页面中创建出相应的路径，如图4-91所示。

双击工具箱中的"铅笔工具"按钮✐，弹出"铅笔工具首选项"对话框。在对话框中进行相应的设置，然后单击"确定"按钮，如图4-92所示。

图4-91

图4-92

- 🖝 **保真度**：控制将鼠标或光笔移动多远距离才会向路径添加新锚点。值越大，路径就越平滑，复杂度就越低。值越小，曲线与指针的移动就越匹配，从而将生成更尖锐的角度。保真度的范围为0.5到20像素。
- 🖝 **平滑度**：控制使用工具时所应用的平滑量。平滑度的范围为0%到100%。值越大，路径就越平滑。值越小，创建的锚点就越多，保留的线条的不规则度就越高。
- 🖝 **保持选定**：确定在绘制路径之后是否保持路径的所选状态。此选项默认为选中。
- 🖝 **编辑所选路径**：确定在与选定路径相距一定距离时，是否可以更改或合并选定路径。
- 🖝 **范围**：像素决定鼠标或光笔与现有路径达到多近距离，才能使用铅笔工具编辑路径。此选项仅在选择了"编辑所选路径"选项时可用。

理论实践——使用铅笔工具绘图

单击工具箱中的"铅笔工具"按钮✐或使用快捷键N，将鼠标移动到画面中，鼠标指针变为✐形状。此时在画面中拖曳鼠标即可自由绘制路径，如图4-93所示。

理论实践——使用铅笔工具快速绘制闭合图形

使用铅笔工具，在画面中单击并拖动光标的过程中按下Alt键，光标变为✐形状，表示此时绘制的路径即使不是闭合路径，在完成之后也会自动以起点和终点进行首尾相接，形成闭合图形，如图4-94所示。

图4-93　　　　　　　　　　　　　　　　　　图4-94

理论实践——使用铅笔工具改变路径形状

在"铅笔工具首选项"对话框中选中"编辑所选路径"选项时，即可使用铅笔工具直接更改路径形状。

步骤01 单击工具箱中的"铅笔工具"按钮✐，将鼠标移动到画面中，鼠标指针变为✐形状。此时在画面中拖曳鼠标即可自由绘制路径，如图4-95所示。

步骤02 接着选择要更改的路径，将铅笔工具定位在要重新绘制的路径上或附近。当鼠标指针由✐变为✐形状时，即表示光标与路径非常接近，如图4-96所示。

步骤03 单击并拖动鼠标进行绘制即可改变路径的形状，如图4-97所示。

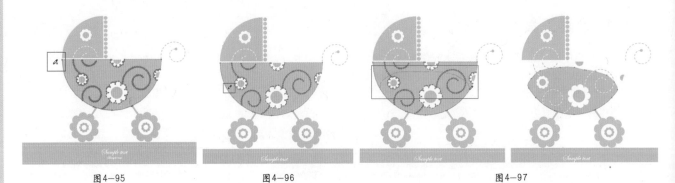

图4-95　　　　　　　　　图4-96　　　　　　　　　图4-97

4.4.2 平滑工具

平滑工具可以将绘制的路径对象的不平滑位置进行平滑处理，如图4-98所示为使用该工具制作的作品。

图4-98

理论实践——使用平滑工具

单击工具箱中的"平滑工具"按钮 ✐，平滑工具是铅笔工具的一个铺助工具，使用该工具可以将绘制的路径对象的不平滑位置进行平滑处理。该工具的使用方法比较简单，只需使用平滑工具在选中的路径对象的不平滑位置上，按照希望的形态拖动鼠标即可，如图4-99所示。

理论实践——设置平滑工具

双击工具箱中的"平滑工具"按钮 ✐，弹出"平滑工具首选项"对话框。在对话框中进行相应的设置，然后单击"确定"按钮，如图4-100所示。

- 保真度：用于控制向路径添加新描点前移动鼠标的最远距离。
- 平滑度：用于控制使用平滑工具时应用的平滑量。
- 保持选定：确定在绘制路径之后是否保持路径的所选状态。此选项默认为选中。
- 默认值：通过单击该按钮，将"平滑工具首选项"对话框中的参数调整到软件的默认状态。

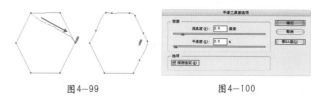

图4-99　　　　　　　　　图4-100

4.4.3 抹除工具

抹除工具用于从对象中擦除路径和描点，即可删除路径中任意的部分，如图4-101所示。

选中要修改的对象，单击工具箱中的"抹除工具"按钮 ✐，在要擦除的路径上拖动鼠标即可擦除部分路径，如图4-102所示。

图4-101

图4-102

4.5 剪刀工具

剪刀工具 ✂ 主要用于拆分路径和框架。单击工具箱中的"剪刀工具"按钮 ✂，将光标移动到要拆分的部分并单击，可以将一条路径拆分成两条路径，使用选择工具即可将拆分后的两条路径从之前的同一路径中移动到其他位置，如图4-103所示。

图4-103

4.6 角选项的设置

使用"角选项"命令可以将角点效果快速应用到任何路径。可用的角效果有很多，从简单的圆角到花式装饰，各式各样，如图4-104所示为使用角选项制作的作品。

使用选择工具选择路径，执行"对象＞角选项"命令，在弹出"角选项"对话框中，进行相应的设置，然后单击"确定"按钮，如图4-105所示。

图4-104　　　　　　　　　图4-105

- 统一所有设置：要对矩形的四个角应用转角效果，单击"统一所有设置"按钮 。如果未单击该按钮，图标两边则会出现圆点。
- 转角大小设置：指定一个或多个转角的大小。该大小可以确定转角效果从每个角点处延伸的半径。
- 转角形状设置：从列表框中选择一种转角效果。如图4-106所示分别为"无"、"花式"、"斜角"、"内陷"、"反向圆角"、"圆角"的效果。
- 预览：如果在应用效果前要查看效果的结果，则选中该选项。

图4-106

实例练习——使用角选项与路径文字制作中式LOGO

案例文件	实例练习——使用角选项与路径文字制作中式LOGO.indd
视频教学	实例练习——使用角选项与路径文字制作中式LOGO.flv
难易指数	★★★★★
知识掌握	矩形工具、角选项、路径文字工具、路径查找器

案例效果

使用角选项与路径文字制作中式LOGO的最终效果如图4-107所示。

图4-107

操作步骤

步骤01 执行"文件>新建>文档"命令，或按Ctrl+N组合键，在"新建文档"对话框中的"页面大小"列表框中选择A4纸张命令，设置"页数"为1。单击"边距和分栏"按钮，打开"新建边距和分栏"对话框，在对话框中设置"上"选项的数值为0毫米，单击"统一所有设置"按钮，其他三个选项也一同改变。设置栏数为1，栏间距为0毫米，单击"确定"按钮，如图4-108所示。

步骤02 执行"文件>置入"命令，在弹出的"置入"对话框中选择背景图片素材，当鼠标指针变为 图标时，单击导入背景图片素材，如图4-109所示。

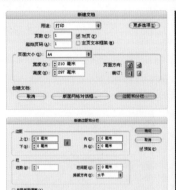

图4-108　　　　　　图4-109

步骤03 单击工具箱中的"矩形工具"按钮 ，在一个角点处单击，拖曳鼠标绘制出矩形选框。然后在控制栏中设置描边颜色为黑色，描边大小为2点，如图4-110所示。

步骤04 单击工具箱中的"矩形工具"按钮 ，单击路径底部右侧的角点，将其向内移动，再单击左侧的角点向内移动，如图4-111所示。

图4-110　　　　　　图4-111

InDesign CS5从入门到精通

步骤05 选中选框对象，单击工具箱中的"钢笔工具"按钮 ✍，分别在选框顶部和底部中间位置单击添加锚点，再按Alt键快速切换到转换方向点工具状态下，拖动并改变路径到弧形状态，如图4-112所示。

图4-112

步骤06 选中弧形对象，使用复制和粘贴的快捷键（Ctrl+C，Ctrl+V）复制出一个副本。然后选择副本，按Shift和Alt键的同时将其向同心缩小，并在"填充"中设置填充颜色为黑色，如图4-113所示。

图4-113

步骤07 接着选中外侧弧形对象，执行"对象＞角选项"命令，在弹出的"角选项"对话框中设置转角大小为11毫米，形状为花式，如图4-114所示。

图4-114

步骤08 下面开始制作路径文字。首先单击工具箱中的"椭圆工具"按钮 ◯，按住Shift键拖曳鼠标绘制正圆形。然后单击工具箱中的"路径文字工具"按钮 ✍，将指针置于路径上单击，文本光标将添加到路径上，输入文本。然后在"控制栏"中设置一种合适的字体，设置文字大小为72点，在"填色"中设置文字颜色为白色，如图4-115所示。

图4-115

> **技巧提示**
>
> 选中正圆形路径，设置"填充"和"描边"选项为无。

步骤09 采用与上述同样的方法在"品香阁"底部，制作出路径文字，然后设置文字字体、大小和颜色，作为装饰文字，如图4-116所示。

图4-116

步骤10 接着按住Shift键的同时将两组路径文字选中，执行"文字＞创建轮廓"命令，将文字转换为文字路径，如图4-117所示。

图4-117

步骤11 再次按住Shift键的同时将文字和内侧弧形选中，执行"对象＞路径查找器＞相减"命令，使文字呈现镂空效果，如图4-118所示。

步骤12 将弧形对象保持选中状态，然后执行"文件＞置入"命令，在打开的"置入"对话框中选中红色底纹图片素材，单击"打开"按钮，将红色底纹图片导入弧形框架中，如图4-119所示。

图4—118

图4—119

步骤14 再选中外侧弧形对象，按照上述添加投影的方法为外侧弧形添加投影效果，如图4-121所示。

步骤15 该案例制作完成，最终效果如图4-122所示。

步骤13 接着执行"对象>效果>阴影"命令，打开"效果"对话框，设置"模式"为"正片叠底"、颜色为黑色、"不透明度"为75%、"距离"为1毫米、"X位移"为0.707毫米、"Y位移"为0.707毫米、"角度"为135°、"大小"为1.764毫米。然后再添加阴影效果，如图4-120所示。

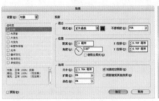

图4—120

图4—121

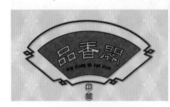

图4—122

4.7 编辑路径

InDesign CS5为用户提供了一些对于路径和描边的高级编辑功能，可以更好地完成路径的绘制，更快捷地完成任务。执行"对象>路径"命令，在子菜单中可以看到多个用于路径编辑的命令，如图4-123所示。

图4—123

4.7.1 连接路径

选中两条路径，然后执行"对象>路径>连接"命令，即可将两条开放路径进行连接，连接后的路径具有相同的描边或填充属性。连接前后的对比效果，如图4-124所示。

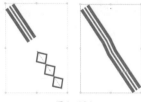

图4—124

4.7.2 开放路径

选中封闭路径，然后执行"对象>路径>开放路径"命令，此时封闭的路径转换为开放路径，使用直接选择工具选中开放处，可以将闭合路径张开，如图4-125所示。

图4—125

4.7.3 封闭路径

选择开放路径，然后执行"对象＞路径＞封闭路径"命令，即可将开放路径转换为封闭路径，如图4-126所示。

4.7.4 反转路径

使用直接选择工具在要反转的子路径上选择一点，不要选择整个复合路径。执行"对象＞路径＞反转路径"命令，此时路径的起点与终点均发生了变化，如图4-127所示。

图4-126   图4-127

4.7.5 建立复合路径

使用"建立复合路径"命令可以将两个或更多个开放或封闭路径创建为复合路径。创建复合路径时，所有最初选定的路径都将成为新复合路径的子路径。使用选择工具选中所有要包含在复合路径中的路径，执行"对象＞路径＞建立复合路径"。选定路径的重叠之处，将显示一个孔，如图4-128所示。

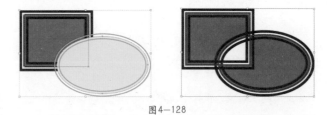

图4-128

4.7.6 释放复合路径

可以通过"释放复合路径"命令来分解复合路径。方法是使用"选择工具"选中一个复合路径，然后执行"对象＞路径＞释放复合路径"命令即可。

 技巧提示

当选定的复合路径包含在框架内部，或该路径包含文本时，"释放复合路径"命令将不可用。

4.8 路径查找器

路径查找器能够从重叠对象中创建新的形状。执行"对象＞路径查找器"命令，在子菜单中包含"添加"、"减去"、"交叉"、"排除重叠"、"减去后方对象"5个命令。通过这些命令可执行不同的剪切关系，使对象成为更为复杂的复合对象。既可以将复合形状作为单个单元进行处理，也可以将它的组件路径释放以单独处理每个路径，如图4-129所示。

图4-129

4.8.1 添加

选中两个对象，执行"对象＞路径查找器＞添加"命令，跟踪所有对象的轮廓以创建单个形状，如图4-130所示。

4.8.2 减去

选中两个对象，执行"对象>路径查找器>减去"命令，前面的对象在最底层的对象上"打孔"，如图4-131所示。

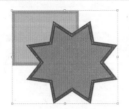  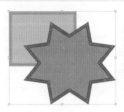

图4-130   图4-131

4.8.3 交叉

选中两个对象，执行"对象>路径查找器>交叉"命令，从重叠区域中创建一个形状，如图4-132所示。

4.8.4 排除重叠

选中两个对象，执行"对象>路径查找器>排除重叠"命令，从不重叠的区域中创建一个形状，如图4-133所示。

4.8.5 减去后方对象

选中两个对象，执行"对象>路径查找器>减去后方对象"命令，后面的对象在最顶层的对象上"打孔"，如图4-134所示。

4.8.6 认识"路径查找器"面板

通过执行"窗口>对象和版面>路径查找器"命令，打开"路径查找器"面板，如图4-135所示。在该面板中包含"路径"组、"路径查找器"组、"转换形状"组与"转换点"组，这些按钮与"对象"菜单下的"路径"命令、"路径查找器"命令、"转换形状"命令、"转换点"命令都是一一对应的，所以在进行路径编辑时经常会打开并使用"路径查找器"中的工具按钮。

   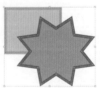

图4-132   图4-133   图4-134   图4-135

实例练习——制作炫彩马赛克版式

案例文件	实例练习——制作炫彩马赛克版式.indd
视频教学	实例练习——制作炫彩马赛克版式.flv
难易指数	★★★★★
知识掌握	路径查找器、角选项、对齐

案例效果

本案例的最终效果，如图4-136所示。

操作步骤

步骤01 执行"文件>新建>文档"命令，或按Ctrl+N组合键，在"新建文档"对话框中设置"宽度"为210毫米，"高度"为210毫米，设置"页数"为1，如图4-137所示。

步骤02 单击"边距和分栏"按钮，打开"新建边距和分栏"对话框，在对话框中设置"上"选项的数值为0毫米，单击"统一所有设置"按钮，其他3个选项也一同改变。设置栏数为1，栏间距为0毫米，单击"确定"按钮，如图4-138所示。

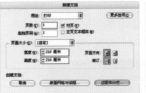

图4-136　　　　　　　图4-137　　　　　　　图4-138

步骤03 单击工具箱中的"矩形工具"按钮▇，在顶部绘制一个矩形，打开"渐变"面板，拖动滑块调整渐变颜色从白色到蓝色。"类型"为"线性"。单击工具箱中的"渐变工具"按钮▇，在选框中拖拽鼠标为选框添加渐变效果，如图4-139所示。

步骤04 接着再使用"矩形工具"，在选框底部绘制出矩形，然后在"渐变"面板中，调整渐变颜色从白色到黄色。"类型"为"线性"。使用"渐变"面板拖曳添加渐变效果，如图4-140所示。

步骤05 单击工具箱中的"矩形框架工具"按钮▨，在一个角点处单击，拖曳鼠标绘制一个矩形框架，然后执行"文件>置入"命令，在打开的"置入"对话框中选中人像图片素材，单击"打开"按钮将图片导入，如图4-141所示。

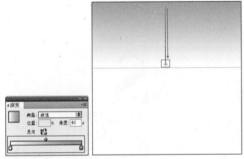

图4-139　　　　　　　图4-140　　　　　　　图4-141

步骤06 使用矩形工具在人像图片上按Shift键拖曳鼠标绘制一个正方形，设置填充颜色为"黑色"。然后执行"对象>角选项"命令，打开"角选项"对话框，单击"统一所有设置"按钮，转角大小设置为2毫米，形状为圆角，设置一个选项，其他选项也跟着改变，如图4-142所示。

图4-142

技巧提示

　　为了避免在选中圆角正方形时，也选中人像图片，可以在绘制之前选中人像图片，然后右击"锁定"命令，也可以在"图层"面板中选择"人像"图层进行锁定，如图4-143所示。

图4-143

步骤07 接着选中圆角正方形，按住Shift和Alt键水平方向拖动制作出副本。按Shift键同时选中两个圆角正方形，再按Shift和Alt键进行位移制作副本。按照同样的方法继续进行复制，复制出一排圆角正方形，如图4-144所示。

步骤08 此时复制的这些圆角正方形分布不均匀，因此需要将它们全部选中，然后执行"窗口>对象和版面>对齐"命令，调出"对齐"面板，单击"顶对齐"按钮，再单击"水平分布间距"按钮，使这些正方形顶对齐并水平平均分布，如图4-145所示。

图4-144

图4-145

步骤09 保持选中状态，然后右击执行"编组"命令，将全部圆角正方形编为一组，如图4-146所示。

图4-146

步骤10 继续保持选中状态，然后按住Alt键拖曳圆角正方形组复制副本，按照同样的方法复制出10组副本，如图4-147所示。

图4-147

步骤11 此时垂直分布不均匀，因此将所有组全部框选，在"对齐"面板中，先单击"左对齐"按钮，再单击"垂直分布间距"按钮，使矩形向左对齐并垂直平均分布，如图4-148所示。

图4-148

步骤12 将所有组的正方形都保持选中状态，然后单击鼠标右键，在弹出的快捷菜单中选择"取消编组"选项。再使用矩形工具，在上面绘制一个人像图片大小的矩形，设置填充颜色为白色，如图4-149所示。

图4-149

步骤13 接着使用选择工具，将白色选框和所有圆角正方形一起框选。执行"对象>路径查找器>相减"命令，使白色矩形呈现镂空效果，露出底层照片马赛克效果，如图4-150所示。

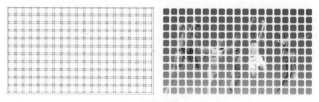

图4-150

步骤14 单击工具箱中的"文字工具"按钮 **T.**，绘制出一个文本框架，然后输入文本，在控制栏中设置一种合适的字体，设置文字大小为200点，在"填色"中设置文字颜色为黑色，如图4-151所示。

图4-151

步骤15 接着执行"文字>创建轮廓"命令，将文字转换为文字路径。然后选择S路径文字图层，单击拖曳到创建新图层按钮中建立副本。再选中创建的副本，执行"文件>置入"命令，在打开"置入"对话框中选择"花"图片素材，单击"打开"按钮，将花图片导入S框架中，并按键盘"向左箭头"，将S副本向左位移两个点，如图4-152所示。

图4-152

步骤16 继续使用文字工具，输入文本。在控制栏中设置一种字体，设置文字大小为45点，在"填色"中设置文字颜色为黑色，并选中UMMER文字图层，单击拖曳到创建新图层按钮中建立副本，如图4-153所示。

图4-153

步骤17 接着使用文字工具，选择文字副本中字母U。然后调出"色板"面板，单击深蓝色，为字母U添加颜色。再选择字母M，单击绿色，为字母M添加颜色。按照相同方法依次为字母更改颜色。并选中文字副本，按键盘上的←键，将文字副本向左位移一个点，效果如图4-154所示。

步骤18 下面接着将蝴蝶素材导入，并将该图层放置在文字的下一层中，如图4-155所示。

步骤19 选中蝴蝶素材，单击拖曳到创建新图层按钮中建立一个副本。选中该副本，单击鼠标右键，在弹出的快捷菜单

中执行"变换＞水平翻转"命令，将蝴蝶素材水平翻转，按Shift和Alt键的同时将蝴蝶缩小。放置在S上面，最终效果如图4-156所示。

图4-154

图4-155　　　　　图4-156

实例练习——使用路径查找器制作粉嫩版式

案例文件	实例练习——使用路径查找器制作粉嫩版式.Indd
视频教学	实例练习——使用路径查找器制作粉嫩版式.flv
难易指数	★★★★★
知识掌握	路径查找器、效果、角选项、吸管工具

案例效果

该案例的最终效果如图4-157所示。

图4-157

操作步骤

步骤01 执行"文件＞新建＞文档"命令，或按Ctrl+N组合键，在"新建文档"对话框中的"页面大小"列表框中选择纸张大小为A4，设置"页数"为1，页面方向为横向。单击"边距和分栏"按钮，打开"新建边距和分栏"对话框，单击"确定"按钮，如图4-158所示。

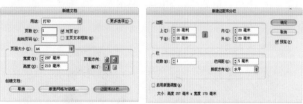

图4-158

步骤02 执行"文件＞置入"命令，在弹出的"置入"对话框中选中背景素材文件，当鼠标指针变为图标时，在页面中单击导入背景素材，如图4-159所示。

步骤03 单击工具箱中的"矩形框架工具"按钮，在页面绘制矩形框架。然后执行"文件＞置入"命令，在打开的"置入"对话框中选中人像素材文件，单击"打开"按钮，将图片导入设计界面中，如图4-160所示。

图4-159

图4-160

步骤04 单击工具箱中的"矩形工具"按钮□，绘制一个矩形，设置填充颜色为粉色，然后执行"对象＞角选项"命令，打开"角选项"对话框，转角大小设置为19毫米，形状为圆角，设置一个选项，其他选项也随着改变，如图4-161所示。

步骤05 在矩形底部使用工具箱中的钢笔工具，绘制出一个闭合路径，同样填充颜色为粉色，如图4-162所示。

图4-161

图4-162

步骤06 接着按Shift键将矩形选框和前面绘制的角同时选中，执行"对象＞路径查找器＞添加"命令，将选中的对象合并在一起，制作出对话框效果，如图4-163所示。

图4-163

步骤07 选中合并的形状，然后进行复制。接着再选中原图形，执行"窗口>效果"命令，打开"效果"面板，设置"不透明度"为32%，并按键盘上的↓键，向下位移两个点，制作成投影效果，如图4-164所示。

图4—164

步骤08 按照上述相同的方法，再制作出一个紫色对话框，效果如图4-165所示。

图4—165

步骤09 单击工具箱中的"文字工具"按钮T，绘制出一个文本框架，然后输入文本，在控制栏中设置一种合适的字体，选择前4个字设置文字大小为90点，再选择后1个字设置文字大小为65点，并在"填色"中设置文字颜色为白色，如图4-166所示。

图4—166

步骤10 使用文字工具输入文本"7"。在控制栏中设置一种字体，设置文字大小为150点，在"填色"中设置文字颜色为紫色。然后执行"文字>创建轮廓"命令，将文字转换为

文字路径。并在"描边"中设置描边颜色为白色，描边大小为9点，选择一种合适的描边类型，如图4-167所示。

图4—167

步骤11 继续使用"文字工具"输入文本。选择前4个字，设置相同的字体、大小、颜色；再选择后2个字，设置相同的字体、大小、颜色，如图4-168所示。

图4—168

步骤12 使用文字工具，输入段落文本，然后在控制栏中设置一种字体，设置文字大小为24点，在"填色"中设置文字颜色为粉色。并调出"段落"面板，单击"左对齐"按钮，如图4-169所示。

图4—169

第 4 章 绘制图形

步骤13 再次在右下角输入文本，设置合适的字体、大小和颜色，如图4-170所示。

图4-170

步骤14 使用钢笔工具绘制出一个"心"形闭合路径，设置填充颜色为白色。选中该"心"形，拖曳到创建新图层按钮上创建副本，然后按住Ctrl和Alt键选择角点向中心进行比例缩放，如图4-171所示。

图4-171

步骤15 选中两个"心"形，执行"对象>路径查找器>减去"命令，减去中间部分，制作出镂空效果，如图4-172所示。

图4-172

步骤16 选中镂空心形，然后按Alt键拖曳复制出一个副本，设置填充颜色为粉色。再使用钢笔工具绘制出一个"心"形，同样设置为粉色。并将镂空心形和刚绘制的"心"形一同选中。执行"对象>路径查找器>交叉"命令，减去交叉区域，如图4-173所示。

图4-173

步骤17 使用同样的方法配合路径查找器制作出右下角的半个心形形状，最终效果如图4-174所示。

图4-174

4.9 转换形状

"转换形状"命令可以将任何路径转换为预定义的形状，而且原始路径的描边设置与新路径的描边设置相同。首先选中路径对象，执行"对象＞转换形状"命令，然后选择菜单中任意类别形状。如图4-175所示为将对象转换为矩形。

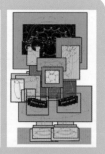

矩形(R)
圆角矩形(D)
斜角矩形(B)
反向圆角矩形(I)
椭圆(E)
三角形(T)
多边形(P)
线条(L)
正交直线(O)

图4-175

4.10 转换点

"转换点"命令可以将锚点快速地转换类型，例如，将平滑锚点转换为尖角锚点。若要执行转换点操作，要首先使用直接选择工具选中一个点，然后执行"对象＞转换点"命令，在菜单中选择一个命令即可转换为相应类型，如图4-176所示。

普通(P)
角点(C)
- 平滑(S)
- 对称(Y)

图4-176

实例练习——制作欧美风时尚招贴

案例文件	实例练习——制作欧美风时尚招贴.indd
视频教学	实例练习——制作欧美风时尚招贴.flv
难易指数	
知识掌握	矩形工具、直线工具、路径查找器、对齐

案例效果

本案例的最终效果如图4-177所示。

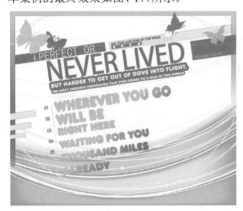

图4-177

操作步骤

步骤01 执行"文件＞新建＞文档"命令，或按Ctrl+N快捷键，在"新建文档"对话框中设置页面的"宽度"为210毫米，"高度"为210毫米，设置"页数"为1，页面方向为横向。单击"边距和分栏"按钮，打开"新建边距和分栏"对话框，单击"确定"按钮，如图4-178所示。

图4-178

步骤02 执行"文件＞置入"命令，在弹出的"置入"对话框中选中背景素材文件，当鼠标指针变为图标时，再单击导入背景素材，如图4-179所示。

图4-179

步骤03 单击工具箱中的"钢笔工具"按钮，绘制出一个闭合路径。然后执行"窗口＞颜色＞渐变"命令，打开"渐变"面板，拖动滑块调整渐变颜色从粉色到蓝色，设置"类型"为"线性"。拖动工具箱中的"渐变羽化工具"按钮，在页面中的选区部分自上而下地填充渐变羽化效果，如图4-180所示。

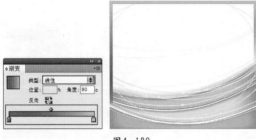

图4-180

步骤04 使用钢笔工具在页面的选区中绘制出一个闭合路径。设置填充颜色为粉色，描边为"无"，如图4-181所示。

步骤05 按照与上面同样的方法绘制出其他矩形闭合选区，并调整相应的颜色，如图4-182所示。

图4-181   图4-182

步骤06 单击工具箱中的"椭圆工具"按钮○，按住Shift键拖曳鼠标绘制正圆形选区，设置填充颜色为黄色。选中绘制的正圆，按住Alt键拖曳鼠标复制出相同的3个，排列摆放成一排，如图4-183所示。

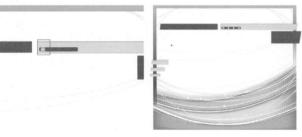

图4-183

步骤07 导入蝴蝶素材文件放置页面顶部位置，如图4-184所示。

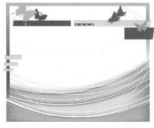

图4-184

步骤08 按住Shift键的同时选中紫色蝴蝶和黄色矩形，然后执行"对象＞路径查找器＞相减"命令，得到残缺的黄色矩形效果，如图4-185所示。

图4-185

步骤09 单击工具箱中的"文字工具"按钮T.，绘制出一个文本框架，然后输入文字，在控制栏中设置一种字体，设置文字大小为79点，在"填色"中设置文字颜色为粉色，如图4-186所示。

图4-186

步骤10 继续使用文字工具，在页面上输入3组装饰文字，并调整文字大小和颜色，如图4-187所示。

步骤11 使用文字工具在页面中输入文本，在控制栏中设置一种字体，设置文字大小为18点，在"填色"中设置文字颜色为黄色。然后执行"文字＞创建轮廓"命令，将文字转换为文字路径。选中转换的文字路径，单击拖曳到"创建新图层"按钮上创建一个副本，如图4-188所示。

图4-187   图4-188

步骤12 选中原文字路径图层，设置字体描边为粉色，描边大小为13点，如图4-189所示。

步骤13 按照与上面同样的方法制作底部文字，效果如图4-190所示。

图4-189   图4-190

步骤14 使用文字工具分别输入数字文本01、02、03、04、05。按Ctrl键将其全部选中，然后执行"窗口＞对象和版面>对齐"命令，打开"对齐"面板，单击"左对齐"按钮，效果如图4-191所示。

图4—191

步骤15 单击工具箱中的"直线工具"按钮，拖曳鼠标在数字右侧绘制一条竖线，设置描边为蓝色，描边大小为2点，如图4-192所示。

图4—192

步骤16 接着使用文字工具输入文本，在控制栏中设置一种字体，选中前两行，设置文字大小为70点，再选中后四行，设置文字大小为50点，并执行"窗口>文字和表>段落"命令，打开"段落"面板，单击"左对齐"按钮，使文本向左对齐，效果如图4-193所示。

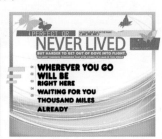

图4—193

步骤17 接着执行"文字>创建轮廓"命令，将刚输入的文字转换为文字路径。打开"渐变"面板，拖动滑块调整渐变颜色从粉色到蓝色，"类型"为"线性"。单击工具箱中的"渐变工具"按钮 ，拖曳为文字填充渐变效果，如图4-194所示。

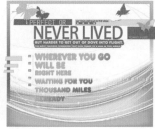

图4—194

步骤18 下面需要旋转除背景以外的部分，首先将不旋转的背景对象选中，执行"对象>锁定"命令。然后使用"选择工具"按钮 ，全部框选未被选中的部分，并将鼠标放置在角点位置，进行旋转角度，最终效果如图4-195所示。

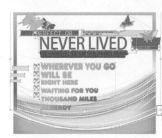

图4—195

技巧提示

也可以通过"图层"面板进行锁定，选中需要锁定的图层，单击"锁定"按钮，如图4-196所示。

图4—196

 读书笔记

Chapter 5
第5章

对象的编辑操作

在修改某个对象之前，需要将其与周围的对象区分开来。只要选择了对象或者对象的一部分，即可对其进行编辑。选择工具是InDesign中最为常用的工具之一，不仅可以用来选择矢量图形，还可以选择位图、成组对象、框架等。

本章学习要点：

- 掌握选择、移动对象的方法
- 掌握对象变换的基本操作
- 掌握对象的对齐、分布、排列方法
- 掌握对象的剪切、复制、粘贴方法
- 掌握隐藏、锁定与编组的方法

5.1 选择对象

在修改某个对象之前，需要将其与周围的对象区分开来。只要选择了对象或者对象的一部分，即可对其进行编辑。选择工具是InDesign中最为常用的工具之一，不仅可以用来选择矢量图形，还可以选择位图、成组对象、框架等，如图5-1所示。

图5-1

5.1.1 选择工具

单击工具箱中的"选择工具"按钮▶或使用快捷键V，可以选择文本和图形框架，并使用对象的外框来处理对象，如图5-2所示。如果想要选择导入的图像素材的框架，可以单击内容手形抓取工具以外的位置以选择框架，如图5-3所示。

图5-2　　　　　图5-3

如果想要使用选择工具选取框架中的图像，可以将鼠标指针悬停在框架中央，出现内容手形抓取工具（圆环），即可直接选中框架内的图像。导入图形总是包含在框架内，选择图形及其框架、只选择图形或者只选择其框架都是可行的，如图5-4所示。

图5-4

 技巧提示

由于矩形对象的框架与自身路径几乎是重合的，所以很难区分框架与路径之间的差异。矩形框架总是显示八8个大的空心锚点，而矩形路径总是显示，4个小锚点（可以是空心的，也可以是实心的），如图5-5所示。

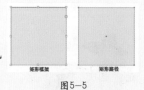

矩形框架　　矩形路径

图5-5

5.1.2 直接选择工具

在 InDesign 中，路径是由锚点、端点和方向线共同定义的。使用直接选择工具可以选择锚点和端点。

单击工具箱中的"直接选择工具"按钮▶或使用快捷键A，单击路径将其选中。要选择单独的一个锚点，只需单击该锚点即可；若要选择路径上的多个锚点，可按住 Shift 键单击每个点；若要一次选择路径上的所有锚点，单击位于对象中心的锚点，如图5-6所示。

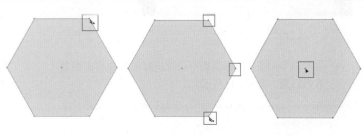

图5-6

5.1.3 页面工具

可以在一个文档中为多个页面定义不同的页面大小。当要在一个文件中实现相关的设计时，此功能尤为有用。例如，可以在同一文档中包含名片、明信片、信头和信封页面。在创建杂志中的拉页版面时，使用多种页面大小也很有用，如图5-7所示。

图5-7

单击工具箱中的"页面工具"按钮，选择一个或多个要调整大小的主页或版面页面，然后在控制栏中进行详细的参数设置，即可更改所选页面的大小，如图5-8所示。

图5-8

- X和Y值：更改X和Y值可以确定页面相对于跨页中其他页面的水平和垂直位置。
- W和H值：用于更改所选页面的宽度和高度。此外，也可以通过其右侧的下拉列表框指定一个页面大小预设。要创建出现在此下拉列表框中的自定义页面大小，可在该下拉列表框中选择"自定页面大小"选项，在弹出的对话框中对页面大小进行相应的设置，然后单击"确定"按钮。
- 页面方向：选择横向或纵向页面方向。
- 启用版面调整：如果希望页面上的对象随着页面大小的变化而自动调整，选中此复选框。
- 显示主页叠加：选中此复选框，可以在使用页面工具选中的任何页面上显示主页叠加。
- 对象随页面移动：选中此复选框，可以在调整X和Y值时，使对象随页面移动。

5.1.4 "选择"命令

首先打开多个素材文件，然后执行"对象>选择"命令，在弹出的子菜单选择相应的命令，可以选择重叠、嵌套或编组等对象，如图5-9所示。

- 上方第一个对象：执行该命令，可选择堆栈最上面的对象，如图5-10所示。

图5-9　　　　　　　图5-10

- 上方下一个对象：执行该命令，可选择刚好在当前对象上方的对象，如图5-11所示。
- 下方下一个对象：执行该命令，可选择刚好在当前对象下方的对象，如图5-12所示。

- 下方最后一个对象：执行该命令，可选择堆栈最底层的对象，如图5-13所示。

图5-11　　　　图5-12　　　　图5-13

- 内容：执行该命令，可选择选定图形框架的内容；如果选择了某个组，则选择该组内的对象，如图5-14所示。此外，也可通过单击控制栏中的"选择内容"按钮来实现同样的功能。

图5-14

InDesign CS5从入门到精通

- 容器：执行该命令，可选择选定对象周围的框架；如果选择了某个组内的对象，则选择包含该对象的组，如图5-15所示。此外，也可通过单击控制栏中的"选择容器"按钮来实现同样的功能。

- 上一对象/下一对象：如果所选对象是组的一部分，执行该命令，则选择组内的上一个或下一个对象。如果选择了取消编组的对象，则选择跨页上的上一个或下一个对象。按住Shift键单击，可跳过5个对象；按住Ctrl键单击，可选择堆栈中的第一个或最后一个对象，如图5-16所示。

图5-15　　　　　　　　图5-16

5.1.5 "全选"命令

执行"编辑＞全选"命令，可以选择跨页和剪贴板上的所有对象（具体选择哪些对象取决于活动工具以及已经选择的内容，如图5-17所示。

 技巧提示

　　"全选"命令不能选择嵌套对象、位于锁定或隐藏图层上的对象、文档页面上未覆盖的主页项目或其他跨页和剪贴板上的对象（串接文本除外）。

5.1.6 "全部取消选择"命令

要取消选择跨页及其剪贴板上的所有对象，可执行"编辑＞全部取消选择"命令即可，如图5-18所示。

图5-17　　　　　　　　　　　　　　图5-18

5.1.7 选择多个对象

　　要选择一个矩形区域内的所有对象，可以单击工具箱中的"选择工具"按钮，然后拖动鼠标绘制一个选框，选框触碰以及包含的对象均会被选中，如图5-19所示。

　　如果要选择不相邻的对象，可以使用选择工具先选择一个对象，然后在按住Shift键的同时单击其他对象；再次单击选定对象，则可取消选择，如图5-20所示。

图5-19 图5-20

5.2 移动对象

在InDesign中想要移动某一对象非常简单，但是该软件并没有提供专用的移动工具，而是将相应的功能集成到了选择工具中。另外，也可以通过移动命令进行精确的移动。

为获得最佳效果，可以使用选择工具移动多个对象。如果使用直接选择工具选择多个对象或路径，可能会造成只移动选定图形的部分路径或锚点。如图5-21所示为移动对象前后的不同画面效果。

图5-21

5.2.1 使用选择工具精确移动对象

双击工具箱中的"选择工具"按钮或"直接选择工具"按钮，在弹出的如图5-22所示的"移动"对话框中进行相应的设置，然后单击"确定"按钮，即可进行精确的移动。

- "水平"和"垂直"文本框：用于设置对象移动的水平和垂直距离。输入正值，会将对象移到X轴的右下方；输入负值，会将对象移到左上方。
- "距离"和"角度"文本框：要将对象移动某一精确的距离和角度，可在这两个文本框中输入要移动的距离和角度。系统将从X轴开始计算输入的角度，正角度指定逆时针移动，负角度指定顺时针移动。此外，还可以输入 180°~360° 之间的值，这些值将转换为相应的负值。
- 要在应用前预览效果，选中"预览"复选框。
- 要移动对象，单击"确定"按钮。
- 要移动对象的副本，而将原稿保留在原位，可单击"复制"按钮。

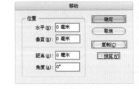

图5-22

5.2.2 在选项栏中进行调整后移动对象

选中要移动的对象后，如果要使用其他参考点进行移动，单击希望参考点出现的位置，然后在控制栏中的X、Y 文本框中输入希望选定对象移动到的位置坐标，如图5-23所示。

5.2.3 使用键盘上的方向键轻移对象

要在某一方向上稍微移动对象，可以使用键盘上的上、下、左、右方向键进行控制。要按 10 倍的速度轻移对象，在按方向键的同时按住Shift键即可，如图5-24所示。

图5—23   图5—24

5.2.4 使用间隙工具调整对象间距

使用间隙工具可以快捷地调整两个或多个项目之间间隙的大小。该工具通过直接控制空白区域，可以一步到位地调整布局。

单击工具箱中的"间隙工具"按钮↔或使用快捷键U，然后将光标移至两个对象之间，拖动鼠标即可移动间隙，并重新调整所有沿着该间隙排列的对象的大小；按住Shift键的同时拖动鼠标可以只移动最近的两个对象之间的间隙，如图5-25所示。

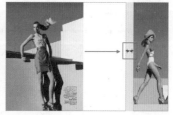

图5—25

按住Ctrl键的同时拖动鼠标，可以调整间隙的大小而不移动间隙，如图5-26所示。
按住Alt键的同时拖动鼠标，可以按相同的方向移动间隙和对象，如图5-27所示。
按住Ctrl和Alt键的同时拖动鼠标，可以调整间隙的大小并移动对象，如图5-28所示。

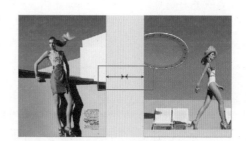

图5—26   图5—27   图5—28

5.3 变换对象

InDesign CS5提供了多种变换对象的方法，可以轻松、快捷地修改对象的大小、形状、位置及方向等，如图5-29所示。

图5-29

5.3.1 使用自由变换工具变换对象

选中要变换的一个或多个对象，然后单击工具箱中的"自由变换工具"按钮，可以进行多种变换操作。

- 要移动对象，在外框中的任意位置上单击，然后拖动鼠标即可，如图5-30所示。
- 要缩放对象，只需拖动外框上的任一手柄，直到对象变为所需的大小为止，按住Shift键并拖动手柄，可以保持选区的缩放比例；要从外框的中心缩放对象，按住Alt键并拖动鼠标即可，如图5-31所示。
- 要旋转对象，可将光标放置在外框外面的任意位置，当其变为 ↙ 形状时拖动鼠标，直至选区旋转到所需角度，如图5-32所示。

图5-30　　　　　　　　　　图5-31　　　　　　　　　图5-32

- 要制作对象的对称效果，可先复制出一个副本，然后将外框的手柄拖动到另外一侧，直到对象对称到所需的程序，如图5-33所示。
- 要切变对象，可以按住Ctrl键的同时拖曳手柄；如果按住Alt和Ctrl键的同时拖曳手柄，则可以从对象的两侧进行切变，如图5-34所示。

图5-33　　　　　　　　　　　　　　　图5-34

5.3.2 精确变换对象

首先选中要变换的对象，然后在控制栏中指定变换的参考点（其中所有的参数值都是针对对象的外框而言的，如通过X、Y值可以指定外框上相对于标尺原点的选定参考点），即可精确地变换对象，如图5-35所示。

5.3.3 使用"变换"命令变换对象

　　选择要变换的对象，执行"对象>变换"命令，在弹出的子菜单中提供了"移动"、"缩放"、"旋转"、"切变"、"顺时针旋转90°"、"逆时针旋转90°"、"旋转180°"等多种变换命令，如图5-36所示。

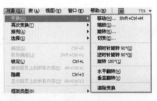

图5-35　　　　　　　　　　　　　　　　　图5-36

5.4 旋转对象

　　利用旋转功能可使对象围绕指定的参考点旋转，默认的参考点是对象的角点。如图5-37所示为旋转对象前后的不同画面效果。

图5-37

5.4.1 旋转

　　选中要旋转的对象，单击工具箱中的"旋转工具"按钮或使用快捷键R，然后将光标放置在远离参考点的位置，并围绕参考点拖动鼠标，即可旋转对象，如图5-38所示。

图5-38

选择对象，执行"对象>变换>旋转"命令，也可以对所选对象进行旋转操作，如图5-39所示。

想要精确地旋转对象，可选中要旋转的对象，双击工具箱中的"旋转工具"按钮 ，在弹出的如图5-40所示"旋转"对话框中进行相应的设置，然后单击"确定"按钮即可。

◎ 角度：该文本框用于设置旋转角度。输入负角度可顺时针旋转对象，输入正角度可逆时针旋转对象。

◎ 要在应用前预览效果，选中"预览"复选框。

◎ 要移动对象，单击"确定"按钮。

◎ 要移动对象的副本，单击"复制"按钮。

图5-39　　　　　　　　图5-40

5.4.2　顺时针旋转90°

首先选中对象，然后执行"对象>变换>顺时针旋转90°"命令，可以将选中的对象快速顺时针旋转90°，如图5-41所示。

图5-41

5.4.3　逆时针旋转90°

首先选中对象，然后执行"对象>变换>逆时针旋转90°"命令，可以将选中的对象快速逆时针旋转90°，如图5-42所示。

图5-42

5.4.4　旋转180°

首先选中对象，然后执行"对象>变换>旋转180°"命令，可以将选中的对象快速旋转180°，如图5-43所示。

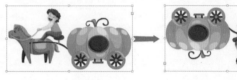

图5-43

5.4.5　水平翻转

首先选中对象，然后执行"对象>变换>水平翻转"命令，可以将选中的对象快速水平翻转，如图5-44所示。

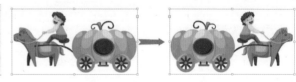

图5-44

5.4.6　垂直翻转

首先选中对象，然后执行"对象>变换>垂直翻转"命令，可以将选中的对象进行快速垂直翻转，如图5-45所示。

图5-45

5.4.7 清除变换

首先选中对象，然后执行"对象>变换>清除变换"命令，可以将之前对象的变换效果清除，恢复到未进行变换的状态，如图5-46所示。

图5-46

5.5 缩放对象

缩放对象是指相对于指定参考点，在水平方向（沿X轴）、垂直方向（沿Y轴）或者同时在水平和垂直方向上，放大或缩小对象。如图5-47所示为缩放对象前后的不同画面效果。

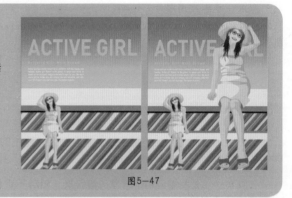

图5-47

5.5.1 比例缩放工具

利用比例缩放工具可以对图形进行任意的缩放。选择要缩放的对象，单击工具箱中的"比例缩放工具"按钮，或使用快捷键S，将光标放置在远离参考点的位置并拖动鼠标。如果要对X或Y轴进行缩放，只需沿着该轴拖动即可；如果要按比例进行缩放，则在拖动的同时按住 Shift 键，如图5-48所示。

5.5.2 精确比例缩放

选中要缩放的对象，然后双击工具箱中的"比例缩放工具"按钮，在弹出的"缩放"对话框（如图5-49所示）中进行相应的设置，单击"确定"按钮，即可进行精确的比例缩放。

- "X缩放"和"Y缩放"：在这两个文本框中输入相应的数值，可以调整缩放比例大小。
- 约束缩放比例：单击该按钮可约束缩放比例，表示两个比例参数为相互约束的状态，更改一个参数值，另一个参数的数值也会自动更改。
- 要在应用前预览效果，选中"预览"复选框。
- 要缩放对象，单击"确定"按钮。
- 要缩放对象的副本，单击"复制"按钮。

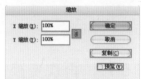

图5-48　　　　　　　　　　图5-49

5.6 切变对象

对对象进行切变操作，可将对象沿着其水平轴或垂直轴倾斜，还可以旋转对象的两个轴。如图5-50所示为切变对象前后的不同画面效果。

图5-50

5.6.1 使用切变工具切变对象

选中要切变的对象，然后单击工具箱中的"切变工具"按钮 ，或使用快捷键O，将光标放置在远离参考点的位置并拖动鼠标。按住Shift键的同时拖动鼠标，可以将切变约束在正交的垂直轴或水平轴上；如果在非垂直角度开始拖动，然后按Shift键，则切变将约束在该角度，如图5-51所示。

图5-51

5.6.2 精确切变

选中要进行精确切变的对象，然后双击工具箱中的"切变工具"按钮 ，在弹出的"切变"对话框（如图5-52所示）中进行相应的设置，单击"确定"按钮，即可进行精确的切变。

图5-52

- 切变角度：是将要应用于对象的倾斜量（相对于垂直于切变轴的直线）。
- 轴：指定要沿哪个轴切变对象。有两种选择，即"水平"和"垂直"。

- 要在应用前预览效果，选中"预览"复选框。
- 要切变对象，单击"确定"按钮。
- 要切变对象的副本，单击"复制"按钮。

5.7 再次变换

在对某一个或多个对象进行了变换操作后，还可以执行"再次变换"命令，使对象继续重复之前的操作。再次变换的方式有4种，分别为再次变换、逐个再次变换、再次变换序列、逐个再次变换序列，如图5-53所示是使用该功能制作的作品。

图5-53

5.7.1 再次变换

"再次变换"命令可以将最后一个变换操作应用于当前选中的对象，相当于重复之前的操作，如图5-54所示。

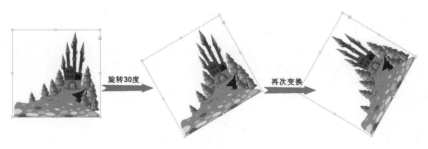

图5-54

5.7.2 逐个再次变换

　　"逐个再次变换"命令可以将最后一个变换操作逐个应用于选中的对象，而不是将其作为一个组进行应用，如图5-55所示。

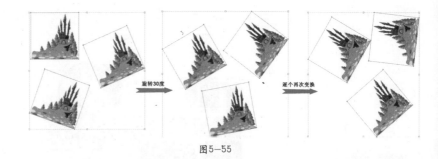

图5-55

5.7.3 再次变换序列

　　"再次变换序列"命令可以将最后一个变换操作序列应用于当前选中的对象，如图5-56所示。

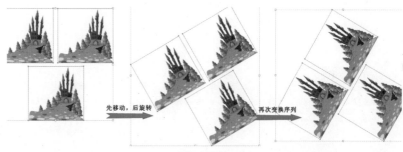

图5-56

5.7.4 逐个再次变换序列

　　"逐个再次变换序列"命令可以将最后一个变换操作序列逐个应用于选中的对象，如图5-57所示。

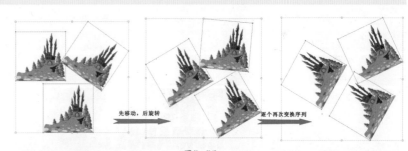

图5-57

5.8 排列对象

　　对象的堆叠方式决定了最终的显示效果。在InDesign CS5中，对象的堆叠顺序取决于使用的绘图模式。使用"排列"命令可以随时更改图稿中对象的堆叠顺序。如图5-58所示为对象处于不同的排列顺序下，作品展现出的不同效果。

图5-58

　　与Photoshop一样，InDesign CS5中也有"图层"的概念。每个图层中都可以包含多个对象，类似于Photoshop中的文件夹。在InDesign CS5中，还可以通过"排列"命令调整对象的排列顺序。执行"对象>排列"命令，在弹出的子菜单中可以为对象选择"置于顶层"、"前移一层"、"后移一层"、"置为底层"等具体的排列方式，如图5-59所示。

图5-59

5.8.1 置于顶层

选中一个或多个对象后，执行"对象＞排列＞置于顶层"命令（如图5-60所示），或者在画布中选中对象，单击鼠标右键，在弹出的快捷菜单中执行"排列"命令，可以将所选对象移至顶层，如图5-61所示。

图5-60　　　　　　　　　　　　　　　　　　　　　　　　　　图5-61

技巧提示

如果对对象执行"排列"子菜单中的"置于顶层"、"前移一层"、"后移一层"、"置为底层"命令后没有任何作用，一定要检查一下这些对象和其他对象是否属于同一层。只有它们处于同一层时，执行这些操作，才会看到这些对象之间的前后层效果。

5.8.2 前移一层

选中一个或多个对象后，执行"对象＞排列＞前移一层"命令（如图5-62所示），可以将选中的对象向前移动一层，如图5-63所示。

图5-62　　　　　　　　　　　　　　　　　　　　　　　　　　图5-63

5.8.3 后移一层

选中一个或多个对象后，执行"对象>排列>后移一层"命令（如图5-64所示），可以将选中的对象向后移动一层，如图5-65所示。

图5-64

图5-65

5.8.4 置为底层

选中一个或多个对象后，执行"对象>排列>置为底层"命令（如图5-66所示），可以将选中的对象移至最底层，如图5-67所示。

图5-66

图5-67

5.9 对齐并分布对象

在进行平面设计时，经常要在画面中添加大量排列整齐的对象。在InDesign CS5中，可以使用对齐与分布功能来实现这一目的，如图5-68所示就是使用该功能制作的作品。

执行"窗口>对象和版面>对齐"命令，在打开的"对齐"面板中单击相应的按钮或设置相应的选项，可以沿选区、边距、页面或跨页水平或垂直地对齐或分布对象，如图5-69所示。

图5-68

图5-69

5.9.1 对齐对象

可以通过"对齐"面板将选定对象水平或垂直地对齐到选区、边距、页面或跨页其中包括6种对齐方式，分别为左对齐、水平居中对齐、右对齐、顶对齐、垂直居中对齐、底对齐。

左对齐：选中对象后，单击该按钮，可以将其向左对齐，如图5-70所示。

图5-70

水平居中对齐：选中对象后，单击该按钮，可以将其水平居中对齐，如图5-71所示。

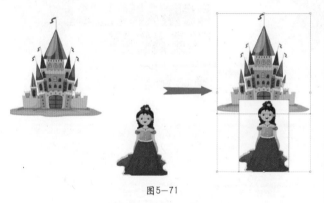

图5-71

右对齐：选中对象后，单击该按钮，可以将其向右对齐，如图5-72所示。

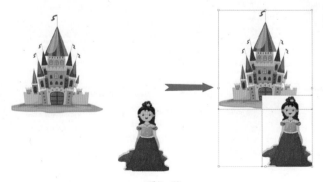

图5-72

顶对齐：选中对象后，单击该按钮，可以将其按顶部对齐，如图5-73所示。

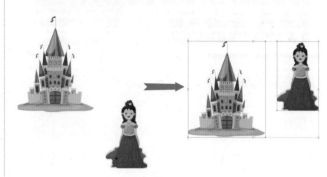

图5-73

垂直居中对齐：选中对象后，单击该按钮，可以将其垂直居中对齐，如图5-74所示。

图5-74

底对齐：选中对象后，单击该按钮，可以将其按底部对齐，如图5-75所示。

图5-75

5.9.2 分布对象

可以通过"对齐"面板将选定对象水平或垂直地分布到选区、边距、页面或跨页，或者以一定间距分布。其中包括6种分布方式，分别为按顶分布、水平居中分布、按右分布、垂直居中分布、按底分布、按左分布。

◎ **按顶分布**：选中对象后，单击该按钮，可以将其按照顶部进行分布，如图5-76所示。

图5-76

◎ **水平居中分布**：选中对象后，单击该按钮，可以将其水平居中分布，如图5-77所示。

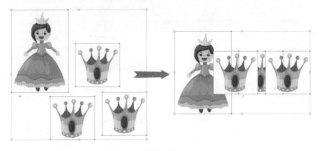

图5-77

◎ **按右分布**：选中对象后，单击该按钮，可以将其按照右侧进行分布，如图5-78所示。

图5-78

◎ **垂直居中分布**：选中对象后，单击该按钮，可以将其垂直居中分布，如图5-79所示。

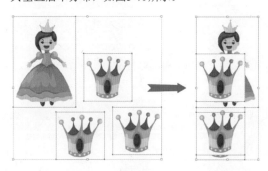

图5-79

◎ **按底分布**：选中对象后，单击该按钮，可以将其按照底部进行分布，如图5-80所示。

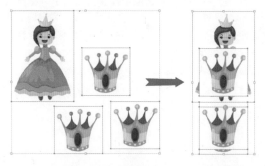

图5-80

◎ **按左分布**：选中对象后，单击该按钮，可以将其按照左侧进行分布，如图5-81所示。

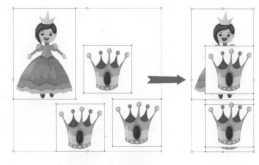

图5-81

案例文件	实例练习——制作体育杂志.indd
视频教学	实例练习——制作体育杂志.flv
难易指数	★★★★★
知识掌握	选择工具、"复制"命令、"粘贴"命令、"对齐"面板、钢笔工具、文本绕排

案例效果

本案例的最终效果如图5-82所示。

图5-82

操作步骤

步骤01 执行"文件＞新建＞文档"命令，或按Ctrl+N组合键，打开"新建文档"对话框，在"页面大小"下拉列表框中选择A4，设置"页数"为2，"页面方向"为纵向。然后单击"边距和分栏"按钮，在弹出的"新建边距和分栏"对话框中进行相应的设置，单击"确定"按钮，如图5-83所示。

图5-83

步骤02 打开"页面"面板，单击右上角的 按钮，在弹出的菜单中选择"页面"命令；然后在"页面"面板中的空白处单击鼠标右键，在弹出的快捷菜单中取消"允许文档页面随机排布"命令的选中状态，如图5-84所示。

步骤03 拖曳两个页面，将其位置设置为左右的跨页，如图5-85所示。

图5-84　　图5-85

步骤04 此时的页面效果如图5-86所示。

图5-86

步骤05 将背景素材置入画面中，如图5-87所示。

图5-87

步骤06 使用钢笔工具在页面左上方绘制如图5-88所示的路径。

图5-88

步骤07 选择步骤06创建的路径，在控制栏中设置填充色为白色，如图5-89所示。

图5-89

步骤08 此时的路径效果如图5-90所示。

图5-90

步骤09 继续使用钢笔工具绘制如图5-91所示的路径。

图5-91

步骤10 选择步骤09创建的路径，在控制栏中设置填充色为白色，如图5-92所示。

图5-92

步骤11 此时的路径效果如图5-93所示。

图5-93

步骤12 使用文字工具在左上角的白色形状中输入文字，并设置为合适的字体，然后将其中一行文字更改为蓝色，如图5-94所示。

图5-94

步骤13 执行"文件>置入"命令，将一幅照片素材置入画面中间位置并适当旋转，如图5-95所示。

图5-95

步骤14 单击工具箱中的"文字工具"按钮，在中间的白色形状上绘制一个较长的文本框，然后在其中输入文字。单击工具箱中的"选择工具"按钮，在按住Shift键选中步骤13置入的照片素材和刚创建的文本，单击控制栏中的"沿对象形状绕排"按钮，如图5-96所示。

图5-96

步骤15 继续使用文字工具在右侧绘制一个较大的文本框，然后在其中输入文字并设置为合适的颜色，如图5-97所示。

图5-97

步骤16 单击工具箱中的"矩形框架工具"按钮，在右侧页面的下方绘制一个矩形框架，如图5-98所示。

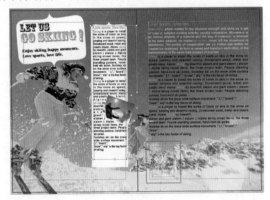

图5-98

步骤17 选中该矩形框架，执行"编辑>复制"命令，然后执行3次"编辑>粘贴"命令，粘贴出另外3个相同的框架，并摆放在右侧，如图5-99所示。

图5-99

步骤18 为了确保4个矩形框架在一条水平线上且均匀分布，需要将4个框架选中，执行"窗口>对齐"命令，在弹出的"对齐"面板中单击"顶对齐"按钮，然后单击"水平居中分布"按钮，如图5-100所示。

步骤19 使用选择工具选中第一个框架，执行"文件>置入"命令，将一幅照片素材置入其中。选中该照片，在控制栏中设置描边色为白色，描边数值为3点，如图5-101所示。

图5-100

图5-101

步骤20 在控制栏中单击"向选定的目标添加对象效果"按钮，在弹出的菜单中选择"投影"命令，在弹出的"效果"对话框中设置"不透明度"为75%，"距离"为3.492毫米，"角度"为135°，"大小"为1.764毫米，如图5-102所示。

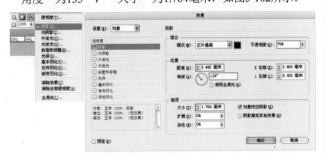

图5-102

步骤21 此时照片的投影效果如图5-103所示。

图5-103

步骤22 用同样的方法制作剩余的3幅照片，如图5-104所示。

步骤23 至此，完成体育杂志制作，最终效果如图5-105所示。

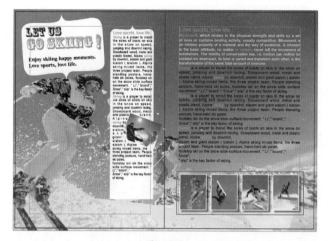

图5-104

图5-105

5.10 还原与重做

在排版设计中，难免会出现这样或那样的错误，这时可以执行"编辑>还原"命令（如图5-106所示）或按Ctrl+Z组合键，还原到之前正确的操作步骤。使用"还原"命令更正错误时，即使执行了"文件>存储"命令，也可以进行还原操作；但是如果关闭了文件又重新打开，则无法再还原。当"还原"命令显示为灰色时，表示该命令不可用，也就是操作无法还原。

还原之后，如果觉得不合适，还可以执行"编辑>重做"命令（如图5-107所示）或按Shift +Ctrl+Z组合键来撤销还原，恢复到还原操作之前的状态。而如果执行"文件>恢复"命令，则可以将文件恢复到上一次存储的版本。需要注意的是，执行"文件>恢复"命令后，将无法再还原。

图5-106   图5-107

5.11 剪切对象

剪切是把当前选中的对象移入剪切板中，原位置的对象将消失，但是可以通过"粘贴"命令调用剪切板中的该对象。也就是说，"剪切"命令经常与"粘贴"命令配合使用。在InDesign CS5中，剪切和粘贴对象可以在同一文件或者不同文件中进行。如图5-108所示分别为原图和将剪切出的对象粘贴到新文件中的效果。

选中一个对象后，执行"编辑>剪切"命令或按Ctrl+X组合键，即可将所选对象剪切到剪切板中，被剪切的对象将从画面中消失，如图5-109所示。

图5-108

图5-109

5.12 复制对象

在设计作品中经常会出现重复的对象，如果逐一创建，其工作量之大可想而知。在InDesign CS5中无须重复创建，只需选中该对象，然后进行复制和粘贴操作即可，这也是数字设计平台的便利之一。在如图5-110所示作品中，便多次用到了复制功能。

图5-110

5.12.1 复制

首先选中要复制的对象，然后执行"编辑>复制"命令或按Ctrl+C组合键，再执行"粘贴"命令，就会复制出一个相同的对象，如图5-111所示。

5.12.2 多重复制

使用"多重复制"命令可直接创建成行或成列的副本。例如，可以将一张设计好的名片等间距地直接复制，充满整个页面。

选中要复制的对象，执行"编辑>多重复制"命令，在弹出的"多重复制"对话框中进行相应的设置，然后单击"确定"按钮即可，如图5-112所示。

- "重复"选项组中的"计数"：用来指定要生成副本的数量。
- "位移"选项组中的"水平"和"垂直"：分别指定在X轴和Y轴上的每个新副本位置与原副本的偏移量。

技巧提示

要创建填满副本的页面，首先在"多重复制"对话框中将"位移"选项组中的"垂直"设置为 0（这将创建一行副本），然后选择整行，将"位移"选项组中的"水平"设置为0即可（这将沿着该页面重复排列该行）。

图5-111   图5-112

InDesign CS5从入门到精通

5.13 粘贴对象

在对对象进行复制或者剪切操作后，接下来要做的就是进行粘贴操作。在InDesign CS5中有多种粘贴方式，可以将复制或剪切的对象进行原位粘贴、贴入内部，还可以设置粘贴时是否包含格式，如图5-113所示。

粘贴(P)	Ctrl+V
粘贴时不包含格式(W)	Shift+Ctrl+V
贴入内部(K)	Alt+Ctrl+V
原位粘贴(I)	
粘贴时不包含网格格式(7)	Alt+Shift+Ctrl+V

图5-113

5.13.1 粘贴

要将对象粘贴到新位置，执行"编辑>剪切"或"编辑>复制"命令，然后将光标定位到目标跨页，执行"编辑>粘贴"命令或按Ctrl+V组合键，对象就会出现在目标跨页的中央，如图5-114所示。

5.13.2 粘贴时不包含格式

剪切或复制其他应用程序或 InDesign 文档中的文本后，如果要将内容粘贴到画面中却不想保留之前的格式，可以使用"粘贴时不包含格式"命令来完成。方法是选中文本或在文本框架中单击，然后执行"编辑>粘贴时不包含格式"命令，如图5-115所示。

图5-114

图5-115

5.13.3 贴入内部

使用"贴入内部"命令可在框架内嵌套图形，甚至可以将图形嵌套到嵌套的框架内。要将一个对象粘贴到框架内，可选中该对象，然后执行"编辑>复制"命令，再选中路径或框架，执行"编辑>贴入内部"命令，如图5-116所示。

例如，选中部分文字对象，执行"编辑>复制"命令，然后在一幅图像中选中创建的框架，执行"编辑>贴入内部"命令，即可看到文字被贴入了框架内部，如图5-117所示。

图5-116

图5-117

5.13.4 原位粘贴

要将副本粘贴到对象在原稿中的位置，可选中该对象，执行"编辑>复制"命令，然后，执行"编辑>原位粘贴"命令，执行操作后，就会发现粘贴出的对象与原对象在位置上是重合的，如图5-118所示。

5.13.5 粘贴时不包含网格格式

在InDesign CS5中，可以在粘贴文本时保留其原格式属性。如果从一个框架网格中复制修改了属性的文本，然后将其粘贴到另一个框架网格，则只保留那些更改的属性。要在粘贴文本时不包含网格格式，可以执行"编辑>粘贴时不包含网格格式"命令，如图5-119所示。

图5-118　　　　　　　　　　　　图5-119

实例练习——制作化妆品海报

案例文件	实例练习——制作化妆品海报.indd
视频教学	实例练习——制作化妆品海报.flv
难易指数	★★★★★
知识掌握	"复制"命令、"贴入内部"命令、"使框架适合内容"命令

案例效果

本案例的最终效果如图5-120所示。

操作步骤

步骤01 执行"文件>新建>文档"命令，或按Ctrl+N组合键，打开"新建文档"对话框，在"页面大小"下拉列表框中选择A4，设置"页数"为1，"页面方向"为纵向。然后单击"边距和分栏"按钮，在弹出的"新建边距和分栏"对话框中进行相应的设置后，单击"确定"按钮，如图5-121所示。

图5-120　　　　　　　　图5-121

步骤02 执行"文件>置入"命令，置入人像素材；然后使用矩形工具在页面左侧绘制一个矩形，如图5-122所示。

步骤03 单击工具箱中的"选择工具"按钮，选中人像素材，执行"编辑>复制"命令；然后选中步骤02绘制的矩形，执行"编辑>粘贴"命令，将人像素材粘贴到矩形中；再执行"对象>适合>使框架适合内容"命令，效果如图5-123所示。

图5-122

步骤04 继续使用矩形工具在底部绘制一个矩形，如图5-124所示。

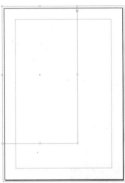

图5-123　　　　　　　　图5-124

步骤05 选择步骤04的矩形，设置"填色"为粉红色，设置"描边"为浅粉红色，如图5-125所示。

图5-125

步骤06 此时的矩形效果如图5-126所示。

步骤07 单击工具箱中的"椭圆工具"按钮◯，然后在按住Shift键的同时拖曳鼠标绘制一个圆形，如图5-127所示。

图5-126　　　　　　　　图5-127

步骤08 选择步骤07绘制的圆形，设置填充色为粉红色，描边色为白色，如图5-128所示。

步骤09 使用文字工具在画面底部单击并输入文字，如图5-129所示。

图5-128　　　　　　　　图5-129

步骤10 继续使用文字工具在白色文字下方输入文字，并设置为合适的字体、字号，如图5-130所示。

步骤11 继续使用文字工具在页面右上角输入文字，如图5-131所示。

步骤12 执行"窗口>文字和表>段落"命令，如图5-132所示。

图5-130

图5-131　　　　　　　　图5-132

步骤13 单击工具箱中的"文字工具"按钮 T，在画面右侧绘制一个文本框，并输入文字。单击"段落"面板中的"右对齐"按钮▤，将输入的文字沿右侧进行对齐，如图5-133所示。

图5-133

步骤14 继续使用文字工具在圆形内部绘制一个文本框，并输入文字，然后在控制栏中设置填充色为白色，调整为合适的字体和字号，效果如图5-134所示。

图5-134

步骤15 执行"文件＞置入"命令，将化妆品素材置入画面中，如图5-135所示。

步骤16 至此，完成化妆品海报的制作，最终效果如图5-136所示。

读书笔记

图5-135　　　　　　　图5-136

5.14 清除对象

首先选中一个或多个对象，然后执行"编辑＞清除"命令或按Delete键，即可删除所选对象。另外，在"图层"面板中删除图层的同时会删除其中的所有图稿，如图5-137所示。

图5-137

5.15 编组与取消编组

在进行版式设计时，作品中经常会包含大量的内容，而且每个部分都可能由多个对象组成。如果需要对多个对象同时进行相同的操作，可以将这些对象组合成一个整体——组。编组后的对象仍然保持其原始属性，并且可以随时解散组合。

5.15.1 编组

选中要编组的对象，执行"对象＞编组"命令或按Ctrl+G组合键，即可将所选对象编为一组，如图5-138所示。此时如果使用选择工具进行选择，将只能选中该组。

5.15.2 取消编组

如果要将已经编组的对象解除组的限制，执行"对象＞取消编组"命令或按Shift+Ctrl+G组合键，组中的对象即可恢复到原来的状态，如图5-139所示。

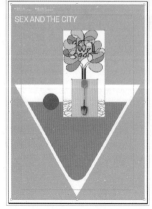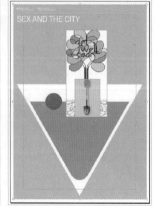

图5-138　　　　　　　图5-139

5.16 锁定与解除锁定

在版式设计过程中，这样的情况，即需要将页面中暂时不需要编辑的对象固定在一个特定的位置，使其不能再进行移动、变换等操作，此时可以运用锁定功能来实现。当需要对锁定的对象进行编辑时，还可以使用解锁功能恢复对象的可编辑性。

5.16.1 锁定

如果要将一个或多个对象锁定在原位，首先要使用选择工具选中这些对象，然后执行"对象>锁定"命令。图稿文件被锁定后，左上角将会出现🔒图标，如图5-140所示。

5.16.2 解锁跨页上的所有内容

如果要解锁当前跨页上的对象，可执行"对象＞解锁跨页上的所有内容"命令。

图5-140

 技巧提示

通过"图层"面板，可以同时锁定或解锁对象和图层。锁定图层后，该图层上的所有对象都处于锁定状态，并且无法选取这些对象，如图5-141所示。

图5-141

5.17 隐藏与显示

当文件中包含的对象过多时，可能会影响对细节的观察。在InDesign中可以将一个或多个对象进行隐藏，以便于对其他对象的观察。隐藏的对象是不可见、不可选择的，而且也是无法打印出来的，但仍然存在于文档中，如图5-142所示。

图5-142

5.17.1 隐藏对象

如果要隐藏某个对象，可将其选中，然后执行"对象＞隐藏"命令或按Ctrl+3组合键，如图5-143所示。

5.17.2 显示跨页上的所有内容

要显示被隐藏的对象，可执行"对象＞显示跨页上的所有内容"命令，或按Ctrl+Alt+3组合键，如图5-144所示。

图5-143　　　　　　　　　　　　　　　　　　　　　　　　　图5-144

5.18 框架的创建与使用

框架是InDesign中特有的一种对象，是指包含文本或图形的框。创建了一个框架后，可以用文本去填充它，也可以在其中放置图像。在创建框架时，不必指定要创建的是什么类型的框架，因为用文本填充它便变成文本框，而用图像填充则会变成图像框。也可以把任何一个文本框转换成一个图像框，只需用一个图像替换相应文本即可。如图5-145所示为使用框架制作的作品。

图5-145

 技巧提示

在InDesign CS5中，不仅能够使用各种框架工具创建框架，在使用形状工具创建出的形状中同样能够像框架那样置入对象。

5.18.1 新建图形框架

在工具箱中提供了3种框架工具，分别为矩形框架工具▨、椭圆框架工具▨与多边形框架工具▨。这3种框架工具的使用方法与矩形工具、椭圆工具、多边形工具类似，可以快速创建出矩形框架、正方形框架、椭圆框架、正圆框架、多边形框架以及星形框架，如图5-146所示。

理论实践——绘制矩形框架

单击工具箱中的"矩形框架工具"按钮▨，在页面中要绘制矩形框架处单击，确定一个角点，然后按住鼠标左键拖曳到对角点位置，释放鼠标即可完成矩形框架的绘制，如图5-147所示。

此外，使用矩形框架工具在页面上单击，在弹出的"矩形"对话框（如图5-148所示）中进行具体参数的设置，然后单击"确定"按钮，可以创建一个精确的矩形框架。

InDesign CS5从入门到精通

理论实践——绘制正方形框架

单击工具箱中的"矩形框架工具"按钮⊠，然后按住Shift键进行绘制，即可得到一个正方形框架，如图5-149所示。

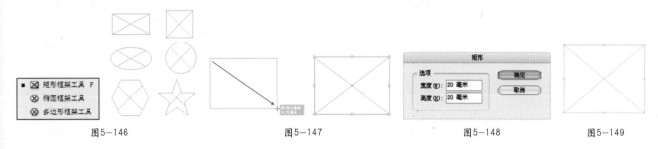

图5-146　　　　　　　　　图5-147　　　　　　　　　图5-148　　　　　　　　　图5-149

理论实践——绘制椭圆框架

单击工具箱中的"椭圆框架工具"按钮⊗，在椭圆框架的一个虚拟角点上单击，然后按住鼠标左键拖动到另一个虚拟角点上，释放鼠标即可完成椭圆框架的绘制，如图5-150所示。

此外，单击工具箱中的"椭圆框架工具"按钮⊗，然后在要绘制椭圆框架的一个角点处双击，在弹出的"椭圆"对话框中进行相应的设置，单击"确定"按钮，可以创建一个精确的椭圆框架，如图5-151所示。

图5-150　　　　　　　　图5-151

理论实践——绘制正圆框架

单击工具箱中的"椭圆框架工具"按钮⊗，然后在按住Shift键的同时拖曳鼠标，可以绘制一个正圆框架；按住Alt键拖曳鼠标，可以绘制一个以鼠标落点为中心点向四周延伸的椭圆框架；同时按住Shift和Alt键拖曳鼠标，可以绘制以鼠标落点为中心向四周延伸的正圆框架，如图5-152所示。

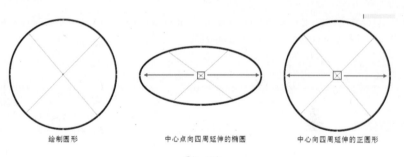

绘制圆形　　　　　中心点向四周延伸的椭圆　　　　中心向四周延伸的正圆形

图5-152

理论实践——绘制多边形框架

单击工具箱中的"多边形框架工具"按钮⊗，然后在多边形框架的一个虚拟角点上单击，拖曳鼠标到定义尺寸后释放即可，如图5-153所示。

如果要精确地绘制多边形框架，可以单击工具箱中的"多边形框架工具"按钮，然后在要绘制多边形框架的一个角点处双击，在弹出的"多边形"对话框（如图5-154所示）中进行相应的设置，单击"确定"按钮，即可创建精确的多边形框架（注意三角形也是多边形）。

图5-153

- 🖐 多边形宽度：在该文本框中输入相应的数值，可以指定多边形框架的宽度。
- 🖐 多边形高度：在该文本框中输入相应的数值，可以指定多边形框架的高度。
- 🖐 边数：在该数值框中输入相应的数值，可以指定多边形框架的边数。边数越多，生成的多边形框架越接近圆形框架。
- 🖐 星形内陷：在该数值框中输入一个百分比值，可以指定星形框架凸起的长度。凸起的尖部与多边形定界框的外缘相接，此百分比决定每个凸起之间的内陷深度。百分比越大，创建的凸起就越长、越细。

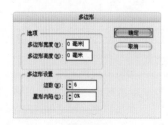

图5-154

5.18.2 调整框架的形状

框架对象与形状对象在很多地方都非常相似。如果需要调整框架的形状，可以使用直接选择工具选中框架上的锚点，然后调整错点的位置，即可改变框架的形状，如图5-155所示。

如果需要绘制更为复杂的框架形状，也可以使用钢笔工具组中的工具对框架进行添加锚点、删除锚点、转换方向点等操作，如图5-156所示。

5.18.3 为框架添加颜色

对于框架，同样可以进行填充色与描边色的设置。例如，打开"描边"面板，设置"粗细"为10点；然后执行"窗口＞颜色＞色板"命令，打开"色板"面板，设置描边色为黄色，填充色为粉色，如图5-157所示。

图5-155   图5-156   图5-157

5.18.4 为框架添加内容

选中框架，执行"文件＞置入"命令，在弹出的对话框中选择需要置入的内容，然后单击"打开"按钮，即可将所选内容置入框架中，如图5-158所示。

如果要将现有的对象粘贴到框架内，首先选中要置入框架的对象，执行"编辑＞复制"命令，然后选中框架执行"编辑＞贴入内部"命令，即可将当前对象粘贴到框架中，如图5-159所示。

图5-158   图5-159

5.18.5 在框架内移动及调整内容

单击工具箱中的"选择工具"按钮，然后将光标移动到对象上，当其变为形状、框架周围出现蓝色界定框时，可以一起移动框架与内容；将光标移至中心，当其变为形状、内容周围出现棕色界定框时将只能移动内容；双击对象，内容周围出现蓝色界定框时将只能移动框架，如图5-160所示。

 技巧提示

也可以在控制栏中单击▣按钮选择容器，单击▣按钮选择内容。

图5-160

要移动内容而不移动框架，可单击工具箱中的"直接选择工具"按钮，然后将光标移动到内容上，当其变为抓手形状时，单击并拖动鼠标，即可移动内容而不影响框架，如图5-161所示。

也可以将光标定位到内容的一角上，然后单击并拖动鼠标来调整内容的大小，如图5-162所示。

配合自由变换工具，还可以对内容进行旋转、斜切等自由变换操作，如图5-163所示。

InDesign CS5从入门到精通

| 图5-161 | 图5-162 | 图5-163 |

5.18.6 使用"适合"命令调整内容与框架的关系

可以使用"适合"命令来自动调整内容与框架的关系。首先使用选择工具选中对象，然后执行"对象＞适合"命令，在弹出的菜单中可以选择一种类型来重新适应此框架，如图5-164所示。

图5-164

- **按比例填充框架**：调整内容大小以填充整个框架，同时保持内容的比例。框架的尺寸不会更改，但是如果内容和框架的比例不同，框架的外框将会裁剪部分内容，如图5-165所示。

图5-165

- **按比例适合内容**：调整内容大小以适合框架，同时保持内容的比例。框架的尺寸不会更改，但是如果内容和框架的比例不同，将会出现一些空白区，如图5-166所示。

图5-166

- **使框架适合内容**：调整框架大小以适合内容，如图5-167所示。如有必要，可改变框架的比例以匹配内容的比例，这对于重置不小心改变的图形框架非常有用。

图5-167

- **使内容适合框架**：调整内容大小以适合框架，并允许更改内容比例。框架的尺寸不会更改，但是如果内容和框架具有不同的比例，则内容可能显示为拉伸状态，如图5-168所示。

图5-168

- **内容居中**：将内容放置在框架的中心，内容和框架的大小不会改变，其比例会被保持，如图5-169所示。

图5-169

框架适合选项：执行"对象 >适合>框架适合选项"命令，在弹出的"框架适合选项"对话框中可以对框架适合选项进行相应的设置，如图5-170所示。

图5-170

- 自动调整：选中该复选框，图像的大小会随框架的大小变化而自动调整。
- 适合：指定是希望内容适合框架、按比例适合内容还是按比例适合框架。
- 对齐方式：在"上"、"下"、"左"、"右"数值框中输入相应数值，可指定一个用于裁剪和适合操作的参考点。
- 裁切量：指定图像外框相对于框架的位置。使用正值可裁剪图像。

技巧提示

"适合"命令会调整内容的外边缘以适合框架描边的中心。如果框架的描边较粗，内容的外边缘将被遮盖。可以将框架的描边对齐方式调整为与框架边线的中心、内边或外边对齐。

实例练习——快餐店订餐彩页设计

案例文件	实例练习——快餐店订餐彩页设计.indd
视频教学	实例练习——快餐店订餐彩页设计.flv
难易指数	★★★★★
知识掌握	框架工具、"对齐"面板、"字符"面板、"角选项"命令

案例效果

案例最终效果如图5-171所示。

操作步骤

步骤01 执行"文件>新建>文档"命令，或按Ctrl+N组合键，打开"新建文档"对话框，在"页面大小"下拉列表框中选择A4，设置"页数"为1，"页面方向"为横向。然后单击"边距和分栏"按钮，在弹出的"新建边距和分栏"对话框中进行相应的设置，单击"确定"按钮，如图5-172所示。

图5-171   图5-172

步骤02 单击工具箱中的"矩形工具"按钮，在一个角点处单击并拖动鼠标，绘制一个页面大小的矩形。双击工具箱中的"填色"按钮，在弹出的"拾色器"对话框中，设置填充色为橘黄色，然后单击"添加RGB色板"按钮，可在填充颜色的同时将此颜色保存到"色板"面板中，如图5-173所示。

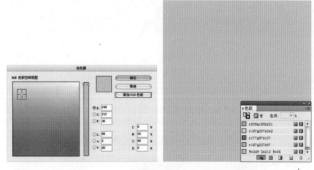

图5-173

步骤03 使用矩形工具绘制一个长方形，然后打开"色板"面板，从中选择绿色填充到矩形中，如图5-174所示。

步骤04 执行"对象>角选项"命令，在弹出的"角选项"对话框中单击"统一所有设置"按钮，将一个角的转角大小设置为9毫米，形状为斜角，如图5-175所示。

步骤05 将绿色矩形保持选中状态，然后按住Shift和Alt键水平方向上拖动鼠标，复制出2个副本，然后依次选中，通过"色板"面板将其分别填充为褐色和橘黄色。选中3个形状，执行"窗口>对齐"命令，在打开的"对齐"面板中单击"底对齐"按钮，如图5-176所示。

InDesign CS5从入门到精通

134

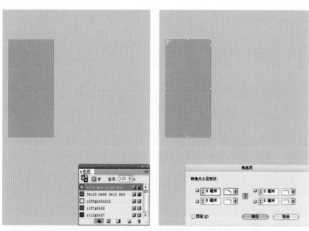

图5—174　　　　　　　　　　图5—175

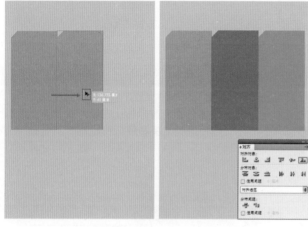

图5—176

步骤06 使用矩形工具在绿色矩形中再绘制一个矩形，然后通过"色板"面板将其填充为淡绿色。将淡绿色矩形选中，然后按住Shift和Alt键在水平方向上拖动鼠标，复制出2个副本，放置在褐色矩形与橘黄色矩形上面。将两个副本依次选中，通过"色板"面板将其分别填充为淡褐色和淡橘色。分别选中这3个新绘制的矩形，执行"窗口＞对齐"命令，在打开的"对齐"面板单击"底对齐"按钮，如图5-177所示。

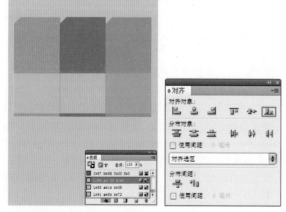

图5—177

步骤07 单击工具箱中的"矩形框架工具"按钮☒，在页面底部绘制一个矩形框架。执行"文件＞置入"命令，在弹出的"置入"对话框中选择放射素材文件，然后单击"打开"按钮，将放射素材导入，如图5-178所示。

步骤08 使用矩形工具再绘制一个矩形，然后通过"色板"面板将其填充为紫色，如图5-179所示。

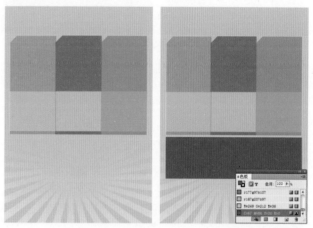

图5—178　　　　　　　　　　图5—179

步骤09 单击工具箱中的"矩形框架工具"按钮☒，在页面上方绘制一个矩形框架；然后选中该框架，按住Shift和Alt键在水平方向上拖动鼠标，复制出2个副本；再依次执行"文件＞置入"命令，导入3幅食物素材图像，如图5-180所示。

步骤10 继续使用矩形框架工具绘制一个框架，然后水平拖曳复制出5个副本，并依次导入不同的食物素材图像，如图5-181所示。

图5—180　　　　　　　　　　图5—181

步骤11 使用相同的方法，在紫色矩形中导入5幅同样大小的食物素材图像，效果如图5-182所示。

步骤12 在页面顶部导入2个矢量素材文件，效果如图5-183所示。

图5-182 图5-183

步骤13 单击工具箱中的"文字工具"按钮**T**，绘制一个文本框并输入文字，然后执行"窗口＞文字和表＞字符"命令，打开"字符"面板，设置字体为"汉仪菱心体简"，文字大小为35点，文字颜色为黑色，如图5-184所示。

步骤14 继续使用文字工具在页面上输入传单的其他相关文本，如图5-185所示。

图5-184 图5-185

步骤15 执行"窗口＞样式＞字符样式"命令，打开"字符样式"面板。在该面板中新建样式，并依次设置好字体、文字大小、行距、字间距等内容。选中文字小标题，在"字符样式"面板中选择"小标题"选项；选中标题导语，在"字符样式"面板中选择"标题导语"选项，如图5-186所示。

图5-186

步骤16 按照同样的方法为其他文本添加字符样式，如图5-187所示。

步骤17 在页面底部导入礼品盒素材文件，效果如图5-188所示。

图5-187 图5-188

步骤18 单击工具箱中的"文字工具"按钮，在页面底部输入文本。打开"字符"面板，设置字体为"汉仪中圆简"，文字大小为45点，文字颜色为白色。执行"文字＞创建轮廓"命令，将文字转换为文字路径。使用选择工具选中文字，然后选择任一角点，将文字进行旋转，如图5-189所示。

图5-189

步骤19 接着复制文字；然后选中原文字，设置描边颜色为红色，描边大小为2点；再选择副本路径图层，设置字体描边为橘黄色，描边大小为11点，效果如图5-190所示。

步骤20 继续使用文字工具输入文本；然后打开"字符"面板，设置字体为"汉仪中黑简"，文字大小为36点，倾斜为45°，文字颜色为红色；接着执行"文字＞创建轮廓"命令，将文字转换为文字路径；再设置描边颜色为白色，描边大小为1点，并将文字旋转合适的角度，如图5-191所示。

步骤21 再次使用文字工具输入文本，并选择一种合适的字体，设置文字大小为14点，文字颜色为白色，字体描边为蓝色，如图5-192所示。

图5-190

图5-191

图5-192

步骤22 按照同样的方法继续制作其他装饰文字，然后选中文本中的"品香品"，将其文字大小调整为30点，设置文字颜色为红色，如图5-193所示。

图5-193

步骤23 单击工具箱中的"钢笔工具"按钮，绘制一条闭合路径，并填充为白色；然后使用同样的方法再次制作一条，如图5-194所示。

图5-194

步骤24 使用文字工具继续输入其他文本，然后分别设置为合适的字体、大小和颜色，并旋转适当的角度。最终效果如图5-195所示。

图5-195

 **读书笔记**

Chapter 6
第6章

文本与段落

在InDesign中可灵活精确地对页面中的文本进行设置，如格式化字符、格式化段落、设置字符样式和段落样式等，可使创建和编排出版物的操作更为方便，从而使版面设计变得更为丰富。

本章学习要点：

- 掌握段落文本、路径文本的创建方法
- 掌握文字编辑、串接文字的方法
- 掌握置入文本的方法
- 掌握字符样式与段落样式的使用方法

6.1 文本框架文字

在InDesign中可灵活精确地对页面中的文本进行设置，如格式化字符、格式化段落、设置字符样式和段落样式等，可使创建和编排出版物的操作更为方便，从而使版面设计变得更为丰富，如图6-1所示。

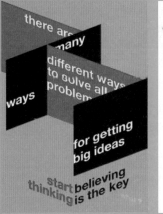

图6—1

6.1.1 文字工具

单击工具箱中的"文字工具"按钮**T.**或使用快捷键T，然后在页面上创建文字区域，拖曳鼠标绘制出一个矩形框架，释放鼠标，框架的左上角会出现光标，即可完成一个文本框架的绘制，在该框架中输入文字，效果如图6-2所示。

当输入文本的字数过多或文本字号过大时，可能会出现文本显示不完整或显示不规范的情况，这时只需要将文本框架调大一些，即可正确显示，如图6-3所示。

图6—2

图6—3

技巧提示

在InDesign中创建文字的方法比较特殊，需要使用文字工具拖曳出一个文本框架，在文本框架中才可以创建文字，而且创建的文字都会在文本框架中显示，而直接在页面中单击鼠标则不能创建文字。

6.1.2 直排文字工具

单击工具箱中的"直排文字工具"按钮 T，然后在页面上创建文字区域，拖动鼠标绘制出一个矩形框架，释放鼠标即可绘制出一个文本框架，框架的左上角会出现光标，并在文本框架中输入文字。使用直排文字工具可以为直排文本创建纯文本框架，如图6-4所示。

图6—4

答疑解惑——如何为InDesign CS5添加其他的字体？

在实际工作中，为了达到特殊效果，经常需要使用各种各样的字体，这时就需要用户自己安装额外的字体。InDesign CS5中所使用的字体其实是调用操作系统中的系统字体，所以用户只需要把字体文件安装在操作系统的字体文件夹下即可。目前比较常用的字体安装方法基本上有以下几种。

● 光盘安装：将字体光盘放入光驱，光盘会自动运行安装字体程序，选中所需安装的字体，按照提示即可安装到指定目录下。

● 自动安装：如果字体文件是EXE格式的可执行文件，这种字库文件安装比较简单，只要双击运行并按照提示进行操作即可。

● 手动安装：当遇到没有自动安装程序的字体文件时，需要执行"开始＞设置＞控制面板"命令，打开"控制面板"，然后双击"字体"项目，接着将外部的字体复制到打开的"字体"文件夹中。

安装好字体以后，重新启动InDesign CS5就可以在选项栏中的字体系列中查找到安装的字体。不同的字体会出现不同的艺术效果，如图6-5所示。

图6-5

实例练习——直排文字工具

案例文件	实例练习——直排文字工具.indd
视频教学	实例练习——直排文字工具.flv
难易指数	★★★★★
知识掌握	直排文字工具、矩形工具

案例效果

本案例最终效果如图6-6所示。

图6-6

操作步骤

步骤01 执行"文件>新建>文档"命令，或按Ctrl+N组合键，在"新建文档"对话框中的"页面大小"列表框中选择A4，设置"页数"为1，页面方向为横向。单击"边距和分栏"按钮，打开"新建边距和分栏"对话框，单击"确定"按钮，如图6-7所示。

图6-7

步骤02 执行"文件>置入"命令，在弹出的"置入"对话框中选择素材文件，当鼠标指针变为图标时，再单击导入背景素材，如图6-8所示。

步骤03 单击工具箱中的"矩形工具"按钮，在一个角点处单击，拖曳鼠标绘制出一个矩形。设置矩形填充颜色为"红色"，描边为"无"，如图6-9所示。

图6-8   图6-9

步骤04 按照同样的方法在页面上绘制出不同大小的矩形，并调整它们的颜色，如图6-10所示。

图6-10

步骤05 执行"文件>置入"命令，在弹出的"置入"对话框中选择素材文件，当鼠标指针变为图标时，在新建页面单击即可导入图片素材，如图6-11所示。

步骤06 接着再导入室内素材文件，调整其大小和位置，效果如图6-12所示。

步骤07 单击工具箱中的"直排文字工具"按钮 T，绘制出一个矩形文本框架，然后输入文字，在控制栏中设置合适字体，设置文字大小为14点，设置文字颜色为白色，如图6-13所示。

图6-11

图6-12

图6-13

步骤08 使用直排文字工具在左侧绘制文本框并输入文本，在控制栏中设置合适的字体，设置文字大小为28点，并采用同样方法再次输入文本，如图6-14所示。

步骤09 再次使用直排文字工具绘制出一个矩形框架，然后输入段落文本。设置文字大小为9点，在"填色"中设置文字颜色为黑色。然后执行"窗口>文字和表>段落"命令，打开"段落"面板，选中段落文本，单击"双齐末行齐左"按钮，如图6-15所示。

图6-14

图6-15

6.1.3 编辑文本框架

首先使用选择工具选中要修改其属性的文本框架。然后执行"对象>文本框架选项"命令，在弹出的"文本框架选项"对话框中进行相应的设置，如图6-16所示。

1. "常规"设置

在"常规"选项卡中可以设置框架中的栏数、框架内文本的垂直对齐方式或内边距等，如图6-17所示。

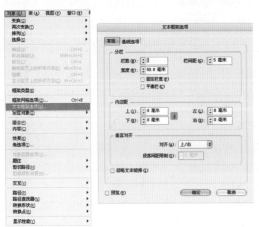
图6-16

图6-17

InDesign CS5从入门到精通

- 栏数：在该列表框中输入数值可以指定文本框架的栏数。
- 栏间距：在该列表框中输入数值可以指定文本框架的每栏之间的间距。
- 宽度：在该列表框中输入数值可以更改文本框架的宽度。
- 固定栏宽：选中该选项可以在调整框架大小时保持栏宽不变。也就是说，调整框架大小可以更改栏数，但不能更改栏宽。
- 平衡栏：选中该选项可以将多栏文本框架底部的文本均匀分布。
- 内边距：在该选项组中，可以在"上"、"左"、

"下"和"右"列表框中输入数值设置内边距的大小。单击"统一所有设置"按钮，可以为所有边设置相同间距。
- 对齐：在该列表框中可以选择对齐方式为"上/右"、"居中"、"下/左"或"两端对齐"。
- 段落间距限制：该选项是指最多可加宽到的指定值。如果文本仍未填满框架，则会调整行间的间距，直到填满框架为止。
- 忽略文本绕排：选中该选项，文本将不会绕排在图像周围。如果出现无法绕排的文本框架，则需要检查是否选中了该选项。

技巧提示

无法在文本框架中创建宽度不相等的栏。要创建宽度或高度不等的栏，只能在文档页面或主页上逐个添加串接的文本框架。

2. "基线选项"设置

要更改所选文本框架的首行基线选项，在弹出"文本框架选项"对话框的"基线选项"选项卡中，对其进行相应的设置，如图6-18所示。

图6-18

- 位移：从"字母上缘"、"大写字母高度"、"行距"、"X高度"、"全角字框高度"、"固定"中选择。选择"字母上缘"，字体中"d"字符的高度降到文本框架的上内陷之下。选择"大写字母高度"，

大写字母的顶部触及文本框架的上内陷。选择"行距"，以文本的行距值作为文本首行基线和框架的上内陷之间的距离。选择"X高度"，字体中"x"字符的高度降到框架的上内陷之下。选择"全角字框高度"，全角字框决定框架的顶部与首行基线之间的距离。选择"固定"，指定文本首行基线和框架的上内陷之间的距离。
- 最小：选择基线位移的最小值。
- 使用自定基线网格：选中该选项可以使用自定的基线网格。
- 开始：输入一个值以从页面顶部、页面的上边距、框架顶部或框架的上内陷（取决于从"相对于"菜单中选择的内容）移动网格。
- 相对于：指定基线网格是相对于页面顶部、页面的上边距、文本框架的顶部，还是文本框架的上内陷开始。
- 间隔：输入一个值作为网格线之间的间距。在大多数情况下，输入等于正文文本行距的值，以便文本行能恰好对齐网格。
- 颜色：为网格线选择一种颜色，或选择"图层颜色"以便与显示文本框架的图层使用相同的颜色。

技巧提示

如果在文本框架中看不到基线网格，执行"视图＞网格和参考线＞显示基线网格"命令，以确保基线网格未隐藏。如果基线网格仍未显示，检查"首选项"对话框的"网格"选项组中用于查看基线网格的阈值。要看到网格，可能需要放大框架，或减小阈值。

6.1.4 "字符"面板

执行"窗口>文字和表>字符"命令或使用快捷键Ctrl+T打开"字符"面板，该面板专门用来定义页面中字符的属性，如图6-19所示。

默认情况下，"字符"面板中显示整个面板选项。要显示其他面板效果，从选项菜单中选择小面板或中面板，如图6-20所示。

图6-19   图6-20

- 设置行距 A：行距就是上一行文字基线与下一行文字基线之间的距离。选择需要调整的文字图层，然后在"设置行距"文本框中输入行距数值或在其列表框中选择预设的行距值，接着按Enter键即可，如图6-21所示分别为行距值为30点和60点时的文字效果。

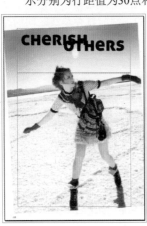
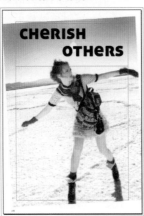

图6-21

- 垂直缩放 IT/水平缩放 T：用于设置文字的垂直或水平缩放比例，以调整文字的高度或宽度，如图6-22所示是不同缩放比例的文字效果对比。

图6-22

- 比例间距 罒：比例间距是按指定的百分比来减少字符周围的空间。因此，字符本身并不会被伸展或挤压，而是字符之间的间距被伸展或挤压了，如图6-23所示是比例间距分别为0%和100%时的字符效果。

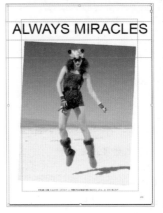
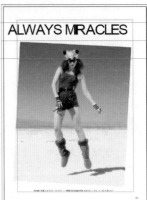

图6-23

- 字距调整 AV：用于设置文字的字符间距。输入正值时，字距会扩大，输入负值时，字距会缩小，如图6-24所示。

图6-24

- 字距微调 AV：用于设置两个字符之间的字距微调。在设置时先要将光标插入到需要进行字距微调的两个字符之间，然后在文本框中输入所需的字距微调数值。输入正值时，字距会扩大，输入负值时，字距会缩小，如图6-25所示。

- 基线偏移 Aª：用来设置文字与文字基线之间的距离。输入正值时，文字会上移，输入负值时，文字会下移，如图6-26所示。

InDesign CS5从入门到精通

图6-25   图6-26

6.1.5 "段落"面板

执行"窗口＞文字＞段落"命令或使用快捷键Ctrl+Alt+T，可以打开"段落"面板，在该面板中更改列和段落的格式，如图6-27所示。

- 左对齐文本▤：文字左对齐，段落右端参差不齐，效果如图6-28所示。
- 居中对齐文本▤：文字居中对齐，段落两端参差不齐，效果如图6-29所示。
- 右对齐文本▤：文字右对齐，段落左端参差不齐，效果如图6-30所示。
- 最后一行左对齐▤：最后一行左对齐，其他行左右两端强制对齐，效果如图6-31所示。

图6-27

图6-28

图6-29

图6-30

图6-31

- 最后一行居中对齐▤：最后一行居中对齐，其他行左右两端强制对齐，效果如图6-32所示。
- 最后一行右对齐▤：最后一行右对齐，其他行左右两端强制对齐，效果如图6-33所示。
- 全部对齐▤：在字符间添加额外的间距，使文本左右两端强制对齐，效果如图6-34所示。
- 朝向书脊对齐▤：可设置"左缩进"对齐效果，如图6-35所示。
- 背向书脊对齐▤：可设置"右缩进"对齐效果，如图6-36所示。

图6-32

图6-33

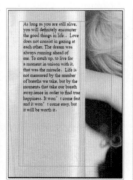

图6-34

图6-35

图6-36

6.2 路径文字

路径文字工具用于将路径转换为文字路径，然后在文字路径上输入和编辑文字，常用于制作特殊形状的沿路径排列文字的效果，如图6-37所示。

图6-37

6.2.1 路径文字工具

单击工具箱中的"钢笔工具"按钮 ，或使用快捷键P，在图像中绘制一条路径，可以是开放路径，也可以是封闭路径。然后单击工具箱中的"路径文字工具"按钮 ，将指针置于路径上，单击直接使用键盘输入文字，如图6-38所示。

图6-38

技巧提示

在InDesign CS5中，很多工具在软件的界面中是处于隐藏状态的，路径文字工具也是一样，在页面中找不到它。它包含在文字工具组中，一直单击"文字工具"按钮 ，就会出现路径文字工具，如图6-39所示。

图6-39

6.2.2 垂直路径文字工具

单击工具箱中的"矩形工具"按钮 ，在页面中绘制出一个矩形。然后单击工具箱中的"垂直路径文字工具"按钮 ，用于将路径转换为直排文字路径，再在文字路径上输入与编辑文字。它的用法与路径文字工具相似，区别在于文字方向为直排。移动指针到多边形的边缘处单击，将路径变为文字路径，接着输入文字，效果如图6-40所示。

图6-40

6.2.3 路径文字选项

执行"文字>路径文字>选项"命令或双击"路径文字工具"按钮，弹出"路径文字选项"对话框，在对话框中进行相应的设置，如图6-41所示。

图6-41

- 效果：对路径文字应用效果，分别为"彩虹效果"、"倾斜"、"3D带状效果"、"阶梯效果"、"重力效果"，如图6-42所示。

图6-42

- 翻转：选中该选项可以翻转路径文字。
- 对齐：以指定文字与路径的对齐方式。
- 到路径：用于指定文字对于路径描边的对齐位置，如图6-43所示。
- 间距：用于控制路径上位于锐曲线或锐角上的字符的间距大小。

图6-43

6.2.4 删除路径文字

首先使用选择工具，选中一个或多个路径文字对象，然后执行"文字>路径文字>删除路径文字"命令，将其删除。删除前后的效果对比，如图6-44所示。

 读书笔记

图6-44

实例练习——创建路径文字

案例文件	实例练习——创建路径文字.indd
视频教学	实例练习——创建路径文字.flv
难易指数	★★★★★
知识掌握	钢笔工具、路径文字工具的使用方法

案例效果

本案例的最终效果如图6-45所示。

操作步骤

步骤01 执行"文件>新建>文档"命令或按Ctrl+N组合键，在"新建文档"对话框中的"页面大小"列表框中选择A4，设置"页数"为1。单击"边距和分栏"按钮，打开"新建边距和分栏"对话框，单击"确定"按钮，如图6-46所示。

 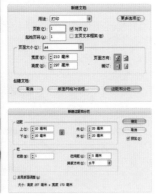

图6-45　　　　　　　　图6-46

步骤02 执行"文件>置入"命令，在弹出的"置入"对话框中选择素材文件，当鼠标指针变为图标时，在页面中单击导入背景素材，如图6-47所示。

步骤03 接着执行"文件>置入"命令，单击导入图片素材。然后执行"窗口>效果"命令，设置"不透明度"为80%，如图6-48所示。

图6-47　　　　　　　　图6-48

步骤04 创建路径文本，单击工具箱中的"钢笔工具"按钮，绘制出一条路径，然后在路径上面单击添加锚点，再按住Alt键转换为"转换方向点工具"按钮，拖动并改变路径到理想状态，如图6-49所示。

图6-49

技巧提示

选中路径，单击选择"无"按钮，可以取消对路径的填充。

步骤05 单击工具箱中的"路径文字工具"按钮，将指针置于路径上单击，文本光标将添加到路径上，然后在路径上输入文本，如图6-50所示。

图6-50

步骤06 选中文本中的部分文字，在控制栏中设置合适字体，设置文字大小为24点，在"填色"中设置字体颜色为浅紫色，如图6-51所示。

步骤07 选中路径文本，单击拖曳到创建新图层按钮中建立副本，调整副本路径的位置，在路径上重新输入文字，并设置文字大小为12点，如图6-52所示。

步骤08 按照相同的方法再次制作路径文本，效果如图6-53所示。

图6-51   图6-52   图6-53

6.3 框架网格文字

　　使用水平网格工具或垂直网格工具可以创建框架网格，并输入或置入复制的文本。在"命名网格"面板中设置的网格格式属性，将应用于使用这些工具创建的框架网格。可以在"框架网格"对话框中更改框架网格设置，效果如图6-54所示。

图6-54

6.3.1 水平网格工具

单击工具箱中的"水平网格工具"按钮 ▦，在页面中单击拖曳鼠标，即可确定所创建框架网格的高度和宽度。在拖曳的同时按住Shift键，就可以创建出方形框架网格，并在网格中输入文字，如图6-55所示。

技巧提示

如果使用框架网格工具单击空白框架，而非纯文本框架，该框架将变换为框架网格。纯文本框架不会更改为框架网格。

6.3.2 垂直网格工具

单击工具箱中的"垂直网格工具"按钮 ▥，在页面中单击并拖曳鼠标，确定所创建框架网格的高度和宽度。在拖曳的同时按住Shift键，就可以创建方形框架网格，在网格中输入相应的文字，效果如图6-56所示。

图6-55

图6 56

6.3.3 编辑网格框架

首先使用选择工具选中要修改其属性的框架，然后执行"对象>框架网格选项"命令，在弹出的"框架网格"对话框中进行相应的设置，如图6-57所示。

图6-57

- ◉ **字体**：选择字体系列和字体样式。这些字体设置将根据版面网格应用到框架网格中。
- ◉ **大小**：指定文字大小。这个值将作为网格单元格的大小。
- ◉ **垂直和水平**：以百分比形式为全角亚洲字符指定网格缩放。

- ◉ **字间距**：指定框架网格中单元格之间的间距。这个值将用作网格间距。
- ◉ **行间距**：指定框架网格中行之间的间距。这个值被用作从首行中网格的底部（或左边），到下一行中网格的顶部（或右边）之间的距离。如果在此处设置了负值，"段落"面板菜单中"字距调整"下的"自动行距"值将自动设置为80%（默认值为100%），只有当行间距超过由文本属性中的行距所设置的间距时，网格对齐方式才会增加该值。直接更改文本的行距值，将改变网格对齐方式向外扩展文本行，以便与最接近的网格行匹配。
- ◉ **行对齐**：选择一个选项，以指定文本的行对齐方式。例如，如果为垂直框架网格选择"上"，则每行的开始将与框架网格的顶部对齐。
- ◉ **网格对齐**：选择一个选项，以指定将文本与全角字框、表意字框对齐，还是与罗马字基线对齐。
- ◉ **字符对齐**：选择一个选项，以指定将同一行的小字符与大字符对齐的方法。

- 字数统计：选择一个选项，以确定框架网格尺寸和字数统计的显示位置。
- 视图：选择一个选项，以指定框架的显示方式。"网格"显示包含网格和行的框架网格。"N/Z视图"将框架网格方向显示为深蓝色的对角线，插入文本时并不显示这些线条。"对齐方式视图"显示仅包含行的框架网格。"对齐方式"显示框架的行对齐方式。"N/Z网格"的显示为"N/Z视图"与"网格"的组合，如图6-58所示。

- 字数：指定一行中的字符数。
- 行数：指定一栏中的行数。
- 栏数：指定一个框架网格中的栏数。
- 栏间距：指定相邻栏之间的间距。

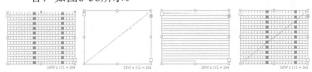

图6-58

技巧提示

不论何时创建框架网格，都会对其应用默认的对象样式。如果默认对象样式包含网格设置，这些设置将会覆盖使用"框架网格"工具设置的默认值。

6.3.4 文本框架与网格框架的转换

文本框架与框架网格是可以相互转换的，可以将纯文本框架转换为框架网格，也可以将框架网格转换为纯文本框架。如果将纯文本框架转换为框架网格，对于文章中未应用字符样式或段落样式的文本，会应用框架网格的文档默认值。

1.框架网格转换为纯文本框架

使用选择工具选中框架网格，执行"对象>框架类型>文本网格"命令，或者在"文章"面板中的"框架类型"中选择"文本框架"选项，即可将框架网格转换为纯文本框架，如图6-59所示。

框架网格转换为纯文本框架前后的对比效果，如图6-60所示。

2.纯文本框架转换为框架网格

使用选择工具选中文本纯网格，执行"对象>框架类型>框架网格"命令或者在"文章"面板中的"框架类型"中选择"框架网格"选项，即可将纯文本框架转换为框架网格，转换后的框架网格以默认的网格格式为准，如图6-61所示。

图6-59

图6-60

图6-61

6.3.5 框架网格字数统计

框架网格字数统计显示在网格的底部。此处显示的是字符数、行数、单元格总数和实际字符数的值。在该框架中，每行字符数的值为26，行数值为11，单元格的总数为286。已将36个字符置入框架网格，如图6-62所示。

6.3.6 命名网格

执行"文字>命名网格"命令，打开"命名网格"面板，以命名网格格式存储框架网格设置，然后将这些设置应用于其他框架网格。使用命名网格格式，可以有效地应用或更改框架网格格式，让文档保持统一外观，如图6-63所示。

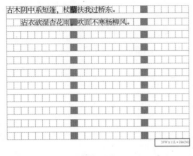

图6-62 图6-63

1.新建命名网格选项

选中框架网格对象，执行"窗口>文字和表>命名网格"命令或从"命名网格"面板菜单中选择"新建命名网格"命令，弹出"新建命名网格"对话框。在对话框中对选项进行相应的设置，如图6-64所示。

图6-64

● 网格名称：输入网格格式的名称。

● 字体：选择字体系列和字体样式，为需要置入网格中的文本设置默认字体。

技巧提示

在"命名网格"面板中，默认情况下显示"版面网格"格式。当前选中页面的版面网格设置将反映在该网格格式中。如果为一个文档设置了多个版面网格，"命名网格"面板的"版面网格"中显示的设置将根据所选页面版面网格内容的不同而有所差异。如果选择了具有网格格式的框架网格，将在"命名网格"面板中突出显示当前网格格式的名称。

● 大小：指定单个网格大小。

● 垂直和水平：以百分比形式为全角亚洲字符指定网格缩放。

● 字间距：指定框架网格中单元格之间的间距。这个值将作为网格单元格的大小。

● 行间距：输入一个值，以指定框架网格中行之间的间距。此处使用的值，为首行字符全角字框的下（或左）边缘，与下一行字符全角字框的上（或右）边缘之间的距离。

● 行对齐：选择一个选项，以指定框架网格的行对齐方式。例如，如果选择了"左/顶对齐"，对直排文字框架网格而言，会将每行的开始与框架网格的上边缘对齐。

● 网格对齐：选择一个选项，以指定将文本与全角字框、表意字框对齐，还是与罗马字基线对齐。

● 字符对齐：选择一个选项，以指定将同一行的小字符与大字符对齐的方法。

技巧提示

如果希望使用已经存储在其他InDesign文档中的命名网格格式，则可以将该网格格式导入当前文档中。

2.将命名网格应用于框架网格

可以将自定命名网格或版面网格应用于框架网格。如果应用了版面网格，则会在同一框架网格中使用在"版面网格"对话框中定义的相同设置。

使用选择工具选中框架网格，也可使用文字工具单击框架，然后放置文本插入点或选择文本，在"命名网格"面板中，单击要应用的格式名称，如图6-65所示。

图6-65

在弹出的"修改命名网格"对话框中，对其进行相应的设置，如图6-66所示。

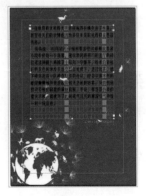

图6-66

InDesign CS5从入门到精通

6.3.7 应用网格格式

在页面中执行"编辑>应用网格格式"命令,以应用网格格式。在"命名网格"面板中指定的网格格式属性将应用于该文本,如图6-67所示。

执行"窗口>文字和表>命名网格"命令,打开"命名网格"面板,以命名网格格式存储框架网格设置,然后将这些设置应用于其他框架网格。使用网格格式,可以有效地应用或更改框架网格格式,轻松地让文档保持统一外观,如图6-68所示。

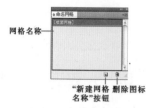

网格名称

"新建网格名称"按钮　删除图标

图6-67　　　　　图6-68

6.4 编辑文字

在InDesign中文字功能是其最强大的功能之一。可以在页面中添加一行文字、创建文本列和行,在形状中或沿路径排列文本以及将字形用作图形对象。在确定页面中文本的外观时,可以在InDesign中选择字体以及行距、字偶间距和段落前后间距等设置,如图6-69所示。

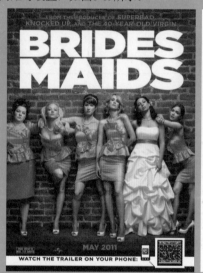

图6-69

6.4.1 改变文字字体

选择文字后,可以执行"文字>字体"命令,然后从弹出的字体列表中选择相应的字体,如图6-70所示。

图6-70

技巧提示

也可以执行"窗口>文字和表>字符"命令,打开"字符"面板,在"字符"面板中设置字体,如图6-71所示。

图6-71

第6章 文本与段落

153

6.4.2 改变文字大小

输入文字以后，如果要更改文字的大小，可以执行"文字>大小"命令，然后从弹出的文字大小列表中选择相应的字号（如图6-72所示），也可以在"字符"面板中对文字大小进行相应的设置。

修改文字大小前后的对比效果，如图6-73所示。

6.4.3 改变文字排版方向

在页面中输入文字以后，如果要更改字体的排版方向，可以执行"文字>排版方向"命令，将横向排列的文字和直向排列的文字相互转换，如图6-74所示。

横向排列的文字和直向排列的文字相互转换前后的效果，如图6-75所示。

图6-72　　　　　　　图6-73　　　　　　　图6-74　　　　　　　图6-75

6.4.4 避头尾设置

避头尾用于指定中文或日文文本的换行方式，不能位于行首或行尾的字符称为避头尾字符。

1.创建新的避头尾集

在页面中执行"文字>避头尾规则设置"命令，弹出"避头尾规则设置"对话框，如图6-76所示。

- 避头尾设置：该选项可以设置避头尾的类型。包括"日文严格避头尾"、"日文宽松避头尾"、"韩文避头尾"、"简体中文避头尾"、"繁体中文避头尾"选项。

- 字符：在该选项中可以输入相应的字符。

- 添加：若要在某个栏中添加字符，在输入框中输入字符并单击"添加"按钮或者指定代码系统，输入代码并单击"添加"按钮。

- 新建：单击该按钮可以新建避头尾集。

- 存储、确定和取消：单击"存储"或"确定"按钮可以存储设置。如果不想存储设置，则单击"取消"按钮。

- 删除集：若要删除栏中的字符，选择该字符并单击该按钮。

单击"新建"按钮 新建... ，输入避头尾集的名称，指定新集将基于的现有集，然后单击"确定"按钮，如图6-77所示。

图6-76　　　　　　　　　　图6-77

2.指定避头尾文本的换行方式

可以确定为了避免避头尾字符出现在行首或行尾，应当将文本推入还是推出。选中段落或框架，然后打开"段落"面板，在段落菜单中选择"避头尾间断类型"选项，并选择相应的类型，如图6-78所示。

图6-78

- 先推入：若选择"先推入"，会优先尝试将避头尾字符放在同一行中。
- 先推出：若选择"先推出"，会优先尝试将避头尾字符放在下一行中。
- 仅推出：若选择"仅推出"，会始终将避头尾字符放在下一行中。
- 确定调整量优先级：若选择"确定调整量优先级"，当推出文本所产生的间距扩展量大于推入文本所产生的字符间距压缩量时，就会推入文本。

6.4.5 标点挤压设置

在页面中执行"文字>标点挤压设置"命令，选择"基本"或"详细"选项。在弹出的对话框中，可对标点挤压进行相应的设置。

1."标点挤压"基本设置

在该对话框中单击"基本"按钮，然后弹出"标点挤压设置"对话框，在该对话框中可以对标点挤压进行相应设置，如图6-79所示。

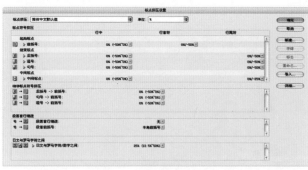

图6-79

- 标点挤压：该选项可以显示标点挤压的方式。
- 单位：该选项用于指定单位的形式。其中包括%、全角空格、字符宽度/全角空格。
- 标点符号挤压、相邻标点符号挤压、段落首行缩进、日文与罗马字符之间：可以为这些相应的项目指定"行首"、"行尾"和"行中"值。"行中"值决定了避头尾时文本行挤压的程度（所指定值应小于"行首"值）。"行尾"值决定了两端对齐时文本行拉伸的程度（所指定值应大于"行中"值）。

在"标点挤压设置"对话框中，单击"新建"按钮。弹出"新建标点挤压集"对话框，输入新标点挤压集的名称，指定新集将基于的现有集，然后单击"确定"按钮，如图6-80所示。

图6-80

2."标点挤压"详细设置

单击"详细"按钮，弹出"标点挤压设置"对话框，在该对话框中可对标点挤压进行详细的设置，如图6-81所示。

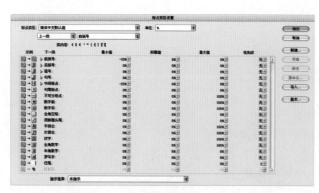

图6-81

- 上一类：从下拉列表中选择"上一类"或"下一类"，然后设置是在已输入字符之前还是之后输入该类空格值。
- 前括号：分别为每个项目设置"最小"、"所需"和"最大"值。最小值决定了避头尾时文本行压缩的程度（所指定值应小于"所需"值）。最大值决定了两端对齐时文本行拉伸的程度（所指定值应大于"所需"值）。
- 在"标点挤压"菜单底部的"字符类"弹出菜单中，选择要编辑其字间距设置的字符类。类中含有可供编辑的设置列表，可以分别设置"前括号"、"后括号"、"逗号"、"句号"或"句中标点"等大类项目，也可以具体到为单个标点定义更详细的挤压值。
- 指示差异：在该列表框中可以指明用作比较基准的标点挤压表。选择差异表后，将以蓝色突出显示所有与该表不同的值。

技巧提示

也可以在"段落"面板的"标点挤压集"菜单中，选择"基本"或"详细"选项。

6.4.6 创建轮廓

将文字转换为轮廓可以对其进行编辑和处理，就像任何其他图形对象一样。作为轮廓的文字对更改大型显示文字的外观非常有用，但对于正文文本或其他小型文字，作用就不那么明显了。将要转换的文字对象选中，执行"文字>创建轮廓"命令或使用快捷键Ctrl+Shift+O，此时将文字对象转换为图形对象，如图6-82所示。

将文字转换为轮廓后，可以对文字进行形态编辑处理，可以将其制作成艺术字，如图6-83所示。

图6-82

图6-83

6.4.7 查找字体

将要进行查找操作的文本框选中，执行"文字>查找字体"命令，此时弹出"查找字体"对话框。可以在对话框最上方选择要查找的字体名称，如图6-84所示。

图6-84

- 文档中的字体：可以在列表中选择一个或多个字体名称。
- 字体系列：在该列表框中可以更改字体类型。
- 字体样式：在该列表框中可以更改字体样式类型。
- 全部更改时重新定义样式和命名网格：该选项可以控制是否在全部更改时重新定义样式和命名网格。
- 完成：单击"完成"按钮即可完成查找。
- 查找第一个：查找列表中选定字体的版面的第一个实例。如果在导入的图形中使用选定字体，或在列表中选择了多个字体，则"查找第一个"按钮不可用。
- 更改：要仅更改选定字体的某个实例，单击"更改"按钮。如果选择了多个字体，则该按钮不可用。

- **全部更改**：要更改列表中选定字体的所有实例，单击"全部更改"按钮。如果要重新定义包含搜索到的字体的所有段落样式、字符样式或命名网格，需要选中"全部更改时重新定义样式和命名网格"选项。

- **更改/查找**：要更改该实例中的字体，然后查找下一实例，单击"更改/查找"。如果选择了多个字体，则该

选项不可用。

- **在资源管理器中显示**：单击该按钮可以控制在资源管理器中显示。

- **更多信息**：要查看关于选定字体的详细信息，单击"更多信息"按钮。要隐藏详细信息，单击"较少信息"按钮。如果在列表中选择了多个字体，则信息区域为空白。

6.4.8 更改大小写

首先选中要更改的字符或文字对象，然后执行"文字>更改大小写"命令，再从子菜单中选择"大写"、"小写"、"标题大小写"、"句子大小写"选项，如图6-85所示。

- **大写**：将选中字符或文字全部更改为大写。
- **小写**：将选中字符或文字全部更改为小写。
- **标题大小写**：将标题中每个单词的首字母大写。
- **句子大小写**：将每个句子的首字母大写。

6.4.9 显示隐含的字符

在设置文字格式和编辑文字时显示隐含的字符，执行"文字>显示隐含的字符"命令，即可显示隐含的字符，如图6-86所示。

6.4.10 查找与更改文本

要搜索一定范围的文本或某篇文章，选择该文本或将插入点放在文章中。执行"编辑>查找/更改"命令，然后在弹出的"查找/更改"对话框中选择"文本"选项卡，如图6-87所示。

图6-85

图6-86

图6-87

- **查找内容**：在该下拉列表框中，输入或粘贴要查找的文本。也可以单击"查找内容"下拉列表框右侧的"要替换的特殊字符"按钮，在弹出菜单中选择具有代表性的字符（元字符）。

- **更改为**：在该下拉列表框中，输入或粘贴替换文本。还可以单击"更改为"框右侧的"要替换的特殊字符"按钮，在弹出的菜单中选择具有代表性的字符。

- **搜索**：在该下拉列表框中可以指定搜索范围，单击列表

框下面的相应图标可以包含锁定图层、主页、脚注和要搜索的其他项目。

- **查找格式**：单击该选项下方的列表框，可以弹出"查找格式设置"对话框，在该对话框中可以设置需要进行查找的参数，如图6-88所示。

- **更改格式**：单击该选项下方的列表框，可以弹出"更改格式设置"对话框，在该对话框中可以设置需要进行更改的参数，如图6-89所示。

图6-88

图6-89

6.4.11 拼写检查

在InDesign中可以根据系统中指定的语言，检查多种语言的拼写错误。

1.使用拼写检查

如果文档中包含外语文本，选中该文本并使用"字符"面板上的"语言"菜单为该文本指定语言。然后执行"编辑>拼写检查>拼写检查"命令，弹出"拼写检查"对话框，如图6-90所示。

图6-90

可以在开始进行拼写检查，单击"跳过"或"全部忽略"按钮继续进行拼写检查，而不更改特定的单词。从建议单词列表中选择一个单词，或在顶部的文本框中输入正确的单词，然后单击"更改"按钮，以只更改出现拼写错误的单词。单击"全部更改"按钮更改文档中所有出现拼写错误的

单词。单击"添加"按钮，指示InDesign将可接受但未识别出的单词存储到词典中，以便在以后的操作中不再将其判断为拼写错误，如图6-91所示。

图6-91

2.使用动态拼写检查

启用动态拼写检查后，可使用上下文菜单更正拼写错误。拼写错误的单词可能已带下划线（基于和文本语言相关的词典）。如果以不同的语言输入文本，需要首先选中文本并指定正确的语言。要启用动态拼写检查，执行"编辑>拼写检查>动态拼写检查"命令。文档中可能存在拼写错误的单词带有下划线，然后分别对其进行更改，如图6-92所示。

图6-92

3.自动更正

在InDesign中进行拼写检查时，还可以启用自动更正功能，允许在输入时替换大写错误和常见的输入错误。在自动更正起作用前，必须创建常出现拼写错误的单词的列表，并将这些单词与拼写正确的单词相关联。执行"编辑＞拼写检查＞自动更正"命令，可以快速启用或禁用此功能，如图6-93所示。

4.词典

如果InDesign在拼写检查过程中，在"拼写检查"对话框中显示一个不熟悉的单词，则从"添加到"菜单中选择词典，然后单击"添加"按钮。也可以使用"词典"对话框指定目标词典和语言，以及指定如何将单词添加到例外单词列表。执行"编辑＞拼写检查＞词典"命令，在弹出"字典"对话框中，进行相应的设置，如图6-94所示。

- 目标：在该列表框中，可以选择要存储单词的词典。
- 语言：在该列表框中选择一种语言，每种语言至少包含一个词典。如果要将单词添加到所有语言，选择"所有语言"。
- 词典列表：在该列表框中，选择"添加的单词"。
- 单词：在该列表框中，输入或编辑要添加到单词列表中的单词。
- 连字：单击该按钮以查看单词的默认连字。代字符（~）表示可能的连字点。

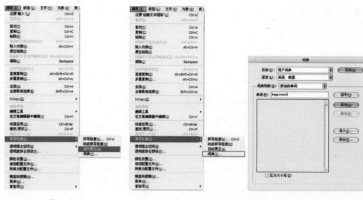

图6-93　　　　　　　　　图6-94

6.4.12　使用文章编辑器

可在InDesign中的版面页面或文章编辑器窗口中编辑文本。

1.打开文章编辑器

选中文本框架，在文本框架中单击产生一个插入点，或从不同的文章中选择多个框架。然后执行"编辑＞在文章编辑器中编辑"命令，弹出"在文章编辑器中编辑"对话框，在该对话框中进行相应的设置，如图6-95所示。

2.返回版面窗口

在文章编辑器中，执行"编辑＞在版面中编辑"命令。使用这种方法时，版面视图显示的文本选区或插入点位置与文章编辑器中上次显示的完全相同，文章窗口仍打开但已移到版面窗口的后面，如图6-96所示。

图6-95

图6-96

3.显示或隐藏文章编辑器项目

在InDesign中可以显示或隐藏样式名称栏和深度标尺、展开或折叠脚注，以及显示或隐藏用于指示新段落开始位置的分段标记。这些设置会影响到所有打开的文章编辑器窗口以及随后打开的窗口。

当文章编辑器处于现用状态时，执行"视图＞文章编辑器＞显示样式名称栏或隐藏样式名称栏"命令。也可拖动竖线来调整样式名称栏的宽度，随后打开的文章编辑器窗口具有相同的栏宽，如图6-97所示。

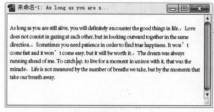

图6-97

当文章编辑器处于现用状态时，执行"视图＞文章编辑器＞显示深度标尺或隐藏深度标尺"命令，如图6-98所示。

当文章编辑器处于现用状态时，执行"视图＞文章编辑器＞展开全部脚注或折叠全部脚注"命令，如图6-99所示。

当文章编辑器处于现用状态时，执行"视图>文章编辑器>显示分段标记或隐藏分段标记"命令。

图6-98　　　　　　　　　　图6-99

4.文章编辑器首选项设置

在文章编辑器的"首选项"对话框中可以更改文章编辑器的外观，还可以对文本显示选项、启用消除锯齿、光标选项等内容进行设置，如图6-100所示。

- **文本显示选项**：可以选择文本显示的字体、大小、行间距、文本颜色、背景。还可以指定不同的主题，如在"主题"下拉列表框中选择"传统系统"以在黑色背景上查看黄色文本。这些设置会影响文本在文章编辑器窗口中的显示，但不会影响在版面视图中的显示。

- **启用消除锯齿**：平滑文字的锯齿边缘，并选择消除锯齿的"文字"（为液晶显示器优化、柔化或默认设置），它们将使用灰色阴影来平滑文本。优化为液晶显示器优化使用颜色而非灰色阴影来平滑文本，在具有黑色文本的浅色背景上使用时效果最佳。柔化为使用灰色阴影，但比默认设置生成的外观亮，且更模糊。

- **光标选项**：可以更改文本光标的外观。例如，如果希望光标闪烁，请选择"闪烁"。

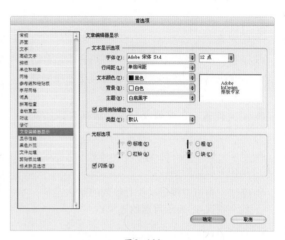

图6-100

6.5 串接文本

框架中的文本可独立于其他框架，也可在多个框架之间连续排文。要在多个框架之间连续排文，必须先串接这些框架。串接的框架可位于同一页或跨页，也可位于文档的其他页。在框架之间连接文本的过程称为串接文本，此过程也称为串接文本框架或串接文本框，如图6-101所示。

图6-101

6.5.1 创建串接文本

每个文本框架都包含一个入口和一个出口，这些端口用来与其他文本框架进行连接。空的入口或出口分别表示文章的开头或结尾。端口中的箭头表示该框架链接到另一框架。出口中的红色加号（+）表示该文章中有更多要置入的文本，但没有更多的空间可放置文本。这些剩余的不可见文本称为溢流文本，如图6-102所示。

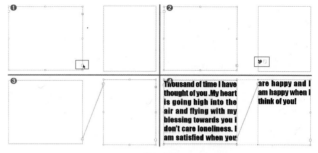

图6-102

1.添加新框架

使用选择工具选中一个文本框架，然后单击入口或出口以载入文本图标。将载入的文本放置到希望新文本框架出现的地方，然后单击或拖动以创建一个新文本框架，如图6-103所示。

图6-103

> **技巧提示**
>
> 单击入口可在所选框架之前添加一个框架，单击出口可在所选框架之后添加一个框架。

2.添加现有框架

使用"选择工具"，选中一个文本框架，然后单击入口或出口以载入文本图标。将载入的文本图标放到要连接到的框架上面，载入的文本图标将更改为串接图标。在第二个框架内部单击以将其串接到第一个框架，如图6-104所示。

图6-104

6.5.2 剪切/删除串接文本框架

1.从串接文本中剪切框架

在InDesign中可以从串接文本中剪切框架，然后将其粘贴到其他位置。剪切的框架将使用文本的副本，不会从原文章中移去任何文本。在一次剪切和粘贴一系列串接文本框架时，粘贴的框架将保持彼此之间的连接，但将失去与原文章中任何其他框架的连接。

使用选择工具选中一个或多个框架，执行"编辑>剪切"命令。选中的框架消失，其中包含的所有文本都排列到该文章内的下一框架中。剪切文章的最后一个框架时，其中的文本存储为上一个框架的溢流文本。如果要在文档的其他位置使用断开连接的框架，需要转到希望断开连接的文本出现的页面，然后执行"编辑>粘贴"命令即可。

2.从串接文本中删除框架

删除串接文本中的框架时并不会删除框架中的文字。只需要选中该框架，然后按Delete键即可删除。

6.5.3 手动/自动排文

执行置入文本命令或者单击入口或出口后，指针将变为载入文本图标。使用载入文本图标可轻松地将文本排列到页面上。按住Shift或Alt键，可确定文本排列的方式。载入文本图标将根据置入的位置改变外观，当载入文本图标置于文本框架之上时，该图标将括在圆括号中；当载入文本图标置于参考线或网格靠齐点旁边时，黑色指针将变为白色。

① 手动排文就是一次一个框架地添加文本。必须重新载入文本图标才能继续排文，如图6-105所示。

② 在页面中按住Alt键单击进行半自动排文。工作方式与手动排文相似，区别在于每次到达框架末尾时，指针将变为载入文本图标，直到所有文本都排列到文档中为止，如图6-106所示。

③ 在页面中按住Shift键单击，进行自动排文，自动添加页面和框架，直到所有文本都排列到文档中为止，如图6-107所示。

④ 在页面中按住Shift和Alt键单击，进行固定页面自动排文。将所有文本都排列到文档中，根据需要添加框架但不添加页面。任何剩余的文本都将成为溢流文本，如图6-108所示。

图6-105

图6-106

图6-107

图6-108

6.5.4 使用智能文本重排

在InDesign中输入或编辑文本时，可以使用"智能文本重排"功能来添加或删除页面。当输入的文本超出当前页面的容纳能力，需要添加新页面时，便会用到此功能。在由于编辑文本、显示或隐藏条件文本，或对文本排列进行其他更改，导致文本排列发生变化的情况下，也可以使用此功能来避免出现溢流文本或空白页面。

执行"编辑＞首选项＞文字"命令，可以打开"首选项"对话框，如图6-109所示。

在弹出的"首选项"对话框中单击"文字"选项卡，然后选中"智能文本重排"选项，在这里可以对其相关选项进行设置，如图6-110所示。

- 将页面添加到：使用此选项可以确定在何处创建新页面。例如，假设文档包含三个页面，前两个页面上有文本框架，第三个页面有一个占据全页的图形。如果在第二页的末尾输入文字，则需要决定是在第三页的全页图形之前还是之后添加新页面。如果选择"文章末尾"，将在第二页之后添加新页面。如果选择"文档末尾"，将在具有全页图形的页面之后添加新页面。在多个章节的文档中，如果选择"章节末尾"，将在章节末尾添加新页面。

- 限制在主页文本框架内：如果不选择此选项，可以在编辑非基于主页的文本框架时添加或删除页面。为避免发生不需要的文本重排，仅当正在编辑的文本框架至少串接到其他页面上的其他一个文本框架时，智能文本重排才生效。

- 保留对页跨页：此选项确定当文本在文档中间重排时，是否保留对页跨页。如果在文档中间重排文本时，选中了此选项，将添加一个两页的新跨页。如果未选择此选项，将添加单个新页面，且后续页面将随机排布。如果版面中包括跨页左侧或右侧专用的设计元素，需要选择此选项。如果左页面和右页面可以互换，则可以不选择此选项。如果文档没有对页，此选项将呈灰显状态。

- 删除空白页面：选中此选项后，可在编辑文本或隐藏条件时删除页面。仅当空白文本框架是页面上唯一的对象时，才可删除页面。

图6-109　　　　　　　　　　　　图6-110

6.6 置入文本

在页面中置入文本或电子表格文件时，可以通过对文件置入选项的设置指定导入方式，如图6-111所示。

图6-111

如果要将文本导入到当前打开的文件中，执行"文件＞置入"命令，然后在打开的"置入"对话框中，选择要导入的文本文件，再单击"打开"按钮，如图6-112所示。

● 显示导入选项：选中"显示导入选项"，然后双击要导入的文件。设置导入选项，然后单击"确定"按钮，如图6-113所示。

图6-112

图6-113

● 替换所选项目：如果希望导入的文件能替换所选框架的内容、替换所选文本或添加到文本框架中的插入点，则选中该选项。取消选中该选项可将导入的文件排列到新框架中。

● 创建静态题注：选中该选项后可以创建静态的题注。

● 应用网格格式：要创建带网格的文本框架，选中该选项。要创建纯文本框架，取消选中该选项。

将Microsoft Word文档导入InDesign中时，可以将Word中使用的每种样式映射到InDesign的对应样式中。这样，用户就可以自由地设置导入文本的格式。

实例练习——置入Microsoft Word文本

案例文件	实例练习——置入Microsoft Word文本.indd
视频教学	实例练习——置入Microsoft Word文本.flv
难易指数	★★★★★
知识掌握	置入Microsoft Word文本

案例效果

本案例的最终效果如图6-114所示。

图6-114

操作步骤

步骤01 ▶ 执行"文件＞新建＞文档"命令，或按Ctrl+N组合键，在"新建文档"对话框中的"页面大小"列表框中选择A4，设置"页数"为1，页面方向为横向，如图6-115所示。

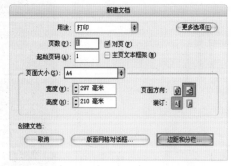
图6-115

步骤02 ▶ 单击"边距和分栏"按钮，打开"新建边距和分栏"对话框，在其中设置"上"选项为20毫米，此时其他3项也一起变为20毫米，设置"栏数"为1，单击"确定"按钮，如图6-116所示。

步骤03 执行"文件>置入"命令，在弹出的"置入"对话框中选择1.jpg素材文件，当鼠标指针变为 图标时，在新建页面的左上角单击，导入图片素材，如图6-117所示。

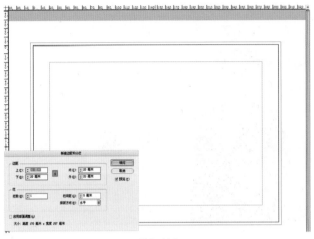

图6-116

图6-117

步骤04 执行"文件>置入"命令，在弹出的"置入"对话框中选择"劳力士.doc"素材文件，如图6-118所示。
步骤05 当鼠标指针变为 图标时，在新建页面的左上角单击，导入"劳力士.doc"素材，如图6-119所示。

图6-118

图6-119

技巧提示

　　导入"劳力士.doc"素材后，拖曳鼠标即可完成创建。但是创建完成后，字体、图片的位置可能并不合适，因此需要将鼠标移动到文本框架位置，并拖动文本框架进行调整，如图6-120所示。

图6-120

步骤06 双击导入后的文本，可以进入修改字体状态，将部分字体进行修改，如图6-121所示。

步骤07 置入Microsoft Word文本的最终效果，如图6-122所示。

图6-121

图6-122

实例练习——置入Microsoft Excel文本

案例文件	实例练习——置入Microsoft Excel文本.indd
视频教学	实例练习——置入Microsoft Excel文本.flv
难易指数	★★★★★
知识掌握	置入Microsoft Excel文本

案例效果

本案例的最终效果如图6-123所示。

图6-123

操作步骤

步骤01 执行"文件＞新建＞文档"命令，或按Ctrl+N组合键，在"新建文档"对话框中的"页面大小"列表框中选择A4，设置"页数"为1，页面方向为横向，如图6-124所示。

图6-124

步骤02 单击"边距和分栏"按钮，打开"新建边距和分栏"对话框，在其中设置"上"选项为20毫米，此时其他3项也一起变为20毫米，设置"栏数"为1，单击"确定"按钮，如图6-125所示。

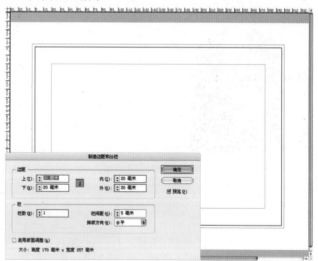

图6-125

步骤03 执行"文件＞置入"命令，在弹出的"置入"对话框中选择背景素材文件，在页面中单击导入素材，如图6-126所示。

步骤04 执行"文件＞置入"命令，在弹出的"置入"对话框中选择"表格.xls"素材文件，并选中"显示导入选项"复选项，单击"打开"按钮，此时在弹出的对话框中设置"表"为"有格式的表"，如图6-127所示。

InDesign CS5从入门到精通

166

图6-126

步骤05 由于字体缺失，此时可能弹出"缺失字体"对话框，直接单击"确定"按钮即可，如图6-128所示。

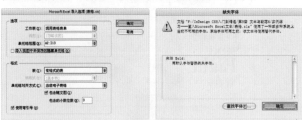

图6-127　　　　　　　　图6-128

步骤06 当鼠标指针变为图标时，拖曳鼠标即可完成Excel文本的导入，如图6-129所示。

图6-129

步骤07 双击导入后的文本，可以进入修改字体状态，将部分文本字体进行修改，如图6-130所示。

步骤08 置入Microsoft Excel文本案例的最终效果，如图6-131所示。

图6-130

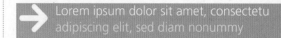

图6-131

读书笔记

6.7 字符样式与段落样式

字符样式是通过一个步骤就可以将样式应用于文本的一系列字符格式属性的集合。段落样式包括字符和段落格式属性，可应用于一个段落，也可应用于某范围内的段落。段落样式和字符样式分别位于不同的面板上。段落样式和字符样式有时称为文本样式，应用字符样式和段落样式的作品如图6-132所示。

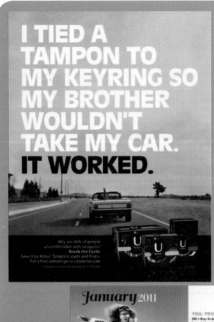

图6—132

6.7.1 "字符样式"面板

执行"文字>字符样式"命令,打开"字符样式"面板,如图6-133所示。

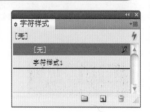

图6—133

- 创建新样式组📁:单击该按钮可以创建新的样式组,可以将新样式放入组中。
- 创建新样式🗋:单击该按钮可以创建新的样式。
- 删除选项样式/组🗑:单击该按钮,可以将当前选中的新样式或新样式组删除。

6.7.2 "段落样式"面板

执行"文字>段落样式"命令,或者单击应用程序窗口右侧的"段落样式"选项卡,打开"段落样式"面板,如图6-134所示。

图6—134

6.7.3 字符样式与段落样式的使用

如果需要在现有文本格式的基础上创建一种新的样式，选择该文本或者将插入点放在该文本中。然后从"段落样式"面板中选择"新建段落样式"，或从"字符样式"面板中选择"新建字符样式"。在弹出"新建段落样式"或"新建字符样式"对话框中进行设置，如图6-135所示。

图6-135

- 样式名称：可以在该选项的文本框中为新样式命名。

- 基于：可以选择当前样式所基于的样式。

- 下一样式：该选项（仅限"段落样式"面板）可以指定当按Enter键时在当前样式之后应用的样式。

- 快捷键：要添加键盘快捷键，将插入点放在"快捷键"框中，并确保NumLock键已打开。然后，按Shift、Alt和Ctrl键的任意组合键来定义样式快捷键。如果键盘没有NumLock键，则无法为样式添加键盘快捷键。

- 重置为基准样式：单击该按钮可以重新复位为基准样式。

- 样式设置：可以在该选项下方的列表中查看样式。

- 将样式应用于选区：如果要将新样式应用于选定文本，选中该选项。

技巧提示

更改子样式的设置后，如果决定重来，可以单击"重置为基准样式"按钮。此举将使子样式的格式恢复到它所基于的父样式，然后再指定新的样式。同样，如果更改了子样式的"基于"样式，则子样式定义会自动更新，以便与它的新父样式匹配。

6.7.4 载入样式

可以将另一个InDesign文档的段落样式和字符样式导入到当前文档中。导入期间，可以决定载入哪些样式以及在载入与当前文档中某个样式同名时应做何响应。

打开"字符样式"或"段落样式"面板，在"样式"面板菜单中选择"载入字符样式"或"载入段落样式"命令。然后弹出"打开文件"对话框，双击包含要导入样式的InDesign文档，如图6-136所示。

接着弹出"载入样式"对话框，选中要导入的样式。如果任何现有样式与其中一种导入的样式同名，在"与现有样式冲突"下选择选项，然后单击"确定"按钮，如图6-137所示。

- 使用传入样式定义：载入的样式优先于现有样式，并将载入的样式的新属性应用于使用旧样式的当前文档中的所有对象。传入样式和现有样式的定义都显示在"载入样式"对话框的下方，以便于对比和区分。

- 自动重命名：重命名载入的样式。

图6-136   图6-137

6.7.5 复制样式

在"样式"面板中右键单击样式或样式组，然后选择"直接复制样式"命令，并在弹出的"直接复制样式"对话框中进行设置，如图6-138所示。

新样式将显示在"样式"面板中，新名称为原名称后自动添加了"副本"名称，如图6-139所示。

图6-138

图6-139

实例练习——创建段落文字

案例文件	实例练习——创建段落文字.indd
视频教学	实例练习——创建段落文字.flv
难易指数	宿宿宿宿宿
知识掌握	文字工具、角选项、描边、段落

案例效果

本案例的最终效果如图6-140所示。

操作步骤

步骤01 执行"文件>新建>文档"命令，在弹出"新建文档"对话框中的"页面大小"列表框中选择A4，如图6-141所示。

图6-140

图6-141

步骤02 单击"边距和分栏"按钮，打开"新建边距和分栏"对话框，在其中设置"上"选项为20毫米，此时其他3项也一起变为20毫米，设置"栏间距"为5毫米，单击"确定"按钮，如图6-142所示。

步骤03 执行"文件>置入"命令，在弹出的"置入"对话框中选择素材文件，当鼠标指针变为图标时，在新建页面的左上角单击，导入图片素材，如图6-143所示。

图6-142

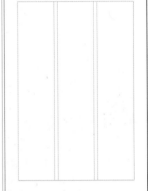

图6-143

 技巧提示

也可以找到"素材文件"直接拖到页面中，然后当鼠标指针变为图标时，在新建页面的左上角单击，导入图片素材。

InDesign CS5从入门到精通

步骤04 单击工具箱中的"矩形工具"按钮■，在一个角点处单击，拖曳鼠标绘制出一个矩形框。设置矩形选框的填充颜色为"黄色"，如图6-144所示。

图6-144

步骤05 执行"对象>角选项"命令，然后弹出"角选项"对话框，单击取消"统一所有设置"按钮，将其中两个对角的转角大小设置为12毫米，形状为圆角，如图6-145所示。

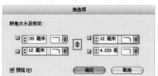

图6-145

步骤06 单击工具箱中的"直线工具"按钮＼，绘制一条直线段，然后执行"窗口>描边"命令，打开"描边"面板，设置"粗细"为3点，在"类型"下拉列表中选择"点线"选项，设置填充颜色为"白色"，并采用同样的方法再绘制两个黑色线段，如图6-146所示。

图6-146

步骤07 单击工具箱中的"文字工具"按钮T.，绘制出一个文本框架，然后输入文字，在控制栏中设置合适字体，设置文字大小为25点，如图6-147所示。

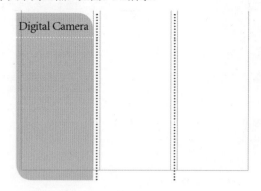

图6-147

步骤08 再使用"文字工具"输入3组文本。选中文本，在控制栏中设置合适字体，设置文字大小为18点，在"填色"中设置文字颜色为蓝色，如图6-148所示。

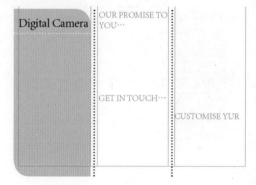

图6-148

步骤09 打开本书素材文件夹中的"文本.doc"文件，按Ctrl+A组合键选中所有文本，按Ctrl+C组合键复制文字，回到InDesign软件中按Ctrl+V组合键粘贴文本，如图6-149所示。

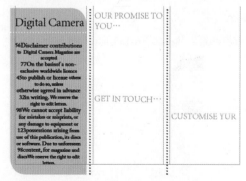

图6-149

步骤10 执行"窗口>文字和表>段落"命令，打开"段落"面板，单击"左对齐"按钮，使段落中最后一行文本左对齐。选中所有文本，设置其大小为12点，并选择合适的字体，如图6-150所示。

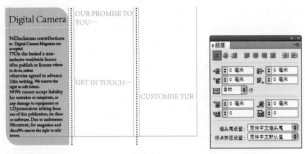

图6-150

步骤11 分别选中文本中的数字，在控制栏中设置字体颜色为粉色，效果如图6-152所示。

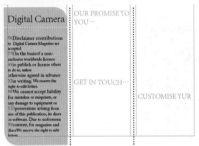

图6-152

实例练习——段落样式的编辑与使用

案例文件	实例练习——段落样式的编辑与使用.indd
视频教学	实例练习——段落样式的编辑与使用.flv
难易指数	★★★★☆
知识掌握	文字工具、段落样式、直线工具

案例效果

本案例的最终效果如图6-155所示。

图6-155

步骤12 使用同样的方法制作其他段落文本，如图6-153所示。

图6-153

步骤13 创建段落文字案例的最终效果，如图6-154所示。

图6-154

操作步骤

步骤01 执行"文件>新建>文档"命令，或按Ctrl+N组合键，在"新建文档"对话框中的"页面大小"列表框中选择A4，设置"页数"为1，页面方向为纵向，如图6-156所示。

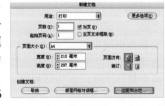

图6-156

步骤02 单击"边距和分栏"按钮，打开"新建边距和分栏"对话框，在其中设置"上"选项为20毫米，此时其他3项也一起变为20毫米，设置"栏数"为3，单击"确定"按钮，如图6-157所示。

步骤03 单击工具箱中的"矩形框架工具"按钮⊠，在左侧角点处单击，拖曳鼠标绘制一个矩形框架，然后执行"文件>置入"命令，在打开的"置入"对话框中选中人像图片素材，单击"打开"按钮，将图片导入，如图6-158所示。

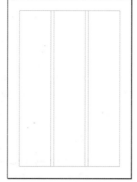

图6-157

步骤04 单击工具箱中的"文字工具"按钮 **T**，绘制一个文本框架，然后在框架中输入文本，如图6-159所示。

图6-158　　　　　　图6-159

步骤05 继续使用文字工具绘制文本框并输入相关的文本，如图6-160所示。

图6-160

步骤06 打开本书素材文件夹中的"文本.doc"文件，全选文本并按Ctrl+C组合键复制文字。回到InDesign软件中，使用文字工具在上半部分绘制一个文本框，按Ctrl+V组合键粘贴段落文本。然后使用选择工具将鼠标指针移动到右下角单击图标，指针将成为载入的文本图标，继续在右侧绘制文本框，可以看到第二个文本框中自动出现文字，如图6-161所示。

图6-161

步骤07 接着在视图相应的位置按住鼠标左键并拖动，绘制出一个文本框，绘制的文本框和第一个文本框连接，且系统会自动将刚才未显示的文本填满。然后再单击第2个文本框下的图标，继续串联文本。采用同样的方法依次进行串联，如图6-162所示。

图6-162

步骤08 执行"窗口＞样式＞段落样式"命令，打开"段落样式"面板，可以单击"创建新样式"按钮，创建新的段落样式，如图6-163所示。

图6-163

技巧提示

也可以通过"段落样式"面板，选择"新建段落样式"，对弹出的对话框进行相应的设置，如图6-164所示。

图6-164

步骤09 接着双击新建"段落样式1"，然后弹出"段落样式选项"对话框，在对话框左侧选择"基本字符样式"选项卡，设置"样式名称"为"标题"、"字体系列"为"汉仪凌心体简"、"字体样式"为regular、"大小"为20点、"行距"为24点，"字偶间距"为原始设定-仅罗马字，"字符对齐方式"为"全角，居中"，如图6-165所示。

图6-165

步骤10 在"段落样式选项"对话框左侧选择"字距调整"选项卡，然后设置"单词间距"为"80%、100%、133%"，"自动行距"为120%，"孤立单词对齐"为"两端对齐"、"书写器"为Adobe CJK段落书写器，如图6-166所示。

图6-166

步骤11 在"段落样式选项"对话框左侧选择"项目符号和编号"选项卡，然后在"项目符号字符"列表中选择一个符号、"对齐方式"为左、"制表符设置"为12.7毫米，如图6-167所示。

图6-167

步骤12 在"段落样式选项"对话框左侧选择"字符颜色"选项卡，然后在字符颜色中选择颜色为"蓝色"，"色调"为100%，单击"确定"按钮，如图6-168所示。

图6-168

步骤13 接着选中每段文本的标题，在"段落样式"面板中选择"标题"选项，为文本添加标题样式，如图6-169所示。

图6-169

步骤14 下面在"段落样式"面板中，继续单击创建样式，双击新建"段落样式2"，然后弹出"段落样式选项"对话框，在对话框左侧选择"基本字符格式"选项卡，"样式名称"为"导语"、"字体系列"为黑体，"字体样式"为regular，"大小"为10点，"行距"为12点，如图6-170所示。

图6-170

步骤15 在"段落样式选项"对话框左侧选择"字距调整"选项卡，然后设置"单词间距"为"80%、100%、133%"，"自动行距"为120%，"孤立单词对齐"为两端对齐，"书写器"为Adobe CJK段落书写器，如图6-171所示。

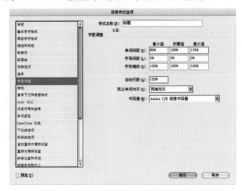

图6-171

步骤16 在"段落样式选项"对话框左侧选择"字符颜色"选项卡，然后在字符颜色中选择颜色为浅蓝色，"色调"为100%，单击"确定"按钮，如图6-172所示。

图6-172

步骤17 再选中每段文本的导语，在"段落样式"面板中选择"导语"选项，为文本添加导语样式，如图6-173所示。

图6-173

步骤18 按照同样的方法制作正文。新建一个"段落样式3"，然后用鼠标双击，弹出"段落样式选项"对话框，在对话框左侧选择"基本字符格式"选项卡，"样式名称"为"正文"，"字体系列"为黑体，"字体样式"为R，"大小"为10点，"行距"为14点，如图6-174所示。

图6-174

步骤19 在"段落样式选项"对话框左侧选择"缩进和间距"选项卡，然后设置"对齐方式"为双齐末行齐左，"首行缩进"为6毫米、"段前距"为1毫米，如图6-175所示。

图6-175

步骤20 在"段落样式选项"对话框左侧选择"字符颜色"选项卡，然后在字符颜色中选择颜色为黑色，"色调"为100%，单击"确定"按钮，如图6-176所示。

图6-176

步骤21 选中"正文文本"，在"段落样式"面板中选择"正文"选项，为串联文本添加正文样式，效果如图6-177所示。

步骤22 单击工具箱中的"直线工具"按钮 ，在右下角绘制一条直线段。在控制栏"描边"中设置直线段颜色为"黑色"，"描边大小"为0.5点，然后按住Shift和Alt键水平方向拖动制作出1个直线段副本。并使用文字工具输入文本页码。设置一种合适的字体，设置文字大小为10点，在"填色"中设置字体颜色为黑色，如图6-178所示。

图6-177

图6-178

步骤23 继续使用文字工具，在右上角输入文本。在控制栏中设置合适的字体，设置文字大小为10点，并在"填色"中设置文字颜色为黑色，然后再选中文本中的第一个字母"B"，然后设置字体、大小和颜色。在右侧输入"美肤"文字，效果如图6-179所示。

图6-179

 读书笔记

6.8 复合字体

可以将不同字体的部分混合在一起，作为一种复合字体来使用。通常用这种方法混合罗马字体与CJK字体的部分，也可以向字体中添加字符，复合字体显示在字体列表的开头。

执行"文字>复合字体"命令，弹出"复合字体编辑器"对话框。在该对话框中单击"新建"按钮，就会弹出"新建复合字体"对话框，输入复合字体的名称，然后单击"确定"按钮，如图6-180所示。

接着回到"新建字体编辑器"对话框中，对新建的复合字体的参数进行设置，如图6-181所示。

图6-180   图6-181

- 汉字（或韩文）：汉字字符在日文和中文中使用，韩文字符在朝鲜语中使用。无法编辑汉字或韩文的大小、基线、垂直缩放和水平缩放。

- 假名：指定用于日文平假名和片假名的字体。使用日文以外的语言创建复合字体时，请对假名使用与在基本字体中使用的字体相同的字体。

- 标点：指定用于标点的字体。无法编辑标点的大小、垂直缩放或水平缩放。

- 全角符号：指定用于符号的字体。无法编辑符号的大小、垂直缩放或水平缩放。

- 罗马字：指定用于半角罗马字的字体。它通常是罗马字体。

- 数字：指定用于半角数字的字体。它通常是罗马字体。

- 大小：字符相对于日文汉字字符的大小。即使使用相同等级的字体大小，不同字体的大小仍可能不同。

- 基线：基线相对于日文汉字字符基线的位置。

- 垂直伸缩和水平伸缩：指字符的缩放程度。可以缩放假名字符、半角假名字符、日文汉字字符、半角罗马字符和数字。

- 从中心缩放：缩放假名字符。选中此选项时，字符会从中心进行缩放。取消选择此选项时，字符会从罗马基线缩放。

- 从字符中心放大/缩小：设置在编辑假名的垂直缩放和水平缩放时是从字符中心还是从罗马字基线进行缩放。如果选择了该选项，字符将从中心缩放。

- 单位：从"单位"弹出菜单中选择一个选项，以指定字体属性要使用的单位：%或Q（级）。

- 显示示例：若要查看复合字体的示例，单击"显示示例"按钮。可使用下列方式更改示例：单击示例右侧的按钮以显示或隐藏代表"表意字框" 、"全角字框" 、"基线" 、"大写字母高度" 、"最大上缘/下缘" 、"最大字母上缘" 和"x高度" 的线段。

- 缩放：从"缩放"选项弹出的菜单中，选择一个放大比例。

- 存储和确定：单击"存储"按钮以存储复合字体的设置，然后单击"确定"按钮。

6.9 附注与修订

　　InDesign中的"附注"功能使用工作流程用户名来标识附注或修订的作者。附注和修订都按照InDesign中"附注"首选项中定义的设置进行着色。

6.9.1 附注

　　在InDesign中向受管理的内容添加编辑附注后，附注可供工作流程中的其他用户使用。附注主要随InCopy工作流程一起使用，但在InDesign中它们也有使用价值。例如，可以在附注中放置希望以后添加到文章内的文本。

1.添加编辑附注

　　使用工具箱中的"文字工具"按钮 T.，单击要放置附注的位置，然后执行"文字＞附注＞新建附注"命令，此时弹出"附注"面板，此时可以在"附注"面板中输入附注的内容，如图6-182所示。

技巧提示

　　可以在任意位置添加任意数量的附注，但不能在另一个附注内创建附注。要显示或隐藏附注，执行"视图＞其他＞显示附注或隐藏附注"命令。

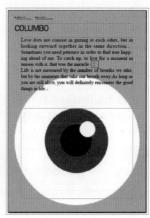

图6-182

2.管理附注

附注锚点标记了附注的位置。"附注"面板显示了附注的内容,以及有关附注的特定信息。

要将文本转换为附注,首先选中文本,然后执行"文字>附注>转换为附注"命令。这将创建一个新附注。所选文本将从文章正文中删除并粘贴到新附注中。附注锚点或书挡位于所选文本的剪切位置,如图6-183所示。

如果需要将附注转换为文本,首先要在"附注"面板中选中要添加到文档中的文本,或者在文章编辑器中选中随文附注中的文本。然后执行"文字>附注>转换为文本"命令,如图6-184所示。

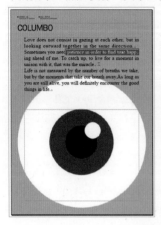

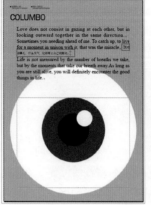
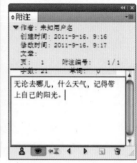

图6-183

图6-184

要拆分附注,将插入点置于附注中要拆分的位置,然后执行"文字>附注>拆分附注"命令,如图6-185所示。

要在附注中导航,单击文章中的插入点,然后执行"文字>附注>上一附注或下一附注"命令。

图6-185

 3.使用"附注"模式

"附注模式"是一种添加、拆分或删除附注的简便方

法,具体执行何种操作取决于插入点的位置或选定的文本。

若要创建新附注,需将插入点置于文本中;若要将文本转换为附注,需先选中相应文本;若要拆分附注,需将插入点置于附注内;若要将附注转换为文本,需选择附注书挡;若要将插入点移出附注,需将插入点置于附注的开始或结尾处。然后执行"文字>附注>附注模式"命令,如图6-186所示。

图6-186

6.9.2 修订

使用InDesign中的"修订"面板可以打开或关闭"修订"功能,并且可以显示、隐藏、接受或拒绝参与者所执行的更改。

执行"窗口>评论>修订"命令,然后打开"修订"面板。如果只希望在当前文章中启用修订功能,单击"在当前文章中启用修订"按钮◎或执行"文字>修订>在当前文章中启用修订"命令。根据需要在文章中添加、删除或移动文本,如图6-187所示。

● **显示更改或隐藏更改**◎:当隐藏更改时,文本的显示方式与关闭修订功能时相同。也就是说,添加的文本可见,删除的文本不可见,移动或粘贴的文本显示在其插入位置。

● **接受更改**✔:要接受突出显示的更改并将其并入文本流中。

● **拒绝更改**✘:要拒绝更改并恢复为原始文本。

● **上一更改**←**或下一更改**→:要返回上一处更改或跳过某处更改并转到下一处更改。

接受文章中的所有更改✓或拒绝文章中的所有更改✗✗：
要接受或拒绝所有更改而不进行检查。

使用InDesign中的"修订"面板或InCopy中的"修订"
工具栏，可以打开或关闭"修订"功能，并且可以显示、隐
藏、接受或拒绝参与者所执行的更改，如图6-188所示。

图6-187　　　　　　图6-188

6.10 脚注

脚注由两个链接部分组成：显示在文本中的脚注引用编号，以及显示在栏底部的脚注文本。可以创建脚注或从Word或RTF文档中导入脚注。将脚注添加到文档时，脚注会自动编号，每篇文章中都会重新编号。可控制脚注的编号样式、外观和位置。不能将脚注添加到表或脚注文本中。

脚注文本的宽度取决于包含脚注引用标志符的栏的宽度。在文本框架中，不能将脚注分成若干栏。

6.10.1 插入脚注

首先在需要脚注引用编号出现的地方置入插入点，然后执行
"文字>插入脚注"命令，再输入脚注文本，如图6-189所示。

输入脚注时，脚注区将扩展而文本框架大小保持不变。脚注
区继续向上扩展直至到达脚注引用行。在脚注引用行上，如果可
能，脚注会拆分到下一文本框架栏或串接的框架。如果脚注不能
拆分且脚注区不能容纳过多的文本，则包含脚注引用的行将移到
下一栏，或出现一个溢流图标。在这种情况下，应该调整框架大
小或更改文本格式。

技巧提示

插入点位于脚注中时，可以执行"文字>转到脚注引
用"命令，以返回正在输入的位置。如果需要频繁地使用此
选项，可创建一个键盘快捷键。

图6-189

6.10.2 文档脚注选项

更改脚注编号和版面将影响现有脚注和所有新建脚注。

1.设置"编号与格式"选项

执行"文字>文档脚注选项"命令，在弹出"脚注选项"对
话框中选择"编号与格式"选项卡，设置引用编号和脚注文本的
编号方案和格式外观，如图6-190所示。

● 编号样式：选择脚注引用编号的编号样式。

● 起始编号：指定文章中第一个脚注所用的号码。文档中每篇
　文章的第一个脚注都具有相同的起始编号。如果书籍的多个
　文档具有连续页码，可能会希望每章的脚注编号都能接续上

图6-190

一章的编号。对于有多个文档的书籍来说，"起始编号"选项特别有用。对于书籍中的多个文档来说，利用该选项，其脚注编号就可以不再连续。

- 编号方式：如果要在文档中对脚注重新编号，则选中该选项并选择"页面"、"跨页"或"节"以确定重新编号的位置。某些编号样式，如星号（*），在重新设置每页时效果最佳。

- 显示前缀/后缀于：选中该选项可显示脚注引用、脚注文本或两者中的前缀或后缀。前缀出现在编号之前（如[1），而后缀出现在编号之后（如1]）。在字符中置入脚注时该选项特别有用，如[1]。输入一个或多个字符，或选择"前缀"和"后缀"选项（或两者之一）。要选择特殊字符，单击"前缀"和"后缀"控件旁的图标以显示菜单。

- 位置：该选项确定脚注引用编号的外观，默认情况下为"拼音"。如果要使用字符样式来设置引用编号位置的格式，选择"普通字符"。

- 字符样式：可能希望选择字符样式来设置脚注引用编号的格式。在具有上升基线的正常位置，可能希望使用字符样式而不使用上标。该菜单显示"字符样式"面板中可用的字符样式。

- 段落样式：可能希望为文档中的所有脚注选择一个段落样式来设置脚注文本的格式。该菜单显示"段落样式"面板中可用的段落样式。默认情况下，使用[基本段落]样式。注意，[基本段落]样式可能与文档的默认字体设置具有不同的外观。

- 分隔符：分隔符确定脚注编号和脚注文本开头之间的空白。要更改分隔符，首先选中或删除现有分隔符，然后选择新分隔符。分隔符可包含多个字符。要插入空格字符，使用适当的元字符作为全角空格。

技巧提示

如果认为脚注引用编号与前面的文本距离太近，则可以添加一个空格字符作为前缀以改善外观，也可将字符样式应用于用编号。

2.设置"版面"选项

在弹出"脚注选项"对话框中选择"版面"选项卡，选择控制页面脚注部分的外观的选项，如图6-191所示。

图6-191

- 第一个脚注前的最小间距：该选项确定栏底部和首行脚注之间的最小间距大小。不能使用负值。将忽略脚注段落中的任何"段前距"设置。

- 脚注之间的间距：该选项确定栏中某一脚注的最后一个段落与下一脚注的第一个段落之间的距离。不能使用负值。仅当脚注包含多个段落时，才可应用脚注段落中的"段前距/段后距"值。

- 首行基线位移：该选项确定脚注区（默认情况下为出现脚注分隔符的地方）的开头和脚注文本的首行之间的距离。

- 脚注紧随文章结尾：如果希望最后一栏的脚注恰好显示在文章的最后一个框架中的文本的下面，则选中该选项。如果未选择该选项，则文章的最后一个框架中的任何脚注显示在栏的底部。

- 允许拆分脚注：如果脚注大小超过栏中脚注的可用间距大小时希望跨栏分隔脚注，则选择该选项。如果不允许拆分，则包含脚注引用编号的行移到下一栏，或者文本变为溢流文本。

- 脚注线：指定脚注文本上方显示的脚注分隔线的位置和外观。单个框架中任何后续脚注文本的上方也会显示分隔线。所选选项将应用于"栏中第一个脚注上方"或"连续脚注"，具体取决于在菜单中选择了其中哪一个。这些选项与指定段落线时显示的选项相似，如果要删除脚注分隔线，请取消选中"启用段落线"。

技巧提示

要删除脚注，选择文本中显示的脚注引用编号，然后按Delete键。如果仅删除脚注文本，则脚注引用编号和脚注结构将保留下来。

6.11 插入其他字符

6.11.1 插入特殊字符

在InDesign中可以插入特殊字符，如全角破折号和半角破折号、注册商标符号和省略号等。使用"文字工具"，在希望插入字符的地方放置插入点，然后执行"文字>插入特殊字符"命令，然后选择菜单中任意类别中的选项，如图6-192所示。

技巧提示

如果重复使用的特殊字符未出现在特殊字符列表中，则将它们添加到创建的字形集中。

读书笔记

图6-192

6.11.2 插入空格

空格字符是出现在字符之间的空白区。可将空格字符用于多种不同的用途，如防止两个单词在行尾断开。

使用文字工具在希望插入特定大小的空格的位置放置插入点，然后执行"文字>插入空格"命令，最后在上下文菜单中选择一个间距选项，如图6-193所示。

- 表意字空格：这是一个基于亚洲语言的全角字符的空格。它与其他全角字符一起时会绕排到下一行。

- 全角空格：宽度等于文字大小。在大小为12点的文字中，一个全角空格的宽度为12点。

- 半角空格：宽度为全角空格的一半。

- 不间断空格：此可变宽度与按下空格键时的宽度相同，但是它可防止在出现空格字符的地方换行。

- 不间断空格（固定宽度）：固定宽度的空格可防止在出现空格字符的地方换行，但在对齐的文本中不会扩展或压缩。固定宽度的空格与在InDesign CS2中插入的不间断空格字符相同。

图6-193

- 细空格：宽度为全角空格的1/24。

- 六分之一空格：宽度为全角空格的1/6。

- 窄空格：宽度为全角空格的1/8。在全角破折号或半角破折号的任一侧，可能需要使用窄空格（1/8）。

- 四分之一空格：宽度为全角空格的1/4。

- 三分之一空格：宽度为全角空格的1/3。

- 标点空格：与字体中的感叹号、句号或冒号等宽。

- 数字空格：宽度与字体中数字的宽度相同。使用数字空格有助于对齐财务报表中的数字。

- 右齐空格：将大小可变的空格添加到完全对齐的段落的最后一行，在最后一行对齐文本时该选项非常有用。

6.11.3 插入分隔符

在文本中插入特殊分隔符，可控制对栏、框架和页面进行分隔。使用文字工具在需要出现分隔的地方单击以显示插入点，然后执行"文字>插入分隔符"命令，最后可以从子菜单中选择一个分隔符选项，如图6-194所示。

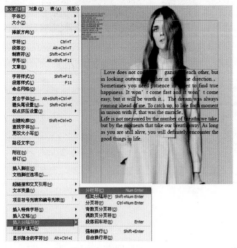

图6-194

- 分栏符：将文本排列到当前文本框架内的下一栏。如果框架仅包含一栏，则文本转到下一串接的框架。
- 框架分隔符：将文本排列到下一串接的文本框架，而不考虑当前文本框架的栏设置。
- 分页符：将文本排列到下一页面（该页面具有串接到当前文本框架的文本框架）。
- 奇数页分页符：将文本排列到下一奇数页面（该页面具有串接到当前文本框架的文本框架）。
- 偶数页分页符：将文本排列到下一偶数页面（该页面具有串接到当前文本框架的文本框架）。
- 段落回车符：插入一个段落回车符。
- 强制换行：在字符的插入位置处强制换行，开始新的一行，而非新的一段。这与按Shift+Enter或Shift+Return键的作用相同。强制换行也称为软回车。
- 自由换行符：表示文本行在需要换行时的换行位置。自由换行符类似于自由连字符，唯一不同的是换行处没有添加连字符。

6.11.4 插入假字填充

InDesign可添加无意义的文字作为占位符文本，使用假字填充可以对文档的设计有一个更完整的认识。

使用选择工具选择一个或多个文本框架，或使用文字工具单击文本框架，然后执行"文字>用假字填充"命令，如图6-195所示。

图6-195

技巧提示

如果将占位符文本添加到与其他框架串接的框架中，那么占位符文本将添加到第一个文本框架的开始（如果所有框架都为空）或现有文本的末尾（如果串接的框架中已包含一些文本），直到最后一个串接框架的末尾。

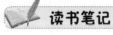
读书笔记

6.11.5 认识制表符面板

执行"文字＞制表符"命令，可以打开"制表符"面板，在该面板中可设置段落或文字对象的制表位。在段落中插入光标，或选择要为对象中所有段落设置制表符定位点的文字对象，如图6-196所示。

图6-196

在"制表符"面板中，单击一个制表符对齐按钮，指定如何相对于制表符位置来对齐文本。

- 左对齐制表符↓：靠左对齐横排文本，右边距可因长度不同而参差不齐。
- 居中对齐制表符↓：按制表符标记居中对齐文本。
- 右对齐制表符↓：靠右对齐横排文本，左边距可因长度不同而参差不齐。
- 小数点对齐制表符↓：使用小数点对齐制表符可以

将文本与小数点对齐。在创建数字列时，此选择尤为有用。

- X：在X框输入一个位置，然后按Enter键。如果选定了X值，按上、下箭头键，分别增加或减少制表符的值（增量为1点）。
- 前导符：是制表符和后续文本之间的一种重复性字符模式（如一连串的点或虚线）。
- 对齐位置：该选项用来控制制表符对齐的位置。

理论实践——使用"制表符"面板设置缩进

使用文字工具单击要缩进的段落，然后在"制表符"面板中调整缩进标记。拖动最上方的标记，以缩进首行文本。拖动下方的标记可缩进除第一行之外的所有行，或按住Ctrl键，拖动下方的标记可同时移动这两个标记并缩进整个段落，如图6-197所示。

图6-197

实例练习——歌剧海报

案例文件	实例练习——歌剧海报.indd
视频教学	实例练习——歌剧海报.flv
难易指数	★★★★★
知识掌握	渐变工具、钢笔工具、描边、椭圆工具、文字样式、色板、段落、对齐

案例效果

本案例的最终效果如图6-198所示。

操作步骤

步骤01 执行"文件＞新建＞文档"命令，或按Ctrl+N组合键，在"新建文档"对话框中的"页面大小"列表框中选择A4，设置"页数"为1，页面方向为横向。单击"边距和分栏"按钮，打开"新建边距和分栏"对话框，单击"确定"按钮，如图6-199所示。

图6-198

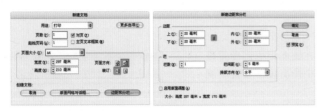

图6-199

步骤02 单击工具箱中的"矩形工具"按钮■，在一个角点处单击，拖曳鼠标绘制出双页面大小的矩形，打开"渐变"面板，单击滑块调整渐变颜色为从白色到黑色渐变，类型为线性，如图6-200所示。

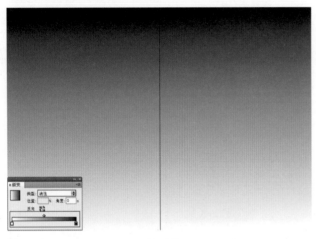

图6-200

步骤03 继续使用"矩形工具"在页面底部绘制一个矩形选框，然后使用渐变工具为矩形绘制黑白渐变效果，如图6-201所示。

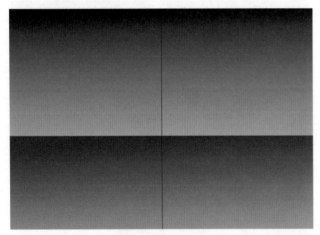

图6-201

步骤04 使用矩形工具同时按住Shift键绘制一个正方形，然后在"渐变"面板中，调整渐变颜色为灰白渐变，并使用渐变工具拖曳填充渐变效果，如图6-202所示。

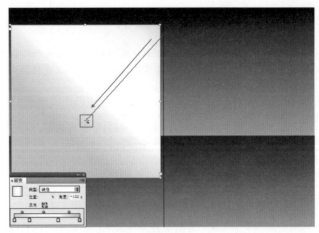

图6-202

步骤05 保持正方形渐变不变并使其处于选中状态，然后按住Shift和Alt键水平拖动，制作出副本放置在右侧，并使用渐变工具调整渐变的角度，如图6-203所示。

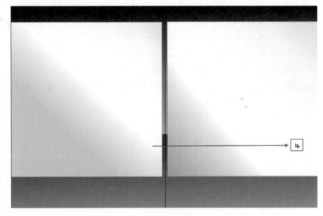

图6-203

步骤06 单击工具箱中的"矩形框架工具"按钮⊠，在页面中绘制4个大小不同的矩形框架，依次执行"文件>置入"命令，在打开的"置入"对话框中选中4张人像图片素材，并单击"打开"按钮将它们导入，如图6-204所示。

图6-204

InDesign CS5从入门到精通

步骤07 首先选中左侧人像素材,单击工具箱中的"钢笔工具"按钮 ,在人像素材框架顶部单击添加锚点,继续在框架其他部分添加锚点。再使用钢笔工具选择需要删除的锚点,当出现 指针时,将指针置于锚点上单击,删除右侧顶部与底部的锚点,如图6-205所示。

图6-205

步骤08 然后选中下一张,在框架底部中心位置使用钢笔工具添加一个锚点,再选择底部两侧边角的锚点,将其删除。并按照同样方法制作其他人像素材的框架,如图6-206所示。

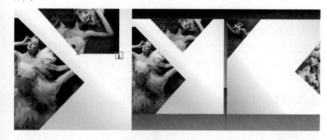

图6-206

步骤09 单击工具箱中的"文字工具"按钮 ,绘制出一个文本框架,并在其中输入文本,然后执行"窗口>文字和表>字符"命令,打开"字符"面板,设置合适的字体,设置文字大小为107点,字符间距为-60,设置文字颜色为蓝色。并使用选择工具选中文字,对文字进行旋转,如图6-207所示。

图6-207

步骤10 接着执行"文字>创建轮廓"命令,将文字转换为文字路径。再执行"窗口>描边"命令,打开"描边"面板,设置"粗细"为14点,"斜接限制"为4x,在"类

型"下拉列表中选择"细-细"选项。设置描边颜色为"蓝色",如图6-208所示。

图6-208

步骤11 使用文字工具绘制文本框架并输入文本。设置合适的字体,设置文字大小为47点。然后执行"文字>创建轮廓"命令,将文字转换为文字路径。再打开"渐变"面板,调整渐变颜色从灰色到黑色,类型为线性。使用渐变工具,拖曳为文字添加渐变效果。并选中文字,旋转文字,如图6-209所示。

图6-209

步骤12 按照上述方法在右侧页面分别输入3组文字,然后制作出渐变文字效果,如图6-210所示。

图6-210

步骤13 下面使用文字工具，输入歌剧的相关文本，然后选中并旋转文字。执行"窗口>样式>字符样式"命令，打开"字符样式"面板，可以在"字符样式"面板中设置字体、文字大小、行距、字间距等内容。选中文本的文字小标题，在"字符样式"面板中选择"小标题"选项，选中文本标题导语，在"字符样式"面板中选择"标题导语"选项。继续使用同样的方法为其他文本添加字符样式，如图6-211所示。

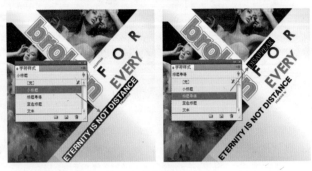

图6-211

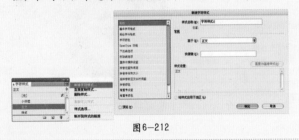

技巧提示

　　设置字符样式，可以双击样式图层，然后弹出"字符样式选项"对话框，也可以通过菜单，选择"新建字符样式"命令，打开"新建字符样式"对话框，在对话框中进行相应的设置，如图6-212所示。

图6-212

步骤14 将所有文本添加字符样式效果，如图6-213所示。

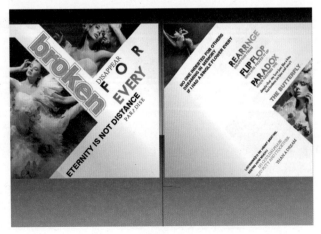

图6-213

步骤15 制作双色文字。使用文字工具，选中右侧页面文本中的部分文字，然后打开"色板"面板，在"色板"面板中单击蓝色，更改选中文字的颜色，如图6-214所示。

图6-214

步骤16 使用同样的方法继续更改文本中的其他文字颜色，如图6-215所示。

步骤17 单击工具箱中的"椭圆工具"按钮◯，按住Shift键拖曳鼠标绘制正圆形。设置填充颜色为蓝色，选中正圆，按住Alt键拖曳复制出2个来，垂直摆放，此时分布不均匀。可以执行"窗口>对象和版面>对齐"命令，打开"对齐"面板，单击"左对齐"按钮，再单击"垂直间距分布"按钮，并将3个圆同时选中，旋转一定的角度，如图6-216所示。

图6-215　　　　　　　　　图6-216

步骤18 单击工具箱中的"直线工具"按钮＼，在右侧页面中绘制直线。设置直线的描边颜色为白色，描边大小为2点。然后选中直线，旋转一定角度，使直线与人像素材框架的一个面平行。再按Alt键拖曳复制出多条直线段，并依次旋转每条直线段的角度，如图6-217所示。

步骤19 使用文字工具创建一个选区并输入段落文本。然后打开"段落"面板，单击"双齐末行齐左"按钮，使每段段落中最后一行文本左对齐，而其他行的左右两边分别对齐文本框的左右边界，如图6-218所示。

InDesign CS5从入门到精通

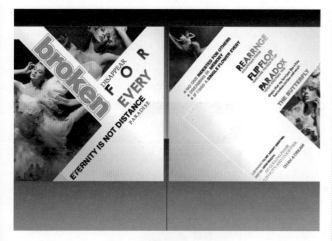

图6-217

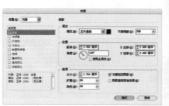

图6-220

步骤22 选中其中一个人像框架，按Alt键拖曳鼠标复制出一个副本。然后单击右键执行"变换＞垂直盘转"命令，将其进行垂直盘转。并单击工具箱中的"渐变羽化工具"按钮，在选区内自上而下填充渐变羽化效果，如图6-221所示。

图6-218

步骤20 单击工具箱中的"椭圆框架工具"按钮，绘制3个圆形框架，依次执行"文件＞置入"命令，在打开的"置入"对话框中选中3张人像图片素材，单击"打开"按钮将它们导入。按Shift键将其全部选中，然后在"描边"中设置描边颜色为白色，描边大小为3点，如图6-219所示。

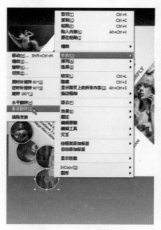

图6-221

技巧提示

也可以通过执行"对象＞变换＞垂直翻转"命令，将对象进行垂直翻转。

图6-219

步骤21 将人像框架保持选中状态，执行"对象＞效果＞阴影"命令，打开"效果"对话框，设置"模式"为"正片叠底"、"不透明度"为35%、"距离"为3.492毫米、"X位移"为2.469毫米、"Y位移"为2.469毫米、"角度"为135°、"大小"为1.764毫米。添加阴影效果，如图6-220所示。

步骤23 使用同样方法为另外两个人像框架添加倒影效果，如图6-222所示。

图6-222

第6章 文本与段落

187

步骤24 选择左侧页面，制作标志。使用椭圆工具，按住Shift键拖曳鼠标绘制正圆形。然后打开"渐变"面板，调整渐变颜色为白色到黑色渐变，类型为线性。使用"渐变工具"拖拽为选框添加渐变效果，如图6-223所示。

图6-223

步骤25 使用文字工具，在正圆形中输入文本"B"，并为其设置字体、大小和颜色。然后执行"文字>创建轮廓"命令，将文字转换为文字路径。在"渐变"面板中，调整渐变颜色为黄色到橙色，类型为线性。使用渐变工具，拖曳鼠标为文字添加渐变效果，如图6-224所示。

步骤26 继续使用同样的方法在字母"B"，底部制作出装饰文字，如图6-225所示。

图6-224　　　　　　　图6-225

步骤27 在"图层"面板中，先将页面中最先制作的两个黑色渐变图层锁定，只需用鼠标依次单击"锁定"按钮。然后使用"选择工具"全部选中，使用复制和粘贴的快捷键（Ctrl+C，Ctrl+V）复制副本，单击鼠标右键，在弹出的快捷菜单中执行"编组"命令，将其编为一组，如图6-226所示。

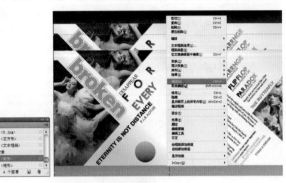

图6-226

步骤28 接着将该组向下移动，保持选中状态，然后单击鼠标右键，在弹出的快捷菜单中执行"变换>垂直翻转"命令，将组中所有对象垂直翻转。并执行"窗口>效果"命令，打开"效果"面板，设置不透明度为18%。制作出投影效果，最终效果如图6-227所示。

图6-227

实例练习——企业宣传册

案例文件	实例练习——企业宣传册.indd
视频教学	实例练习——企业宣传册.flv
难易指数	★★★★★
知识掌握	边距与分栏、串联文本、页码、页面、渐变工具、对齐、角选项

案例效果

本案例的最终效果如图6-228所示。

操作步骤

步骤01 执行"文件>新建>文档"命令，或按Ctrl+N组合键，在打开的"新建文档"对话框中的"页面大小"列表框中选择A4。设置"页数"为2，选中"对页"选项，如图6-229所示。

图6-228

图6-229

步骤02 单击"边距和分栏"按钮，打开"新建边距和分栏"对话框，在对话框中设置"上"选项的数值为20毫米，单击将所有设置设为相同按钮，其他三个选项也相应一同改变。单击"确定"按钮，如图6-230所示。

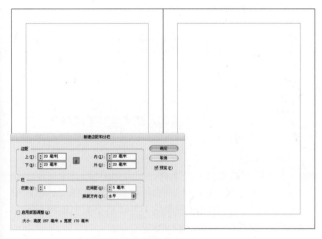

图6-230

步骤03 执行"窗口>页面"命令，打开"页面"面板，在面板菜单中选择"页码和章节选项"命令，打来"页码和章节选项"对话框，设置"起始页码"为30，单击"确定"按钮，如图6-231所示。

图6-231

 技巧提示

也可以通过执行"排版>页码和章节选项"命令，打开"页码和章节选项"面板，进行相应的设置。

步骤04 在"页面"面板中选择31页，然后执行"版式>边距和分栏"命令，弹出"边距和分栏"对话框，设置栏数为3，如图6-232所示。

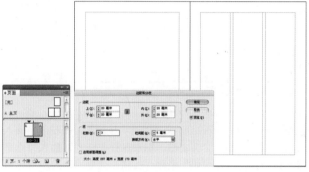

图6-232

步骤05 在"页面"面板中，双击"A-主页"，然后将该主页显示在工作区域中，如图6-233所示。

图6-233

技巧提示

也可以在文档底部的菜单中选择"A-主页"选项，将该主页显示在工作区域中，如图6-234所示。

图6-234

步骤06 创建新图层，单击工具箱中的"矩形工具"按钮▣，在一个角点处单击，拖曳鼠标绘制出一个矩形选框，然后设置填充颜色为蓝色。再单击工具箱中的"渐变羽化工具"按钮▣，在选区部分由左向右填充渐变羽化效果，如图6-235所示。

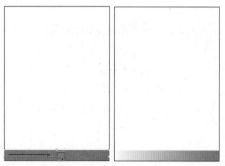

图6-235

步骤07 接着选中选框，按住Alt键拖曳复制一个副本，放置在顶部位置，并按住Shift键将上下选框同时选中，然后单击鼠标右键执行"变换>旋转"命令，弹出"旋转"对话框，设置"角度"为180°，单击"复制"按钮，如图6-236所示。

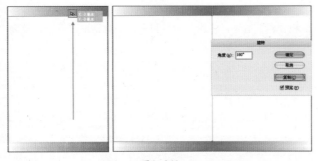

图6-236

步骤08 单击工具箱中的"文字工具"按钮 **T.**，在左下角插入页码的部分绘制一个文本框，然后执行"文字>插入特殊字符>标识符>当前页码"命令，就会在光标闪动的地方出现页码标志。出现的标志是随主页的前缀的，在文本框中出现的就会是A。按住Shift和Alt键在水平方向上拖动并制作出一个文本副本，将副本放置在页面右侧位置，如图6-237所示。

图6-237

步骤09 单击工具箱中的"文字工具"按钮 **T.**，在左侧页面顶部绘制一个文本框架，并在框架中输入文本。然后执行"窗口>文字和表>字符"命令，打开"字符"面板，设置合适的字体，设置文字大小为38点，选中文本中的前3个字母"FAI"，在"填色"中设置文字颜色为白色，再选择后两个字母"NT"，设置字母颜色为黑色，如图6-238所示。

步骤10 继续使用文字工具，在文字右侧输入段落文本。设置合适的字体，设置文字大小为12点，在"填色"中设置文字颜色为黑色，然后执行"窗口>文字和表>段落"命令，打开"段落"面板，单击"左对齐"按钮，如图6-239所示。

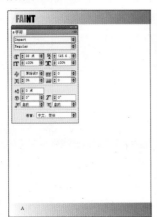

图6-238

图6-239

步骤11 选择顶部全部的文本对象，按住Shift+Alt组合键同时向右拖动，摆放在右侧页面并调整文字位置，如图6-240所示。

图6-240

技巧提示

也可以在选中的情况下，单击鼠标右键执行"变换>水平翻转"命令。

步骤12 下面继续使用文字工具，在页面中输入3组文本，分别设置文本的字体、大小和颜色，然后使用选择工具将其中一个文本选中，再使用渐变羽化工具，自下而上地填充渐变羽化效果，如图6-241所示。

ERAY STUDIO VISION &DESIGN
ADOBE INDESIGN&ADOBE PHOTOSHOP

图6-241

步骤13 使用选择工具将3组文字全部框选，然后单击右键执行"编组"命令，将其进行编组。然后保持选中状态，单击右键执行"变换>逆时针旋转90°"命令，将该文本编组进行旋转，放置在页面右侧居中位置，如图6-242所示。

图6-242

InDesign CS5从入门到精通

步骤14 在"页面"面板中，双击第30页面，跳到第30页中进行设计制作。执行"文件>置入"命令，在弹出的"置入"对话框中选择素材文件，当鼠标指针变为 图标时，在第30页面上单击导入风景素材文件，如图6-243所示。

图6-243

步骤15 下面使用文字工具在页面中绘制出一个文本框架，并输入文本。在控制栏中设置一种合适的字体，设置文字大小为24点，并在"填色"中设置文字颜色为黑色，如图6-244所示。

图6-244

步骤16 选择"文字"图层，单击拖曳到创建新图层按钮上建立副本。然后选中下一层的原图层，执行"窗口>效果"命令，打开"效果"面板，设置不透明度为29%。并按右方向键，向右位移两个点。再选中"副本"图层，在"填色"中设置字体颜色为白色，增加文字的立体感，如图6-245所示。

图6-245

步骤17 继续使用文字工具在页面中输入文本，然后在底部输入一段装饰文字。按Shift键将2组文字同时选中，然后右击执行"编组"命令，将其进行编组。然后保持选中状态，在"效果"面板中，设置不透明度为53%，使文字呈现半透明效果，如图6-246所示。

图6-246

步骤18 制作第31页，单击工具箱中的"矩形框架工具"按钮 ，拖曳鼠标绘制一个矩形框架。然后选中框架，按住Shift和Alt键的同时水平拖曳复制出两个副本框架。再执行"文件>置入"命令，打开"置入"对话框，分别选中3张图片素材文件，单击"打开"按钮将它们导入，如图6-247所示。

图6-247

步骤19 使用矩形工具在页面中绘制一个矩形选框，设置填充颜色为蓝色。然后执行"对象>角选项"命令，弹出"角选项"对话框，单击"统一所有设置"按钮，转角大小设置为5毫米，形状为反向圆角，设置一个选项，其他选项也跟着改变。并将该矩形选框选中按Shift和Alt键的同时水平拖曳复制出一个，设置填充颜色为绿色，再向内缩小，如图6-248所示。

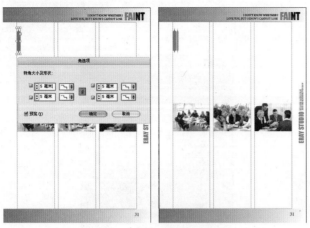

图6-248

步骤20 使用文字工具在页面中绘制出一个文本框架，并输入文本。在控制栏中一种设置合适的字体，设置文字大小为45点，在"填色"中设置文字颜色为黑色，如图6-249所示。

图6-249

步骤21 接着选择"文字"图层，单击拖曳到创建新图层按钮上建立副本。然后选中副本图层，在"填色"中设置字体颜色为蓝色，并按左方向键，向左位移两个点，增加文字的立体感，如图6-250所示。

图6-250

步骤22 按照上述同样方法再制作出一个立体感的文本，如图6-251所示。

步骤23 单击工具箱中的"椭圆工具"按钮◯，按住Shift键拖曳鼠标在页面中绘制出一个正圆形。设置填充颜色为蓝色。选中正圆，按住Alt键拖曳复制出4个来，垂直排列摆放，但此时间距分布不均匀。可以通过执行"窗口>对象和版面>对齐"命令，打开"对齐"面板，单击"左对齐"按钮，再单击"垂直间距分布"按钮，使圆形垂直平均分布，如图6-252所示。

图6-251　　　　　　　图6-252

步骤24 接着选中第2个圆形，然后打开"色板"面板，单击粉色为其添加颜色。再选择第3个圆形，单击黄色为其添加颜色。按照相同方法依次为圆形更改颜色，如图6-253所示。

步骤25 继续使用文字工具输入段落文本。在控制栏中设置合适的字体，设置文字大小为12点，在"填色"中设置字体颜色为黑色，并"打开"段落"面板，单击"双齐末行齐左"按钮，使段落中最后一行文本左对齐，而其他行的左右两边分别对齐文本框的左右边界，如图6-254所示。

图6-253　　　　　　　图6-254

步骤26 继续使用文字工具输入文本，在控制栏中设置合适的字体，设置文字大小为28点，在"填色"中设置字体颜色为蓝色，再选中文本中的第一个字母"P"，设置文字大小为42点，如图6-255所示。

步骤27 单击工具箱中的"直线工具"按钮，绘制出一条直线段，在"描边"中设置线段颜色为绿色，描边大小为1点，并Alt键拖曳复制出一个，如图6-256所示。

图6-255   图6-256

步骤28 打开素材文件夹中的"文木.doc"文件，全选文字并按快捷键Ctrl+C复制文字，切换到InDesign软件中，使用文字工具绘制一个文本框，按快捷键Ctrl+V粘贴段落文本。然后使用选择工具，将鼠标指针移动到右下角单击图标，指针将成为载入的文本图标，如图6-257所示。

图6-257

步骤29 接着在页面中相应的位置按住鼠标左键并拖动，绘制一个文本框，绘制的文本框与第一个文本框连接，且系统会自动将刚才未显示的文本填满。并再次单击第2个文本框下的图标，继续串联文本，如图6-258所示。

图6-258

步骤30 企业宣传册案例的最终效果如图6-259所示。

图6-259

实例练习——制作电子科技杂志

案例文件	实例练习——制作电子科技杂志.indd
视频教学	实例练习——制作电子科技杂志.flv
难易指数	★★★★★
知识掌握	字符面板、样式面板、钢笔工具

案例效果

本案例最终效果如图6-260所示。

操作步骤

步骤01 执行"文件＞新建＞文档"命令或按Ctrl+N组合键，"新建文档"对话框中的"页面大小"列表框中选择A4，设置"页数"为2。单击"边距和分栏"按钮，打开"新建边距和分栏"对话框，单击"确定"按钮，如图6-261所示。

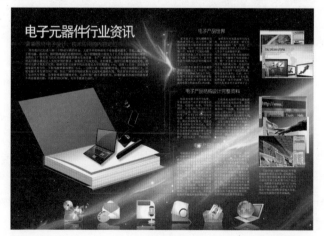

图6-260

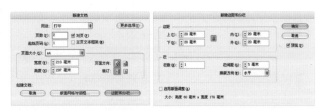

图6-261

步骤02 执行"文件＞置入"命令，在弹出的"置入"对话框中选择素材文件，当鼠标指针变为图标时，在页面中单击导入背景素材，如图6-262所示。

图6-262

步骤03 单击工具箱中的"文字工具"按钮**T.**，绘制出一个文本框架，并在其中输入文本。然后执行"窗口＞文字和表＞字符"命令，打开"字符"面板，设置一种合适的字体，设置文字大小为53点，字符间距为－100，并在"填色"中设置文字颜色为"白色"，如图6-263所示。

图6-263

步骤04 使用文字工具在页面中绘制出多个文本框架，然后打开素材文件夹中的"文本.doc"文件，依次从中复制出文本并粘贴到每个文本框架中，如图6-264所示。

步骤05 执行"窗口＞样式＞段落样式"命令，打开"段落样式"面板，首先在段落面板中新建多个段落样式。然后选

中左侧页面文本的小标题，在"段落样式"面板中选择"小标题"样式。然后选中页面中的正文文本区域，在"段落样式"面板中选择"正文"样式，如图6-265所示。

图6-264

图6-265

技巧提示

设置段落样式，可以单击"创建样式"按钮，再双击"样式"图层，然后弹出"段落样式选项"对话框，也可以通过菜单，选择"新建段落样式"命令，在对话框中进行相应的设置，如图6-266所示。

图6-266

InDesign CS5从入门到精通

步骤06 按照相同的方法设置其他为文本，此时的整体效果，如图6-267所示。

图6-267

步骤07 执行"文件＞置入"命令，导入书素材文件，放置在左侧页面位置，如图6-268所示。

图6-268

步骤08 接着再导入按钮素材文件，放置在页面的底部位置，如图6-269所示。

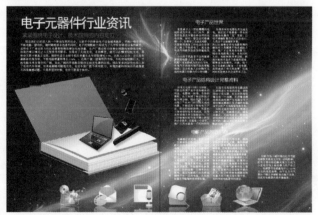

图6-269

步骤09 再分别导入五张资料素材文件，将其摆放在右侧页面位置，如图6-270所示。

图6-270

步骤10 单击工具箱中的"钢笔工具"按钮，在两个页面之间绘制出一个路径。然后设置描边为灰色，描边大小为1点，如图6-271所示。

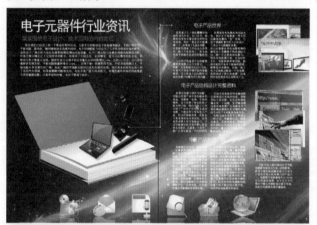

图6-271

步骤11 按照相同的方法制作出其他转折线，最终效果如图6-272所示。

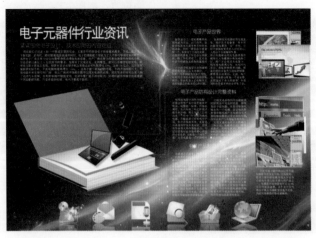

图6-272

Chapter 7
第7章

颜色与效果

在学习应用颜色之前，首先需要对颜色的基本概念有所了解，如颜色类型、专色、印刷色等。只有了解了颜色的基本概念后，才能准确合理地设置颜色。

本章学习要点：

- 掌握色板面板、颜色面板、渐变面板的使用
- 掌握对象填充与描边的使用
- 掌握效果的添加与编辑的方法

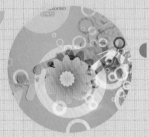

7.1 颜色的类型与模式

在学习应用颜色之前，首先需要对颜色的基本概念有所了解，如颜色类型、专色、印刷色等。只有了解了颜色的基本概念后，才能准确合理地设置颜色，如图7-1所示。

图7-1

7.1.1 颜色类型

在InDesign中可以将颜色类型指定为专色或印刷色，这两种颜色类型与商业印刷中使用的两种主要的油墨类型相对应。在"色板"面板中，可以通过在颜色名称旁边显示的图标来识别该颜色的颜色类型。

1.专色

专色是一种预先混合的特殊油墨，用于替代印刷油墨或为其提供补充，它在印刷时需要使用专门的印版。当指定少量颜色并且颜色准确度很关键时请使用专色。专色油墨能够准确地重现印刷色色域以外的颜色。

2.印刷色

印刷色是使用四种标准印刷油墨的组合打印的，其分别为青色、洋红色、黄色和黑色。当作业需要的颜色较多而导致使用单独的专色油墨成本很高或者不可行时（例如，印刷彩色照片时），就需要使用印刷色。

7.1.2 颜色模式

颜色模式用来确定如何描述和重视图像的色彩。常见的颜色模型包括RGB（红色、绿色、蓝色）、CMYK（青色、洋红色、黄色、黑色）和LAB等。因此，相应的颜色模式也就有 RGB、CMYK、 LAB等。如图7-2所示为InDesign 调色板的几种不同模式的颜色面板。

图7-2

1.RGB模式

RGB颜色模式是一种发光模式，也叫"加光"模式。RGB分别代表Red（红色）、Green（绿色）、Blue（蓝色）。在"通道"面板中可以查看到这3种颜色通道的状态信息，RGB颜色模式下的图像只有在发光体上才能显示出来，例如，显示器、电视等，该模式所包括的颜色信息（色域）有1670多万种，是一种真彩色颜色模式。

2.CMYK模式

CMYK颜色模式是一种印刷模式，也叫"减光"模式，该模式下的图像只有在印刷体上才可以观察到，例如，纸张。CMYK颜色模式包含的颜色总数比RGB模式要少很多，所以在显示器上观察到的图像要比印刷出来的图像亮丽一些。CMY是3种印刷油墨名称的首字母，C代表Cyan（青色）、M代表Magenta（洋红色）、Y代表Yellow（黄色），而K代表Black（黑色），这是为了避免与Blue（蓝色）混淆，因此黑色选用的是Black最后一个字母K。在"通道"面板中也可以查看到这4种颜色通道的状态信息。

技巧提示

在制作需要印刷的图像时就需要使用CMYK颜色模式。将RGB图像转换为CMYK图像后会产生分色现象。如果原始图像是RGB图像，那么最好先在RGB颜色模式下

InDesign CS5从入门到精通

进行编辑，在编辑结束后再转换为CMYK颜色模式。在RGB模式下，可以通过执行"视图>校样设置"菜单下的子命令来模拟转换CMYK后的效果。

3.Lab模式

Lab颜色模式是由照度（L）和有关色彩的a、b这3个要素组成，L表示Luminosity（照度），相当于亮度；a表示从红色到绿色的范围；b表示从黄色到蓝色的范围。Lab颜色模式的亮度分量（L）范围是0 ~100，在 Adobe拾色器和"颜色"面板中，a分量（绿色-红色轴）和b分量（蓝色-黄色轴）的范围是 - 128~+127。

4.灰度模式

灰度模式的图像是灰色图像，它可以表现出丰富的色调、生动的形态和景观。该模式使用多达256级灰度。灰度图像中的每个像素都有一个由0（黑色）到255（白色）之间的亮度值。灰度值也可以用黑色油墨覆盖的百分比来度量（0%等于白色，100%等于黑色）。利用256种色调可以使黑白图像表现得很完美。

5.位图模式

日常工作中所说的位图是指图像，而非位图模式。通常会把文字或漫画等扫描计算机，将其设置成位图模式，这种模式通常也被称为"黑白艺术"。

6.HSB模式

HSB模式以色相、饱和度、亮度与色调来表示颜色。
通常情况下，色相有颜色名称标识，如红色、橙色或绿色。
饱和度是指颜色的强度或纯度。饱和度表示色相中灰色分量所占的比例，使用从0~100的百分比来度量。

7.2 使用"色板"面板

执行"窗口>颜色>色板"命令，然后打开"色板"面板，在这里可以创建和命名颜色、渐变或色调，并将它们快速应用于文档。色板类似于段落样式和字符样式，对色板所做的任何更改都将影响应用该色板的所有对象，如图7-3所示。

图7-3

- 颜色："色板"面板上的图标标识了专色和印刷色颜色类型，以及 LAB、RGB、CMYK和混合油墨颜色模式。
- 色调："色板"面板中显示在色板旁边的百分比值，用以指示专色或印刷色的色调。
- 渐变："色板"面板上的图标，用以指示渐变是径向还是线性。
- 无："无"色板从对象中删除描边或填色，不能编辑或删除此色板。
- 纸色：纸色是一种内建色板，用于模拟印刷纸张的颜色。纸色对象后面的对象不会印刷纸色对象与其重叠的部分。相反，将显示所印刷纸张的颜色。可以通过双击"色板"面板中的"纸色"对其进行编辑，使其与纸张类型相匹配。纸色仅用于预览，它不会在复合打印机上打印，也不会通过分色用来印刷。不能删除此色板。不要应用"纸色"色板来清除对象中的颜色，而应使用"无"色板。

- 黑色：黑色是内建的、使用 CMYK 颜色模型定义的100% 印刷黑色。不能编辑或删除此色板。默认情况下，所有黑色实例都将在下层油墨（包括任意大小的文本字符）上叠印 （打印在最上面）。可以停用此行为。
- 套版色：是使对象可在 PostScript 打印机的每个分色中进行打印的内建色板。

7.2.1 新建颜色色板

① 打开"色板"面板，单击"色板"面板中的"菜单"按钮，并执行"新建颜色色板"命令，此时弹出"新建颜色色板"对话框，如图7-4所示。

- 颜色类型：选择在印刷机上将用于印刷文档颜色的方法。
- 色板名称：如果选择以"印刷色"作为颜色类型并希望名称始终描述颜色值，需选中"以颜色值命名"。如果选择"印刷色"作为颜色类型并希望自己命名颜色，需取消选中"以颜色值命名"，然后输入"色板名称"。

如果选择"专色"，同样需输入"色板名称"。
- 颜色模式：选择要用于定义颜色的模式。勿在定义颜色后更改模式。
- 添加：单击"添加"按钮可以添加色板并定义另一个色板，然后单击"完成"按钮。

❷ 也可以按住Alt+Ctrl组合键并单击"新建色板"按钮 🔲，则会以当前颜色为基础创建新的颜色色板，如图7-5所示。

图7-4

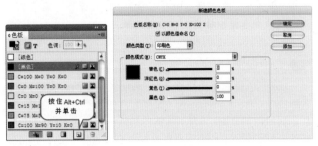

图7-5

7.2.2 新建渐变色板

打开"色板"面板，单击"色板"面板中的"菜单"按钮 ▤，并执行"新建渐变色板"命令，此时弹出"新建渐变色板"对话框，如图7-6所示。

- 🔵 **色板名称**：输入新建渐变色板的名称。
- 🔵 **类型**：选择"线性"或"径向"。
- 🔵 **站点颜色**：若要选择"色板"面板中的已有颜色，选择"色板"，然后从列表中选择颜色。要为渐变混合一个新的未命名颜色，选择一种颜色模式，然后输入颜色值或拖动滑块。要更改渐变中的最后一种颜色，选择最后一个色标。
- 🔵 **调整渐变颜色的位置**：拖动位于渐变曲线条下的色标。选择渐变曲线条下的一个色标，然后输入"位置"值以设置该颜色的位置。该位置表示前一种颜色和后一种颜色之间的距离百分比。
- 🔵 **调整两种渐变颜色之间的中点**（颜色各为50%的点）：拖动渐变曲线条上的菱形图标。选择渐变曲线

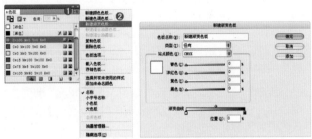

图7-6

条上的菱形图标，然后输入一个"位置"值，以设置该颜色的位置。该位置表示前一种颜色和后一种颜色之间的距离百分比。

- 🔵 **确定或添加**：该渐变连同其名称将存储在"色板"面板中。

 技巧提示

默认情况下，渐变的第一个色标设置为白色。要使其透明，应用"纸色"色板。

7.2.3 新建色调色板

打开"色板"面板，在"色板"面板中，选择一个颜色色板。选择"色调"框旁边的箭头。拖动"色调"滑块，然后单击"新建色板"按钮 🔲，或者在"色板"面板菜单中选择"新建色调色板"命令，然后弹出"新建色调色板"对话框，在该对话框中进行相应的设置，如图7-7所示。

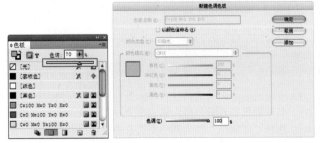

图7-7

InDesign CS5从入门到精通

7.2.4 新建混合油墨色板

当需要使用最少数量的油墨获得最大数量的印刷颜色时，可以通过混合两种专色油墨或将一种专色油墨与一种或多种印刷色油墨混合来创建新的油墨色板。使用混合油墨颜色，可以增加可用颜色的数量，而不会增加用于印刷文档的分色的数量。

1.混合油墨

打开"色板"面板，在"色板"面板菜单中选择"新建混合油墨色板"选项，在弹出的"新建混合油墨色板"对话框中进行相应的设置。使用滑块或在百分比框中输入一个值，调整色板中包括的每种油墨的百分比，如图7-8所示。

图7-8

- ● 名称：在该文本框中输入新色板的名称。

- ● ﹢：要在混合油墨色板中包含一种油墨，单击其名称旁边的空框，这时将显示一个油墨图标﹢。混合油墨色板中必须至少包含一种专色。

- ● 添加或确定：若要将混合油墨添加到"色板"面板中，单击"添加"或"确定"按钮。

2.混合油墨组

打开"色板"面板，在"色板"面板菜单中执行"新建混合油墨组"命令，在弹出的"新建混合油墨组"对话框中进行相应的设置，如图7-9所示。

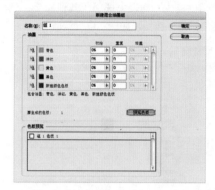

图7-9

- ● 名称：输入新建混合油墨组的名称。组中的颜色将使用该名称，后面带有一个递增的"色板"后缀。

- ● 初始：输入要开始混合以创建混合组的油墨百分比。

- ● 重复：指定要增加油墨百分比的次数。

- ● 增量：指定要在每次重复中增加的油墨的百分比。

- ● 预览色板：单击"预览色板"按钮以生成色板但不关闭对话框，然后可以查看当前油墨选择和值是否可以产生所需效果，如果不能则进行相应调整。

- ● 确定：单击"确定"按钮以将混合油墨组中的所有油墨都添加到"色板"面板中。

7.2.5 复制颜色色板的方法

❶ 选择一个色板，然后从"色板"面板菜单中选择"复制色板"命令，如图7-10所示。

❷ 也可以选择一个色板，然后单击面板底部的"新建色板"按钮，如图7-11所示。

❸ 或者将一个色板拖动到面板底部的"新建色板"按钮上。

使用以上3种方法都可以快速复制当前所选色板，如图7-12所示。

图7-10　　　　　图7-11　　　　　图7-12

7.2.6 删除颜色色板

❶ 选中某一颜色色板，在"色板"面板菜单中右击选择"删除色板"命令，如图7-13所示。

❷ 将要删除的色板选中，单击"色板"面板底部的"删除"按钮，如图7-14所示。

❸ 将要删除的色板拖动到"删除"按钮上也可以删除色板，如图7-15所示。

图7-13　　　　　图7-14　　　　　图7-15

7.2.7 导入色板

可以从其他文档导入颜色和渐变，将所有或部分色板添加到"色板"面板中。可以从 InDesign、Illustrator 或 Photoshop 创建的 InDesign 文件（.indd）、InDesign 模板（.indt）、Illustrator 文件（.ai 或 .eps）和 Adobe 色板交换文件（.ase）中载入色板。Adobe 色板交换文件包含以 Adobe 色板交换格式存储的色板。

执行"窗口>色板"命令，打开"色板"面板，从"色板"面板菜单中选择"新建颜色色板"选项，如图7-16所示。

从"颜色模式"列表中选择"其他库"，然后选择要从中导入色板的文件，然后单击"打开"按钮。选择要导入的色板，单击"确定"按钮，如图7-17所示。

图7-16   图7-17

7.3 "颜色"面板

"颜色"面板中显示当前选择对象的填充色和描边色的颜色值，通过该面板可以使用不同的颜色模式来设置对象的颜色，也可以从显示在面板底部的色谱中选取颜色。执行"窗口>颜色>颜色"命令，打开"颜色"面板，如图7-18所示。

图7-18

① 在"颜色"面板中调整颜色非常简单，拖动颜色滑块或输入数值设置颜色，如图7-19所示。
② 也可以直接将光标在颜色条上选择，将鼠标靠近颜色条时，变为吸管形状，在颜色条上单击即可，如图7-20所示。
③ 在"颜色"面板菜单中可以选择颜色模式，如图7-21所示。
④ 如果想要将当前颜色添加到色板中，可以在"颜色"面板菜单中执行"添加到色板"命令，如图7-22所示。

图7-19   图7-20   图7-21   图7-22

7.4 "渐变"面板

渐变是两种或多种颜色之间或同一颜色的两个色调之间的逐渐混合。使用的输出设备将影响渐变的分色方式。渐变可以包括纸色、印刷色、专色或使用任何颜色模式的混合油墨颜色。渐变是通过渐变条中的一系列色标定义的。色标是指渐变中的一个点，渐变在该点从一种颜色变为另一种颜色，如图7-23所示为应用渐变创作的作品。

图7-23

InDesign CS5从入门到精通

执行"窗口＞颜色＞渐变"命令或双击工具箱中的"渐变工具"按钮▣，打开"渐变"面板，如图7-24所示。

① 在"类型"列表框中可以选择"线性"或"径向"选项。当选中"线性"选项时，渐变色将按照从一端到另一端的方式进行变化。当选中"径向"选项时，渐变色将按照从中心到边缘的方式进行变化，如图7-25所示。

图7-24　　　　　　　　　图7-25

② 要定义渐变的颜色，需要打开"色板"和"渐变"面板，可以将色板从"色板"面板拖动到"渐变"面板的渐变条上，以定义一个新色标。也可以单击渐变条中的滑块，按住Alt键并单击"色板"面板中的一个"颜色"色板，如图7-26所示。

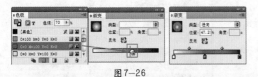

图7-26

③ 在"颜色"面板中，使用滑块或颜色条创建一种颜色，如图7-27所示。

④ 反转渐变的方向，单击"渐变"面板中的"反向渐变"按扭▣，如图7-28所示。

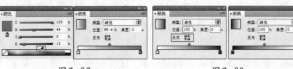

图7-27　　　　　　　　　图7-28

⑤ 若要调整颜色在渐变中的位置，调整渐变色标的中点（使两种色标各占 50% 的点），拖动位于滑块上方的菱形图标，或选择图标并在"位置"框中输入介于 0 到 100 之间的值。调整渐变色标的终点，拖动渐变滑块下方最左边或最右边的渐变色标，如图7-29所示。

⑥ 要调整渐变角度可以在"角度"中输入精确数值，如图7-30所示。

图7-29　　　　　　　　　图7-30

7.5 使用工具填充对象

在InDesign中可以将颜色或渐变应用于对象填充，如图7-31所示为将颜色或渐变应用于对象创作的作品。

图7-31

7.5.1 单色填充

单色填充是对象填充中最常用也是最基本的一种填充方式，单色填充是指填充的内容为单一颜色，而且没有深浅的变化。如图7-32所示为使用单色填充创作的作品。

在 InDesign软件的工具箱中，含有一个标准的Adobe 颜色控制组件，在颜色组件部分，可以对选中的对象或下一个创建的对象，分别进行描边和填充，如图7-33所示。

图7-32

图7-33

- 填充颜色□：双击此按钮，可以使用拾色器来选择填充颜色。
- 描边颜色◙：双击此按钮，可以使用拾色器来选择描边颜色。
- 互换填充和描边↰：单击此按钮，可以在填充和描边之间互换颜色。
- 默认填色和描边◪：单击此按钮，可以恢复默认颜色设置（白色填充和黑色描边）。
- 颜色□：单击此按钮，可以将上次选择的纯色应用于具有渐变填充或者没有描边或填充的对象。
- 渐变■：单击此按钮，可以将当前选择的填充更改为上次选择的渐变。
- 透明色☑：单击此按钮，可以删除选定对象的填充或描边。

❶ 想要为对象进行单色填充的方法很多，除了使用"颜色"面板或"色板"面板以外，可以选择要着色的对象，在工具箱中"标准的Adobe 颜色控制组件"中双击"填充颜色"，在弹出的"拾色器"窗口中设置合适的颜色即可。若单击"添加CMYK色板"，将弹出"色板"对话框，如图7-34所示。

❷ 也可以从控制栏的"填色"或"描边"菜单中选择一种颜色，如图7-35所示。

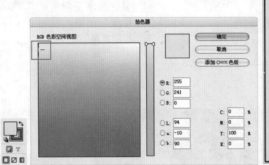

图7-34

图7-35

7.5.2 使用渐变工具填充

渐变填充可以实现在任何颜色之间应用渐变颜色混合。渐变填充也是设计作品中一种重要的颜色表现方式，使用渐变填充能够增强对象的可视效果，如图7-36所示。

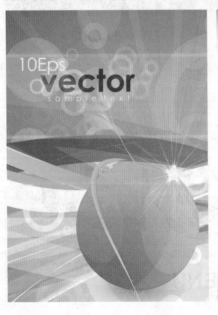

图7-36

InDesign CS5从入门到精通

将要定义渐变色的对象选中，然后打开"渐变"面板，在"渐变"面板中定义要使用的渐变色，如图7-37所示

单击工具箱中的"渐变工具"按钮■或使用快捷键G，在需要应用渐变效果的开始位置上单击，然后拖动到渐变的结束位置上释放鼠标，如图7-38所示。

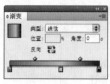

图7-37　　　　　　　　　　　图7-38

实例练习——使用渐变工具制作清新风格标书

案例文件	实例练习——使用渐变工具制作清新风格标书.indd
视频教学	实例练习——使用渐变工具制作清新风格标书.flv
难易指数	★★★★★
知识掌握	渐变色板、渐变工具、路径查找器、文字工具

案例效果

本案例的最终效果如图7-39所示。

图7-39

操作步骤

步骤01 执行"文件>新建>文档"命令或按Ctrl+N组合键，在打开的"新建文档"对话框中的"页面大小"列表框中选择A4，设置"页数"为2，如图7-40所示。

步骤02 单击"边距和分栏"按钮，打开"新建边距和分栏"对话框，在其中设置"上"选项为20毫米，此时其他3项也会自动变为20毫米，设置"栏数"为3，设置"栏间距"为5毫米，单击"确定"按钮，如图7-41所示。

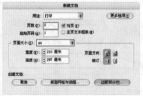

图7-40　　　　　　　　　图7-41

步骤03 单击工具箱中的"矩形工具"按钮■，在左侧绘制一个页面大小的形状，然后通过执行"窗口>颜色>渐变"命令，打开"渐变"面板，拖动滑块调整渐变颜色为浅灰渐变，类型为线性。单击工具箱中的"渐变工具"按钮■，在页面中拖曳为形状添加渐变效果，如图7-42所示。

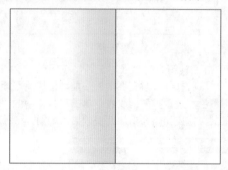

图7-42

步骤04 单击工具箱中的"矩形工具"按钮■，在右侧绘制一个页面大小的形状，设置填充颜色为浅灰色，如图7-43所示。

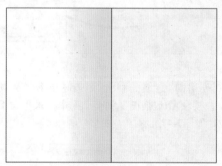

图7-43

步骤05 使用矩形工具在左侧页面顶部的一个角点处单击，鼠标拖曳绘制出矩形形状。设置填充颜色为蓝色，然后执行"对象>角选项"命令，然后弹出"角选项"对话框，单击"统一所有设置"按钮，设置大小为12毫米，将其中两个角设为反向圆角，如图7-44所示。

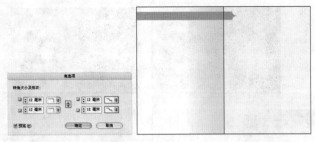

图7—44

步骤06 选中蓝色形状对象，按住Alt 键拖曳复制一个副本。执行"对象＞变换＞水平翻转"命令，将翻转的副本放置在对侧，如图7-45所示。

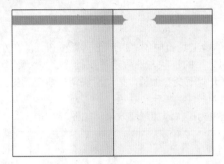

图7—45

步骤07 单击工具箱中的"钢笔工具"按钮 ，绘制出一个闭合路径。然后打开"渐变"面板，拖动滑块调整渐变颜色为白色到黑色，设置类型为线性。单击工具箱中的"渐变工具"按钮 ，拖曳为路径添加渐变效果，如图7-46所示。

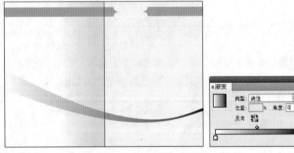

图7—46

步骤08 再使用钢笔工具绘制出一个闭合路径，为其添加渐变效果，并按住Alt键拖曳复制一个副本。水平向下位移到适当位置，如图7-47所示。

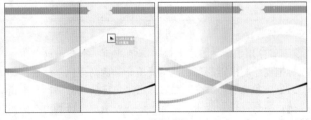

图7—47

步骤09 使用钢笔工具绘制出一个路径，设置描边颜色为灰色，如图7-48所示。

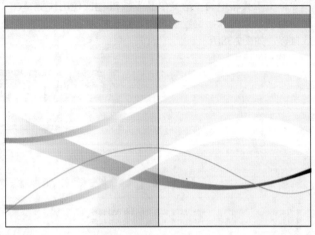

图7—48

步骤10 按照相同的方法多次绘制路径线条，并调整颜色，如图7-49所示。

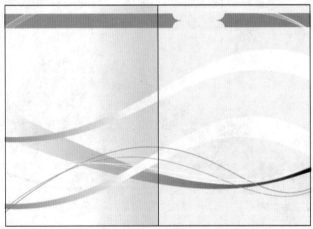

图7—49

步骤11 按Shift键，选择两个渐变路径对象，按住Alt键拖曳复制出一个副本。然后将其移动到顶层位置，执行"对象＞排列＞置于顶层"命令。并打开"渐变"面板，单击滑块调整渐变颜色为蓝色到绿色，"类型"为"线性"。使用渐变工具拖曳并分别调整路径渐变颜色，如图7-50所示。

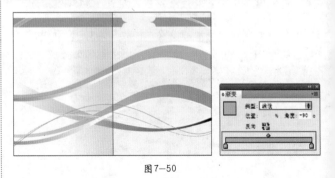

图7—50

InDesign CS5从入门到精通

206

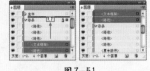

技巧提示

也可以通过"图层"面板移动位置，选择需要移动的图层，然后拖曳到移动的位置即可，如图7-51所示。

图7-51

步骤12 创建新图层，然后选中绘制完成的两个渐变路径对象，复制到新图层中建立副本，再导入风景素材文件。将"副本"和"风景素材"同时选中，然后执行"对象>路径查找器>相减"命令，如图7-52所示。

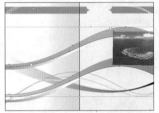

图7-52

步骤13 再导入其他3张风景素材文件，使用相同的方法去掉多余的部分，如图7-53所示。

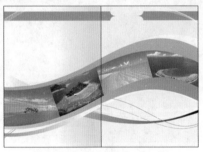

图7-53

步骤14 单击工具箱中的"文字工具"按钮**T.**，在页面中绘制出一个文本框，并输入文字，然后执行"窗口>文字和表>字符"命令，打开"字符"面板，设置一种合适的字体，设置文字大小为48点，并在"填色"中设置文字颜色为蓝色，如图7-54所示。

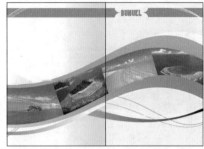

图7-54

步骤15 继续使用文字工具在页面中输入其他文字，并设置合适的字体、大小和颜色，最终效果如图7-55所示。

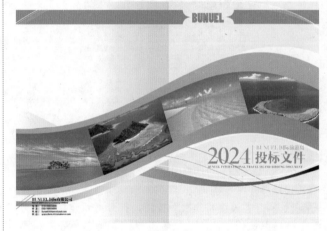

图7-55

7.5.3 渐变羽化工具

渐变羽化工具可以将矢量对象或是位图对象渐隐到背景中。操作方法首先是选中对象，然后单击工具箱中的"渐变羽化工具"按钮，并将其置于要定义渐变起始点的位置。沿着要应用渐变的方向拖曳对象，按住 Shift 键，将工具约束在 45° 的倍数方向上，在要定义渐变端点的位置释放鼠标即可。可以看到所选的洋红色矩形出现自右下到左上的半透明效果，如图7-56所示。

图7-56

技巧提示

在效果窗口中也可以对渐变羽化效果进行精确设置，如图7-57所示。

图7-57

实例练习——使用渐变色板与渐变羽化工具制作儿童画册

案例文件	实例练习——使用渐变色板与渐变羽化工具制作儿童画册.indd
视频教学	实例练习——使用渐变色板与渐变羽化工具制作儿童画册.flv
难易指数	
知识掌握	渐变色板、渐变羽化工具、效果

案例效果

本案例最终效果如图7-58所示。

图7-58

操作步骤

步骤01 执行"文件>新建>文档"命令，或按Ctrl+N组合键，在"新建文档"对话框中的"页面大小"列表框中选择A4，设置"页数"为1，如图7-59所示。

步骤02 单击"边距和分栏"按钮，打开"新建边距和分栏"对话框，在对话框中设置"上"选项为0毫米，单击"将所有设置设为相同"按钮，其他3个选项也相应地改变。设置栏数为1，栏间距为5毫米，单击"确定"按钮，如图7-60所示。

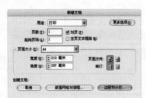

图7-59

图7-60

步骤03 单击工具箱中的"矩形工具"按钮，在页面中的一个角点处单击，拖曳鼠标绘制出矩形形状，然后设置填充颜色为黄色，再单击工具箱中的"渐变羽化工具"按钮，在选区部分由右向左填充渐变羽化效果，如图7-61所示。

步骤04 使用"矩形工具"绘制一个矩形，执行"窗口>颜色>渐变"命令，打开"渐变"面板，单击滑块调整渐变颜色从蓝色到绿色，设置"类型"为"线性"，并使用"渐变羽化工具"，为矩形填充渐变羽化效果，如图7-62所示。

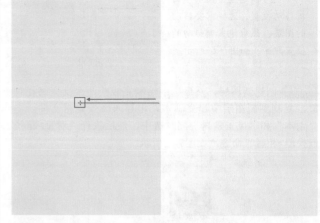

图7-61

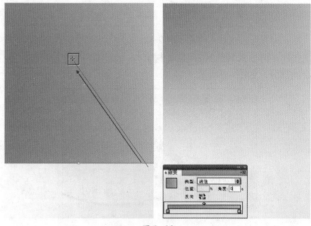

图7-62

步骤05 单击工具箱中的"矩形框架工具"按钮，在页面中的一个角点处单击，拖曳鼠标绘制出一个矩形框架，然后执行"文件>置入"命令，在打开的"置入"对话框中选择儿童图片素材，单击"打开"按钮，将图片导入，如图7-63所示。

步骤06 选中儿童图片素材，执行"对象>角选项"命令，然后弹出"角选项"对话框，单击"统一所有设置"按钮，将转角大小设置为6毫米，形状为圆角，设置一个选项，其他选项也跟着改变。并在控制栏的"描边"中设置描边颜色为浅粉色，描边大小为7点，如图7-64所示。

图7-63

图7-64

图7-66

步骤07 将儿童图片保持选中状态，执行"对象>效果>投影"命令，打开"效果"对话框，并设置"模式"为"正片叠底"、"颜色"为黑色、"不透明度"为75%、"距离"为3.492毫米、"X位移"为2.469毫米、"Y位移"为2.469毫米、"角度"为135°、"大小"为1.764毫米，单击"确定"按钮，为图片添加投影效果，如图7-65所示。

图7-65

图7-67

步骤08 单击工具箱中的"钢笔工具"按钮 ，在儿童图片上绘制出一个闭合路径。然后再将路径颜色填充为白色。执行"窗口>效果"命令，打开"效果"面板，设置不透明度为70%，并使用渐变羽化工具，添加渐变羽化效果，如图7-66所示。

步骤10 接着执行"文字>创建轮廓"命令，将文字转换为文字路径。选中文字路径对象，打开"渐变"面板，拖动滑块调整渐变颜色从粉色到绿色，"类型"为"线性"。单击文字添加渐变颜色，再使用渐变羽化工具，添加渐变羽化效果，如图7-68所示。

步骤09 单击工具箱中的"文字工具"按钮 ，绘制出一个文本框，然后在其中输入文字。执行"窗口>文字和表>字符"命令，打开"字符"面板，设置一种合适的字体，选中第一个单词"SWEET"，设置文字大小为65点，再选中第二个单词"BaBy"设置文字大小为45点，如图7-67所示。

图7-68

步骤11 选中"文字路径"图层，单击拖曳到"创建新图层"按钮中建立副本图层。然后选中"文字路径"图层中的文字，打开"渐变"面板，拖动滑块调整渐变颜色从粉色与白色，"类型"为"线性"。然后在控制栏中单击"描边"按钮，为文字描边添加渐变颜色。设置"描边大小"为9点，并使用渐变工具拖曳调整渐变角度，如图7-69所示。

图7-69

步骤12 单击工具箱中的"钢笔工具"按钮 ，绘制出一个闭合路径。使用渐变工具拖曳鼠标填充颜色为白色到粉色。然后设置描边颜色为红色，"描边大小"为5点，描边类型为圆点，并添加投影效果，如图7-70所示。

步骤13 使用文字工具创建文本框，并输入文本。执行"文字>创建轮廓"命令，将文字转换为文字路径。选中文字路径对象，然后在"渐变"面板中拖动滑块调整渐变颜色从蓝色到绿色，"类型"为"线性"。使用渐变工具拖曳为文字添加渐变效果，并使用选择工具选中文字，选择任意角点，对文字进行旋转，如图7-71所示。

图7-70 图7-71

步骤14 下面打开本书素材文件夹中的"文本"文件，按Ctrl+C组合键复制文件，切换到InDesign软件中，使用文字工具绘制一个文本框，按Ctrl+V组合键粘贴段落文本。然后使用选择工具，将鼠标指针移动到右下角单击 图标，指针将成为载入的文本 图标，如图7-72所示。

步骤15 接着在视图相应的位置按住鼠标左键并拖动，绘制出一个文本框，绘制的文本框和第一个文本框连接，且系统会自动将刚才未显示的文本填满。单击第2个文本框下的 图标，继续串联文本，如图7-73所示。

图7-72

图7-73

步骤16 然后执行"窗口>文字和表>段落"命令，打开"段落"面板，在"段落"面板中设置"首字下沉行数"为2，设置"首次下沉一个或多个字符"为2，如图7-74所示。

图7-74

步骤17 单击工具箱中的"矩形工具"按钮 ，绘制一个矩形形状。然后设置填充颜色为白色。接着单击"渐变羽化工具"按钮 ，在选区部分由右向左填充渐变羽化效果，并按住Alt键拖曳复制出一个副本放置在底部，如图7-75所示。

步骤18 使用矩形框架工具绘制一个矩形框架，然后执行"文件>置入"命令，在打开的"置入"对话框中选择花盆素材，单击"打开"按钮，将花盆导入，如图7-76所示。

步骤19 最后使用文字工具在页面上输入装饰文字，最终效果如图7-77所示。

图7-75　　　　　　　　　　　　　　图7-76　　　　　　　　　图7-77

7.6 描边设置

在为矢量对象填充颜色时，要区分填充颜色和描边颜色。描边颜色是针对路径进行定义颜色的。可以将描边或线条设置应用于路径、形状、文本框架和文本轮廓。通过"描边"面板可以设置描边的粗细和外观，包括段之间的连接方式、起点形状和终点形状以及用于角点的选项。选定路径或框架时，还可以在控制栏中进行描边设置，如图7-78所示。

图7-78

7.6.1 "描边"面板

选中要修改其描边的路径，执行"窗口>描边"命令或使用快捷键F10，将"描边"面板打开，然后在面板中进行相应的设置，如图7-79所示。

- 粗细：在"粗细"微调框中设置相应的数值，调整粗细的大小点。
- 斜接限制：指定在斜角连接成为斜面连接之前，相对于描边宽度对拐点长度的限制。
  在"端点"组中可以选择一个端点样式以指定开放路径两端的外观。
- 平头端点：创建邻接（终止于）端点的方形端点。
- 圆头端点：创建在端点之外扩展半个描边宽度的半圆端点。
- 投射末端：创建在端点之外扩展半个描边宽度的方形端点。此选项使描边粗细沿路径周围的所有方向均匀扩展。
  在"连接"组中可以指定角点处描边的外观。
- 斜接连接：创建当斜接的长度位于斜接限制范围内时扩展至端点之外的尖角。
- 圆角连接：创建在端点之外扩展半个描边宽度的圆角。
- 斜面连接：创建与端点邻接的方角。

图7-79

- 对齐描边：单击某个图标可以指定描边相对于它的路径的位置。
- 类型：在此列表框中选择一个描边类型。如果选择"虚线"，则将显示一组新的选项。
- 起点：选择路径的起点。
- 终点：选择路径的终点。
- 间隙颜色：指定要在应用了图案的描边中的虚线、点线或多条线条之间的间隙中显示的颜色。
- 间隙色调：指定一个色调（当指定了间隙颜色时）。

技巧提示

尽管可以在"描边"面板中定义虚线描边，但使用自定描边样式来创建一个虚线描边会更轻松。

7.6.2 设置描边起点与终点形状

更改"描边"面板中的"起点"和"终点"，可以将开放路径的端点更改为箭头或其他形状，如图7-80所示。

使用直线工具绘制一条线段或创建一条开放路径。选中该线段或路径，然后打开"描边"面板，在"起点"和"终点"列表框中选择一个样式，如图7-81所示。

- 起点：该选项将形状应用于路径的第一个端点。
- 终点：该选项将形状应用于最后一个端点。

图7-80

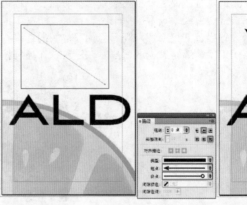

图7-81

7.6.3 描边样式

可以使用"描边"面板创建自定描边样式。自定描边样式可以是虚线、点线或条纹线。在这种样式中，可以定义描边的图案、端点和角点属性。

执行"窗口＞描边"命令，然后打开"描边"面板。在面板菜单中，选择"描边样式"选项，弹出"描边样式"对话框。在该对话框中进行相应的设置，如图7-82所示。

单击"描边样式"对话框中的"新建"按钮，弹出"新建描边样式"对话框，可以对其中的选项进行设置，如图7-83所示。

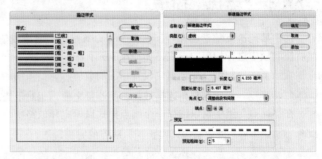

图7-82   图7-83

- 名称：输入描边样式的名称。
- 类型：虚线，用于定义一个以固定或变化间隔分隔虚线的样式。条纹线，用于定义一个具有一条或多条平行线的样式。点线，用于定义一个以固定或变化间隔分隔点的样式。

- 虚线：定义描边图案。单击标尺以添加一个新虚线、点线或条纹线。拖动虚线、点线或条纹线以移动它。要调整虚线的宽度，移动它的标尺标志符 。也可以选择虚线，然后输入"起点"和"长度"。要调整点线的位置，移动它的标尺标志符 。还可以选择点线，

InDesign CS5从入门到精通

然后输入"中心"值。要调整条纹的粗细，移动它的标尺标志符📍。也可以选择条纹线，然后输入"起点"和"宽度"值。要删除虚线、点线或条纹线，请将它拖出标尺窗口。

- 图案长度：指定重复图案的长度（只限虚线或点线样式）。标尺将更新以便与指定的长度匹配。

- 预览粗细：要在不同的线条粗细下预览描边，使用"预览粗细"选项指定一个线条粗细。

- 角点：对于虚线和点线图案，使用"角点"选项决定如何处理虚线或点线，以在拐角的周围保持有规则的图案。

- 端点：对于虚线图案，为"端点"选择一个样式以决定虚线的形状。

- 添加：单击"添加"按钮存储描边样式，然后定义其他描边样式。

- 确定：单击"确定"按钮存储描边样式，并退出此对话框。

实例练习——使用矩形描边制作可爱相框

案例文件	实例练习——使用矩形描边制作可爱相框.indd
视频教学	实例练习——使用矩形描边制作可爱相框.flv
难易指数	
知识掌握	矩形工具、描边面板、投影效果

案例效果

本案例的最终效果如图7-84所示。

图7-84

操作步骤

步骤01 执行"文件>新建>文档"命令，或按Ctrl+N组合键，在"新建文档"对话框中的"页面大小"列表框中选择A4，设置"页数"为1，页面方向为横向，如图7-85所示。

步骤02 单击"边距和分栏"按钮，打开"新建边距和分栏"对话框，在对话框中设置"上"选项为0毫米，单击"将所有设置设为相同"按钮，其他3个选项也相应一同改变。设置栏数为1，栏间距为5毫米，单击"确定"按钮，如图7-86所示。

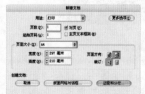

图7-85

图7-86

步骤03 首先执行"文件>置入"命令，在弹出的"置入"对话框中选择背景素材文件，当鼠标指针变为📷图标时，在右侧页面中单击导入背景素材文件，如图7-87所示。

图7-87

步骤04 单击工具箱中的"矩形框架工具"按钮⊠，绘制3个不同大小的矩形框架，然后依次执行"文件>置入"命令，在打开的"置入"对话框中选中3张儿童图片素材，单击"打开"按钮，分别将它们导入，如图7-88所示。

图7-88

步骤05 下面为第1张图片制作相框，单击工具箱中的"矩形工具"按钮▢，拖曳鼠标绘制一个图片大小的矩形选框。然后执行"窗口>描边"命令，打开"描边"面板，设置"粗细"为11点，"斜接限制"为4x，在"类型"列表框中选择

"细-粗"。并在控制栏"描边"设置描边颜色为绿色，如图7-89所示。

图7-89

步骤06 复制矩形外框，然后按住Shift和Alt键选择角点以中心向外进行比例缩放，并在"描边"面板中，调整"粗细"为9点，在"类型"列表框中选择"点线"，效果如图7-90所示。

图7-90

步骤07 继续选中"点线选框"对象，复制出一个副本。按Shift和Alt键的同时将其向外放大。并在"描边"面板中，调整"粗细"为17点，在"类型"列表框中选择"点线"，如图7-91所示。

图7-91

步骤08 按照上述同样方法再次制作出大圆边框，如图7-92所示。

步骤09 再次选中"大圆边框"，复制并等比例放大，在"描边"面板中，调整"粗细"为12点，在"类型"列表框中选择"波浪线"，如图7-93所示。

图7-92　　　　　　　　图7-93

步骤10 选中"波浪线"对象，执行"对象>效果>阴影"命令，打开"效果"对话框，设置"模式"为"正片叠底"、颜色为"黑色"、"不透明度"为75%、"距离"为1毫米、"X位移"为0.707毫米、"Y位移"为0.707毫米、"角度"为135°、"大小"为1.764毫米。为边框添加阴影效果，如图7-94所示。

步骤11 保持"波浪线"选中状态，右击执行"排列>置为底层"命令，将该层放置在所有边框最下一层中。单击鼠标右

键执行"编组"命令，将相框照片编为一组，如图7-95所示。

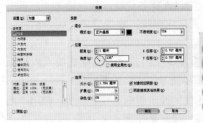

图7-94

图7-95

步骤12 为第2张图片制作相框。使用矩形工具绘制一个矩形，然后在"描边"面板中设置"粗细"为6点，"斜接限制"为4x，在"类型"列表框中选择"实底"。并在控制栏"描边"中设置描边颜色为绿色，如图7-96所示。

图7-96

步骤13 复制矩形边框，然后按住Shift和Alt键选择角点以中心向外进行比例缩放，并在"描边"面板中，调整"粗细"为7点，在"类型"列表框中选择"空心菱形"，如图7-97所示。

图7-97

步骤14 按照同样的方法再次制作出两组不同类型的边框，效果如图7-98所示。

图7-98

步骤15 使用矩形工具绘制一个最外侧边框大小选框，在控制栏中设置填充颜色为白色，然后多次单击鼠标右键执行"排列＞后移一层"命令，将该层放置在所有边框最下一层中，如图7-99所示。

图7-99

步骤16 保持"白色选框"选中状态，执行"对象＞效果＞阴影"命令，打开"效果"对话框，设置"模式"为"正片叠底"、颜色为黑色、"不透明度"为75%、"距离"为3.492毫米、"X位移"为2.469毫米、"Y位移"为2.469毫米、"角度"为135°、"大小"为1.764毫米。添加阴影效果，并单击鼠标右键执行"编组"命令，将其编为一组，如图7-100所示。

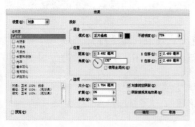

图7-100

步骤17 按照制作第2个相框的方法，为第3张照片制作相框，效果如图7-101所示。

步骤18 打开"前景素材"文件，在"前景素材"页面使用快捷键Ctrl+C复制，回到儿童相框页面使用快捷键Ctrl+V粘贴，将选中文件粘贴到当前页面中，最终效果如图7-102所示。

图7-101

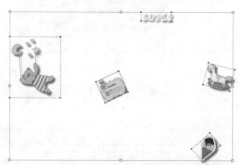

图7-102

7.7 添加效果

与Adobe旗下的Photoshop、Illustrator、After Effects等软件相同，InDesign也具有图形"效果"这一功能，使用效果功能可以制作出"半透明"、"混合"、"发光"、"投影"、"光泽"、"浮雕"、"羽化"等效果。默认情况下，在Adobe InDesign 中创建的对象显示为实底状态，即不透明度为100%。可以将这些效果应用于使用不透明度和混合模式的对象。重叠对象、向对象添加透明度或者挖空对象下面的形状，如图7-103所示。

图7-103

7.7.1 "效果"面板

执行"窗口>效果"命令打开"效果"面板，在这里可以指定对象或组的不透明度和混合模式，对特定组执行分离混合，挖空组中的对象或应用透明效果，如图7-104所示。

图7-104

- 混合模式：指定透明对象中的颜色如何与其下面的对象相互作用。
- 不透明度：确定对象、描边、填色或文本的不透明度。
- 级别：告知关于对象的"对象"、"描边"、"填色"

和"文本"的不透明度设置，以及是否应用了透明效果。单击词语对象（组或图形）左侧的三角形，可以隐藏或显示这些级别设置。在为某级别应用透明度设置后，该级别上会显示 FX 图标，可以双击该 FX 图标编辑这些设置。

- 分离混合：将混合模式应用于选定的对象组。
- 挖空组：使组中每个对象的不透明度和混合属性挖空或遮蔽组中的底层对象。
- 清除全部：清除对象（描边、填色或文本）的效果，将混合模式设置为"正常"，并将整个对象的不透明度设置更改为100%。
- FX ：单击该按钮即可显示效果列表。

技术专题——使用全局光

要打开"全局光"对话框，从"效果"面板菜单选择"全局光"或执行"对象>效果>全局光"命令。输入一个值或者拖动角度半径设置"角度"和"高度"的值，然后单击"确定"按钮，如图7-105所示。

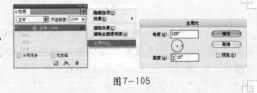

图7-105

7.7.2 不透明度

在Adobe InDesign 中可以使用"效果"面板来设置对象的不透明度及混合模式。降低对象不透明度后，就可以透过该对象看见下方的图片，如图7-106所示。

使用直接选择工具在框架中选中对象、图形，或者在组中选择对象，然后执行"窗口>效果"命令打开"效果"面板，设置不透明选项的数值，可以通过在"不透明度"文本框中直接输入数值或者拖动滑块来实现。如图7-107所示为应用不透明度后的对比效果，不透明度依次为80%、60%、30%。

图7-106

80%　　　　　　　60%　　　　　　　30%

图7-107

实例练习——典雅风格房地产展板

案例文件	实例练习——典雅风格房地产展板.indd
视频教学	实例练习——典雅风格房地产展板.flv
难易指数	
知识掌握	渐变羽化工具、段落面板、效果面板

案例效果

本案例的最终效果如图7-108所示。

图7-108

操作步骤

步骤01 执行"文件>新建>文档"命令，或按Ctrl+N组合键，在"新建文档"对话框中的"页面大小"列表框中选择A4，设置"页数"为1。单击"边距和分栏"按钮，打开"新建边距和分栏"对话框，单击"确定"按钮，如图7-109所示。

图7-109

步骤02 执行"文件>置入"命令，在弹出的"置入"对话框中选择素材文件，当鼠标指针变为图标时，单击导入背景素材文件，如图7-110所示。

步骤03 单击工具箱中的"矩形工具"按钮，在页面上绘制一个形状，然后打开"渐变"面板，拖动滑块调整渐变颜

色为黄色到橘色，"类型"为"线性"。单击工具箱中的"渐变工具"按钮，拖曳鼠标为形状添加渐变效果，如图7-111所示。

图7-110　　　　　　　　图7-111

步骤04 单击工具箱中的"矩形框架工具"按钮，在页面绘制矩形框架，然后执行"文件>置入"命令。在打开的"置入"对话框中选中壁纸图片素材，单击"打开"按钮，将图片导入，如图7-112所示。

步骤05 使用矩形工具在页面左侧绘制出一个矩形，设置填充颜色为褐色。然后按住Alt键拖曳鼠标复制一个副本，水平移动放置在右侧，如图7-113所示。

图7-112　　　　　　　　图7-113

步骤06 继续使用矩形工具在页面顶部绘制形状。双击左侧工具箱中的填色图标，打开"拾色器"对话框，设置填充色为深红色。单击"添加RGB色板"按钮填充颜色的同时将此颜色保存到"色板"面板中，并且在底部再绘制一个形状，在色板中为其填充颜色为深红色，如图7-114所示。

图7-114

步骤07 使用矩形框架工具绘制一个矩形框架，然后执行"文件＞置入"命令。在打开的"置入"对话框中选中风景图片素材，单击"打开"按钮，将该图片导入，如图7-115所示

步骤08 按照同样的方法导入顶部花纹素材文件，如图7-116所示。

图7-115

图7-116

步骤09 继续导入花朵素材文件，然后执行"对象＞变换＞旋转"命令，设置角度为180°，单击"复制"按钮，复制一个放置在对侧，如图7-117所示。

步骤10 使用矩形工具绘制出一个矩形，设置填充颜色为深黄色。然后按住Alt键的同时拖曳鼠标复制一个副本，水平移动放置在右侧，如图7-118所示。

步骤11 单击工具箱中的"文字工具"按钮**T.**，绘制出一个文本框，然后输入文字，在控制栏中设置一种合适的字体，设置文字大小为140点，在"填色"中设置文字颜色为灰色，如图7-119所示。

图7-117

图7-118　　　　　　图7-119

步骤12 继续在"底"字右下角，使用文字工具输入一个"蕴"字，字体和颜色与"底"字相同，设置文字大小为112点，如图7-120所示。

步骤13 复制两个文字，填充为金棕色，然后按向上方向键，位移一个像素，使文字增加立体感，如图7-121所示。

图7-120　　　　　　图7-121

步骤14 接着使用文字工具在页面中输入文本，在控制栏中

设置一种合适的字体，设置文字大小为30点，在"填色"中设置文字颜色为深黄色，如图7-122所示。

步骤15 按照相同的方法继续输入文本，并将输入的文本选中，按住Alt键的同时拖曳鼠标复制一个副本，并将副本放置在顶部位置，如图7-123所示。

图7-122　　　　　　　　图7-123

步骤16 使用文字工具在页面中输入段落文本，在控制栏中设置字体、大小和颜色。然后执行"窗口＞文字和表＞段落"命令，打开"段落"面板，单击"居中对齐"按钮，如图7-124所示。

步骤17 单击工具箱中的"矩形工具"按钮，在页面底部绘制一个形状并填充为黑色，如图7-125所示。

图7-124　　　　　　　　图7-125

7.7.3　混合模式

使用混合模式可以将两个重叠对象之间的颜色混合，还可以改变堆栈对象颜色混合的方式。选择一个或多个对象，或选择一个组，在"效果"面板中选择一种混合模式，如图7-128所示。

下面逐一列出原始图片和应用各种混合模式的效果。

- **正常**：在不与基色相作用的情况下，采用混合色为选区着色，这是默认模式，如图7-129所示。

步骤18 单击工具箱中的"渐变羽化工具"按钮，在黑色矩形上自下而上拖曳，如图7-126所示。

图7-126

步骤19 执行"窗口＞效果"命令，在"效果"面板中设置"不透明度"为80%，最终效果如图7-127所示。

图7-127

图7-128

- 正片叠底：将基色与混合色复合，结果色总是较暗的颜色。任何颜色与黑色复合产生黑色，任何颜色与白色复合保持原来的颜色。该效果类似于在页面上使用多支魔术水彩笔上色，如图7-130所示。

图7-129　　　　　　图7-130

- 滤色：将混合色的互补色与基色复合，结果色总是较亮的颜色。用黑色过滤时颜色保持不变，用白色过滤将产生白色。此效果类似于多个幻灯片图像在彼此之上投影，如图7-131所示。

- 叠加：根据基色复合或过滤颜色，将图案或颜色叠加在现有图稿上。在基色中混合时会保留基色的高光和投影，以表现原始颜色的明度或暗度，如图7-132所示。

- 柔光：根据混合色使颜色变暗或变亮。该效果类似于用发散的点光照射图稿，如图7-133所示。

图7-131　　　图7-132　　　图7-133

- 强光：根据混合色复合或过滤颜色。该效果类似于用强烈的点光照射图稿，如图7-134所示。

- 颜色减淡：使基色变亮以反映混合色。与黑色混合不会产生变化，如图7-135所示。

图7-134　　　　　　图7-135

- 颜色加深：使基色变暗以反映混合色。与白色混合不会产生变化，如图7-136所示。

- 变暗：选择基色或混合色（取较暗者）作为结果色。比混合色亮的区域将被替换，而比混合色暗的区域保持不变，如图7-137所示。

- 变亮：选择基色或混合色（取较亮者）作为结果色。比混合色暗的区域将被替换，而比混合色亮的区域保持不变，如图7-138所示。

图7-136　　　图7-137　　　图7-138

- 差值：比较基色与混合色的亮度值，然后从较大者中减去较小者。与白色混合将反转基色值，与黑色混合不会产生变化，如图7-139所示。

- 排除：创建类似于差值模式的效果，但是对比度比差值模式低。与白色混合将反转基色分量，与黑色混合不会产生变化，如图7-140所示。

- 色相：用基色的亮度和饱和度与混合色的色相创建颜色，如图7-141所示。

图7-139　　　图7-140　　　图7-141

- 饱和度：用基色的亮度和色相与混合色的饱和度创建颜色。用此模式在没有饱和度（灰色）的区域中上色，将不会产生变化，如图7-142所示。

- 颜色：用基色的亮度与混合色的色相和饱和度创建颜色。它可以保留图稿的灰阶，对于给单色图稿上色和给彩色图稿着色都非常有用，如图7-143所示。

- 亮度：用基色的色相及饱和度与混合色的亮度创建颜色。此模式所创建效果与颜色模式所创建效果相反，如图7-144所示。

图7-142

图7-143

图7-144

7.7.4 投影

使用"投影"样式可以为对象模拟出向后的投影效果，可以增强某部分层次感及立体感。平面设计中常用于需要突显的文字，如图7-145所示为添加投影样式前后对比。

图7-145

选择要编辑的效果的对象，然后打开"效果"面板，在"效果"面板中单击 FX 按钮，然后选中"投影"选项。在弹出的"效果"对话框中进行相应的设置，如图7-146所示。

图7-146

- 模式：指定透明对象中的颜色如何与其下面的对象相互作用。适用于投影、内投影、外发光、内发光和光泽效果。

- 设置投影的颜色■：要选择投影的颜色，单击该图标，弹出"效果颜色"对话框，并选择一种颜色，如图7-147所示。

- 不透明度：确定效果的不透明度，通过输入测量值百分比进行操作。

图7-147

- 距离：指定投影、内投影或光泽效果的位移距离。

- 角度：确定应用光源效果的光源角度。值为0表示等于底边；值为 90 表示在对象的正上方。可以单击角度半径或输入度数测量值。如果要为所有对象使用相同的光源角度，选中"使用全局光"选项。适用于投影、内投影、斜面和浮雕、光泽和羽化效果。

- 使用全局光：将全局光设置应用于投影。

- 大小：指定投影或发光应用的量。

- 扩展：确定大小设置中所设定的投影或发光效果中模糊的透明度。百分比越高，所选对象越模糊。适用于投影和外发光。

- 杂色：指定输入值或拖移滑块时发光不透明度或投影不透明度中随机元素的数量。

- 对象挖空阴影：对象显示在它所投射阴影的前面。

- 阴影接受其他效果：投影中包含其他透明效果。如果对象的一侧被羽化，则可以使投影忽略羽化，以便投影不会淡出，或者使投影看上去已经羽化，就像对象被羽化一样。

案例文件	实例练习——使用投影制作创意饮料海报.indd
视频教学	实例练习——使用投影制作创意饮料海报.flv
难易指数	
知识掌握	投影效果、渐变面板的使用

案例效果

本案例的最终效果如图7-148所示。

Extraction of a large number of tea extract

Your kiss still burns on my lips, everyday of mine is so beautiful. When the words "I love you" were said by you for the first time, my world blossoms. Tell me you are mine I'll be yours through all the years, till the end of time.

图7-148

操作步骤

步骤01 执行"文件>新建>文档"命令，或按Ctrl+N组合键，在"新建文档"对话框中的"页面大小"列表框中选择A4，设置"页数"为1，页面方向为纵向，如图7-149所示。

步骤02 单击"边距和分栏"按钮，打开"新建边距和分栏"对话框，单击"确定"按钮，如图7-150所示。

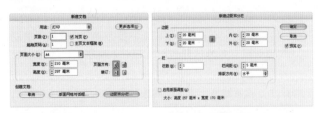

图7-149　　　　　　　　图7-150

步骤03 单击工具箱中的"矩形工具"按钮■，拖曳鼠标在页面上绘制出一个矩形，如图7-151所示。

步骤04 执行"窗口>颜色>渐变"命令，如图7-152所示，打开"渐变"面板。

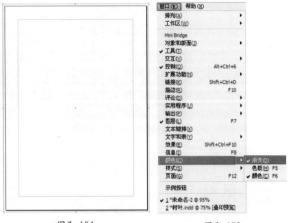

图7-151　　　　　　　图7-152

步骤05 使用选择工具选择步骤03中的矩形，在"渐变"面板中修改"类型"为"径向"，编辑渐变颜色为绿色系，此时的渐变效果如图7-153所示。

步骤06 继续使用矩形工具在页面的底部绘制出一个矩形，如图7-154所示。

图7-153　　　　　　　图7-154

步骤07 在"渐变"面板中修改"类型"为"径向"，编辑渐变颜色为绿色系，此时的渐变效果，如图7-155所示。

图7-155

步骤08 使用选择工具选中步骤07中绘制的矩形，在控制栏中设置"不透明度"为50%，如图7-156所示。

步骤09 执行"文件＞置入"命令，将树叶素材导入到文件中，放在画面中央，如图7-157所示。

图7-156　　　　　　　　图7-157

步骤10 选中树叶素材的框架，在控制栏中单击"投影"按钮，并单击"向选定的目标添加对象效果"按钮，接着在"投影"选项卡中设置"不透明度"为100%、"距离"为8毫米、"角度"为135°、"大小"为8毫米，如图7-158所示。

图7-158

步骤11 此时树叶投影效果，如图7-159所示。

步骤12 使用同样的方法将饮料瓶素材置入画面，放置在树上方正中央位置，如图7-160所示。

图7-159　　　　　　　　图7-160

步骤13 选中饮料瓶素材，在控制栏中单击"向选定的目标添加对象效果"按钮，接着单击"投影"选项，在"投影"选项卡中设置"不透明度"为100%，"距离"为5毫米，"角度"为135°，"大小"为5毫米，如图7-161所示。

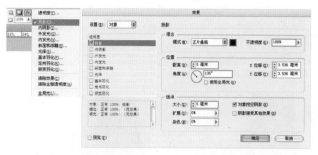

图7-161

步骤14 此时饮料瓶的投影效果，如图7-162所示。

步骤15 单击工具箱中的"文字工具"按钮，在控制栏中设置合适的字体、字号等属性，在页面底部绘制一个文本框，并输入文字，如图7-163所示。

图7-162　　　　　　　　图7-163

步骤16 继续使用文字工具在页面的底部创建文字，如图7-164所示。

步骤17 创意饮料海报的最终效果，如图7-165所示。

图7-164　　　　　　　　图7-165

7.7.5 内阴影

内阴影效果将投影置于对象内部，能够给人以对象凹陷的印象。可以让内阴影沿不同轴偏离，并可以改变混合模式、不透明度、距离、角度、大小、杂色和投影的收缩量，选项的含义与"投影"选项中的各选项基本相同。如图7-166所示为原始图像和添加了"内阴影"效果后的图像。

在"效果"对话框的左侧选择"内阴影"选项卡，对其进行相应的设置，"内阴影"效果的参数与"投影"效果基本相同，如图7-167所示。

图7-166

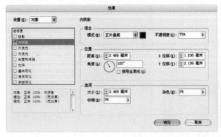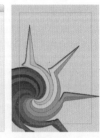

图7-167

7.7.6 外发光

"外发光"效果可以使光从对象的下方发射出来。如图7-168所示为原始图像和添加了"外发光"效果以后的图像。

在"效果"对话框左侧选择"外发光"选项卡，在当前页面中可以设置混合模式、不透明度、方法、杂色、大小、扩展的设置，如图7-169所示。

图7-168

图7-169

- 模式：指定透明对象中的颜色如何与其下面的对象相互作用。适用于投影、内阴影、外发光、内发光和光泽效果。

- 设置投影的颜色：单击该图标，在弹出的"效果颜色"对话框中可选择一种投影颜色。

- 不透明度：通过拖动滑块或在文本框中输入测量值百分比，设置效果的不透明度。

- 方法：指定外发光的过渡方式。

- 大小：指定投影或发光的强度大小。适用于投影、内阴影、外发光、内发光和光泽效果。

- 杂色：指定发光不透明度或投影不透明度中随机元素的数量。适用于投影、内阴影、外发光、内发光和羽化效果。

- 扩展：用于将阴影覆盖区向外扩展，并减小模糊半径。适用于投影和外发光。

7.7.7 内发光

"内发光"效果可以沿图层内容的边缘向内创建发光效果，会使对象呈现一种突起感。如图7-170所示为原始图像和添加了"内发光"效果后的图像。

可以选择混合模式、不透明度、方法、大小、杂色、收缩设置以及源设置。在"效果"对话框左侧选择"内发光"选项卡，对其进行相应的设置，如图7-171所示。

图7-170

InDesign CS5从入门到精通

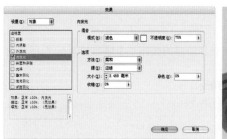

图7-171

● 模式：指定透明对象中的颜色如何与其下面的对象相互作用。适用于投影、内投影、外发光、内发光和光泽效果。

● 设置投影的颜色：单击该图标，在弹出的"效果颜色"

对话框中选择一种颜色。

● 不透明度：通过拖动滑块或输入测量值百分比，设置效果的不透明度。

● 方法：指定内发光的过渡方式。

● 源：指定发光源的设置。选择"中"使光从中间位置射出来；选择"边缘"使光从对象边界射出来。

● 大小：指定投影或发光应用的量。适用于投影、内阴影、外发光、内发光和光泽效果。

● 杂色：指定发光不透明度或投影不透明度中随机元素的数量。适用于投影、内阴影、外发光、内发光和羽化效果。

● 收缩：设置当前效果的收缩量。

7.7.8 斜面和浮雕

"斜面和浮雕"效果可以为图层添加高光与阴影，使图像产生立体的浮雕效果，常用于立体文字的模拟，如图7-172所示。在"效果"对话框左侧选择"斜面和浮雕"选项卡，对其进行相应的设置，如图7-173所示。

图7-172

图7-173

● 样式：在列表框中选择不同选项，用于指定斜面样式。"外斜面"，在对象的外部边缘创建斜面；"内斜面"，在对象的内部边缘创建斜面；"浮雕模拟"，在底层对象上凸饰另一对象的效果；"枕状浮雕模拟"，将对象的边缘压入底层对象的效果。

● 大小：确定斜面或浮雕效果的大小。

● 方法：确定斜面或浮雕效果的边缘是如何与背景颜色相互作用的。"平滑"方法稍微模糊边缘；"雕刻柔和"方法也可模糊边缘，但与"平滑"方法不尽相同；"雕刻清晰"方法可以保留更清晰、更明显的边缘。

● 柔化：除了使用"方法"设置外，还可以使用"柔化"来模糊效果，以此减少不必要的人工效果和粗糙边缘。

● 方向：通过选择"向上"或"向下"，可将效果显示的位置上下移动。

● 深度：指定斜面或浮雕效果的深度。

● 高度：设置光源的高度。

● 使用全局光：应用全局光源，它是为所有透明效果指定的光源。选中该选项将会覆盖任何角度和高度设置。

7.7.9 光泽

"光泽"效果可以为图像添加光滑的具有光泽的内部阴影，通常用来制作具有光泽质感的按钮和金属，如图7-174所示为原始图像和添加了"光泽"效果后的图像。

在"效果"对话框左侧选择"光泽"选项卡，对其进行相应的设置，如图7-175所示。

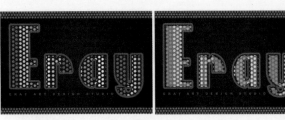

图7-174

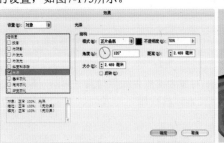

图7-175

- 混合模式：指定透明对象中的颜色如何与其下面的对象相互作用。适用于投影、内阴影、外发光、内发光和光泽效果。

- 设置投影的颜色：单击该图标，在弹出的"效果颜色"对话框中选择一种颜色。如图所示。

- 不透明度：确定效果的不透明度；通过拖动滑块或输入

百分比测量值进行操作。

- 角度：确定应用光源效果的光源角度。

- 距离：指定投影、内投影或光泽效果的位移距离。

- 大小：指定投影或发光应用的量。适用于投影、内投影、外发光、内发光和光泽效果。

- 反转：选中此选项可以反转对象的彩色区域与透明区域。

实例练习——使用效果制作时尚版式

案例文件	实例练习——使用效果制作时尚版式.Indd
视频教学	实例练习——使用效果制作时尚版式.flv
难易指数	★★★★★
知识掌握	效果面板的使用、内发光效果、光泽效果

案例效果

本案例的最终效果如图7-176所示。

图7-176

操作步骤

步骤01 执行"文件>新建>文档"命令，或按Ctrl+N组合键，在"新建文档"对话框中的"页面大小"列表框中选择A4，设置"页数"为1。单击"边距和分栏"按钮，打开"新建边距和分栏"对话框，单击"确定"按钮，如图7-177所示。

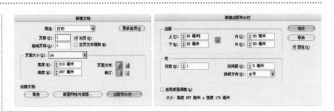

图7-177

步骤02 执行"文件>置入"命令，在弹出的"置入"对话框中选择素材文件，当鼠标指针变为图标时，再单击导入背景素材，如图7-178所示。

步骤03 单击工具箱中的"矩形工具"按钮，在下部绘制出一个矩形，设置填充颜色为绿色，如图7-179所示。

图7-178　　　　　图7-179

InDesign CS5从入门到精通

步骤04 单击工具箱中的"钢笔工具"按钮 ，绘制出一个闭合路径，同样填充为绿色，如图7-180所示。

步骤05 单击工具箱中的"椭圆工具"按钮 ，按住Shift键拖曳鼠标绘制正圆形，设置填充颜色为黄色，如图7-181所示。

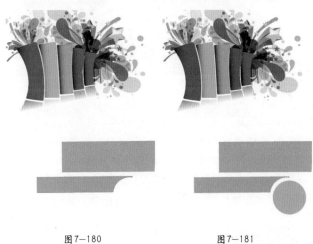

图7-180　　　　　　　　图7-181

步骤06 选中正圆，按住Alt键拖曳复制出3个圆来进行任意摆放，然后分别调整圆的大小和颜色。选中其中一个圆形，打开"渐变"面板，拖动滑块调整渐变颜色从粉色到绿色，设置"类型"为"线性"。单击工具箱中的"渐变工具"按钮 ，拖曳为圆形添加渐变效果，如图7-182所示。

步骤07 单击工具箱中的"文字工具"按钮 **T**，绘制出一个文本框架，并输入文本。在控制栏中设置一种合适的字体，设置文字大小为115点，在"填色"中设置文字颜色为绿色，如图7-183所示。

图7-182　　　　　　　　图7-183

技巧提示

也可以通过执行"窗口>文字和表>字符"命令，打开"字符"面板，对文字进行文字调整，如图7-184所示。

图7-184

步骤08 下面开始为文本添加效果。选中文本对象，执行"对象>效果>内投影"命令，打开"效果"对话框，设置"模式"为"正片叠底"、"不透明度"为100%、"距离"为2.469毫米、"X位移"为1.235毫米、"Y位移"为2.139毫米、"角度"为120°、"大小"为2.469毫米，如图7-185所示。

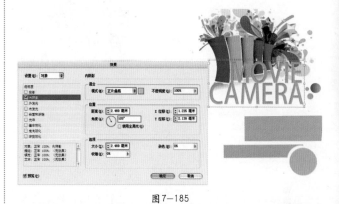

图7-185

技巧提示

也可以选中文本对象，执行"窗口>效果"命令，打开"效果"面板，单击"向选定的目标添加对象效果"按钮，选择相应的效果，如图7-186所示。

图7-186

步骤09 在"效果"对话框左侧选中"内发光"效果，然后设置"模式"为"滤色"、"不透明度"为59%、"方法"为"柔和"、"源"为"中心"、"大小"为6毫米，如图7-187所示。

图7-187

步骤10 在"效果"对话框左侧选中"光泽"效果，然后设置"模式"为"正片叠底"、"不透明度"为50%、"角度"为120°、"距离"为2.469毫米、"大小"为2.469毫米，如图7-188所示。

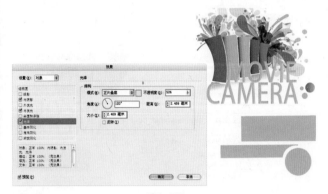

图7-188

步骤11 使用文字工具在页面中输入文本，在控制栏中设置一种合适的字体，设置文字大小为38点，在"填色"中设置文字颜色为绿色，如图7-189所示。

步骤12 使用文字工具在下半部分输入文本，在控制栏中设置一种合适的字体，选中前两行，设置文字大小为65点，再选中后一行，设置文字大小为18点，如图7-190所示。

图7-189   图7-190

步骤13 选择最后输入的文字，执行"文字>创建轮廓"命令，将文字转换为文字路径。打开"渐变"面板，拖动滑块调整渐变颜色为从粉色到绿色，设置"类型"为"线性"。单击工具箱中的"渐变工具"按钮 ，拖曳为文字添加渐变效果，如图7-191所示。

步骤14 使用文字工具在页面中输入文本，在控制栏中设置一种合适的字体，设置文字大小为58点，在"填色"中设置文字颜色为白色，如图7-192所示。

图7-191   图7-192

步骤15 按照同样的方法在页面上输入其他部分的装饰文字，并调整文字的大小和颜色，如图7-193所示。

步骤16 打开"图层"面板，选择背景图层，单击"锁定"按钮，将其锁定，如图7-194所示。

图7-193   图7-194

步骤17 使用选择工具框选全部内容，并将鼠标放置在角点位置，旋转选中对象的角度，最终效果如图7-195所示。

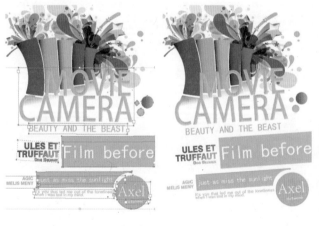

图7-195

7.7.10 基本羽化

在"效果"对话框的左侧选中"基本羽化"选项卡，对其进行相应的设置，如图7-196所示。

- 羽化宽度：用于设置对象从不透明渐隐为透明需要经过的距离。

- 收缩：与羽化宽度设置一起，确定将发光柔化为不透明和透明的程度。设置的值越大，不透明度越高；设置的值越小，透明度越高。

- 角点：可以选择"锐化"、"圆角"或"扩散"选项。

  - "锐化"是沿形状的外边缘（包括尖角）渐变。此选项适合于呈形对象，以及对矩形应用特殊效果。
  - "圆角"是按羽化半径修成圆角。实际上形状先内陷，然后向外隆起，形成两个轮廓。此选项应用于矩形时可取得良好效果。
  - "扩散"是使用 Adobe Illustrator 方法使对象边缘从不透明渐隐为透明。

- 杂色：指定柔化发光中随机元素的数量。使用此选项可以柔化发光。

图7-196

7.7.11 定向羽化

在"效果"对话框左侧选中"定向羽化"选项卡，对其进行相应的设置，如图7-197所示。

- 羽化宽度：设置对象的上方、下方、左侧和右侧渐隐为透明的距离。选择"锁定"选项可以将对象的每一侧渐隐相同的距离。

- 杂色：指定柔化发光中随机元素的数量。使用此选项可以创建柔和发光。

- 收缩：与羽化宽度设置一起，确定发光不透明和透明的程度。设置的值越大，不透明度越高；设置的值越小，透明度越高。

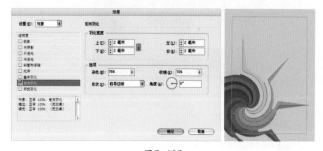

图7-197

- 形状：通过选择一个选项（"仅第一个边缘"、"前导边缘"或"所有边缘"）可以确定对象原始形状的界限。

- 角度：旋转羽化效果的参考框架，只要输入的值不是 90°的倍数，羽化的边缘就将倾斜而不是与对象平行。

7.7.12 渐变羽化

在"效果"对话框左侧选中"渐变羽化"选项卡，对其进行相应的设置，如图7-198所示。

- 渐变色标：为每个要用于对象的透明度渐变创建一个渐变色标。要创建渐变色标，请在渐变滑块下方单击（将渐变色标拖离滑块可以删除色标）。要调整色标的位置，请将其向左或向右拖动，或者先选定它，然后拖动位置滑块。要调整两个不透明度色标之间的中点，请拖动渐变滑块上方的菱形。菱形的位置决定色标之间过渡的剧烈或渐进程度。

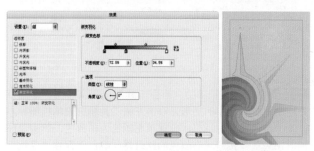

图7-198

- 反向渐变：此框位于渐变滑块的右侧，单击此框可以反转渐变的方向。
- 不透明度：指定渐变点之间的透明度。先选定一点，然后拖动不透明度滑块。
- 位置：调整渐变色标的位置。用于在拖动滑块或输入测

量值之前选择渐变色标。
- 类型：线性类型表示以直线方式从起始渐变点渐变到结束渐变点；径向类型表示以环绕方式的起始点渐变到结束点。
- 角度：对于线性渐变，用于确定渐变线的角度。

实例练习——制作炫彩音乐海报

案例文件	实例练习——制作炫彩音乐海报.indd
视频教学	实例练习——制作炫彩音乐海报.flv
难易指数	
知识掌握	填充颜色设置、描边设置、效果的使用

案例效果

本案例的最终效果如图7-199所示。

图7-199

操作步骤

步骤01 执行"文件>新建>文档"命令，或按Ctrl+N组合键，在"新建文档"对话框中的"页面大小"列表框中选择A4，设置"页数"为1，页面方向为纵向。单击"边距和分栏"按钮，打开"新建边距和分栏"对话框，单击"确定"按钮，如图7-200所示。

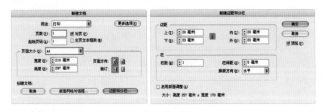

图7-200

步骤02 单击工具箱中的"矩形工具"按钮，在一个角点处绘制出页面大小的矩形。双击左侧工具箱中的填色图标，打开"拾色器"对话框，设置填充颜色为橘黄色，单击"添加RGB色板"按钮填充颜色的同时将此颜色保存到"色板"面板中，如图7-201所示。

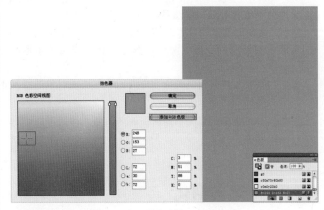

图7-201

步骤03 使用矩形工具在页面的上半部分绘制一个矩形，设置填充颜色为黄色。执行"对象>角选项"命令，在弹出的"角选项"对话框中单击"统一所有设置"按钮，转角大小设置为15毫米，形状为圆角，选中"预览"选项，如图7-202所示。

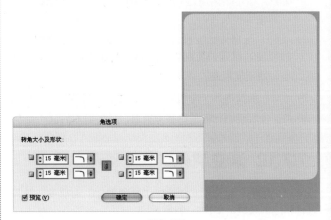

图7-202

步骤04 执行"文件>置入"命令，在弹出的"置入"对话框中选择素材文件，当鼠标指针变为图标时，在左侧页面单击导入放射素材文件，如图7-203所示。

步骤05 单击工具箱中的"矩形框架工具"按钮，拖曳鼠标在页面新建4个矩形框架，执行"文件>置入"命令，导入4张音乐主题素材文件并放置在不同的框架中，如图7-204所示。

图7-203　　　　　　　　　　图7-204

步骤06 单击工具箱中的"文字工具"按钮**T**，绘制出一个文本框架，并输入文本，然后在控制栏中设置一种适合的字体，设置文字大小为79点，在"填色"中设置文字颜色为蓝色，如图7-205所示。

步骤07 执行"文字>创建轮廓"命令，将文字转换为路径。在"描边"中设置字体描边为白色，描边大小为5点，如图7-206所示。

图7-205　　　　　　　　　　图7-206

步骤08 选中文字对象，执行"对象>效果>投影"命令，打开"效果"对话框。设置"模式"为"正片叠底"、颜色为橘黄色、"不透明度"为100%、"距离"为1毫米、"X位移"为1毫米、"Y位移"为0毫米、"角度"为180°，并添加投影效果，如图7-207所示。

图7-207

步骤09 使用文字工具输入文本，在控制栏中设置一种合适的字体，设置文字大小为18点。然后执行"文字>创建轮廓"命令，将文字转换为文字路径。选中文字路径，单击拖曳到"创建新图层"按钮上建立副本，如图7-208所示。

步骤10 选中副本图层，打开"渐变"面板，拖动滑块调整渐变颜色为从浅黄色到橘色，"类型"为"线性"。单击工具箱中的"渐变工具"按钮▭，拖曳为文字添加渐变效果，如图7-209所示。

图7-208　　　　　　　　　　图7-209

步骤11 再选择下一层中的原文字路径图层，在"描边"中设置字体描边为白色，描边大小为7点，如图7-210所示。

步骤12 使用文字工具在页面中输入文本，并设置文本的字体和大小。然后执行"文字>创建轮廓"命令，接着选中文字路径，打开"渐变"面板，拖动滑块调整渐变颜色为橘黄色与黄色之间的渐变，"类型"为"线性"。使用渐变工具拖曳为文字添加渐变效果。并且在"描边"中设置字体描边为白色，描边大小为4点，如图7-211所示。

图7-210　　　　　　　　　　图7-211

步骤13 选中文字对象，执行"对象>效果>投影"命令，打开"效果"对话框。设置"模式"为"正片叠底"、颜色为蓝色、"不透明度"为100%、"距离"为1毫米、"X位移"为1毫米、"Y位移"为0毫米、"角度"为100°，大小为-1毫米，并添加投影效果，如图7-212所示。

步骤14 使用文字工具在页面中继续输入两组文本，按照上述相同的方法为装饰文字制作渐变效果，并添加描边，如图7-213所示。

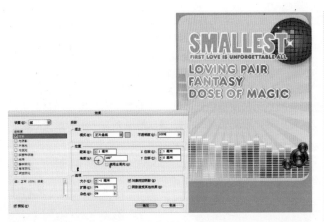

图7-212

步骤15 使用文字工具在页面的顶部位置输入文本，在"控制栏"中设置一种合适的字体，设置文字大小为25点，在"填色"中设置文字颜色为黑色，如图7-214所示。

图7-213

图7-214

步骤16 单击工具箱中的"多边形工具"按钮，在要绘制位置处单击，弹出"多边形"对话框。设置"多边形宽度"为6毫米，"多边形高度"为6毫米，"边数"为6，"星形内陷"为30%，并设置填充颜色为红色，如图7-215所示。

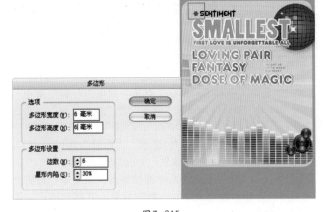

图7-215

步骤17 单击工具箱中的"椭圆工具"按钮，按住Shift键拖曳鼠标绘制正圆形，设置填充颜色为绿色。选中正圆，按住Alt键拖曳复制出完全相同的6个来。将这些正圆全部选中，然后执行"窗口>对象和版面>对齐"命令，打开"对齐"面板，单击"左对齐"按钮，如图7-216所示。

图7-216

步骤18 使用文字工具在页面中绘制文本框并输入段落文本。在控制栏中设置一种合适的字体，设置文字大小为12点，设置文字颜色为白色，并执行"窗口>文字和表>段落"命令，打开"段落"面板，单击"左对齐"按钮，使文本向左对齐，如图7-217所示。

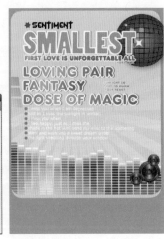

图7-217

步骤19 首先将背景部分中不需要旋转的对象选中，执行"对象>锁定"命令。然后单击"选择工具"按钮，将其他的对象全部框选，并将鼠标放置在角点位置，对对象进行旋转，如图7-218所示。

InDesign CS5从入门到精通

图7-218

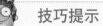

图7-219

步骤20 单击工具箱中的"椭圆工具"按钮○，按住Shift键在画面右下角拖曳鼠标绘制正圆形。设置颜色为蓝色，描边为白色，描边大小为5点。使用文字工具再输入两组文本，效果如图7-220所示。

步骤21 单击工具箱中的"直线工具"按钮＼，绘制1条直线段，然后执行"窗口＞描边"命令，打开"描边"面板，设置"粗细"为3点，在"类型"列表框中选择"点线"选项，设置填充颜色为白色，如图7-221所示。

图7-220

图7-221

步骤22 单击使用"矩形框架工具"按钮⊠，新建3个矩形框架，执行"文件＞置入"命令，导入几个标志素材文件，并在上面添加不同的文字效果，如图7-222所示。

图7-222

实例练习——制作都市青春杂志版式

案例文件	实例练习——制作都市青春杂志版式.indd
视频教学	实例练习——制作都市青春杂志版式.flv
难易指数	
知识掌握	填充颜色设置、描边设置、渐变羽化工具、投影

案例效果

本案例的最终效果如图7-223所示。

图7-223

操作步骤

步骤01 执行"文件＞新建＞文档"命令，或按Ctrl+N组合键，在"新建文档"对话框中的"页面大小"列表框中选择A4，设置"页数"为2，页面方向为纵向。单击"边距和分栏"按钮，打开"新建边距和分栏"对话框，单击"确定"按钮，如图7-224所示。

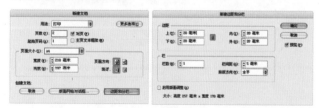

图7-224

步骤02 打开"页面"面板，并在"页面"面板中的空白处单击右键，取消"允许文档页面随机排布"选项，如图7-225所示。

步骤03 此时拖曳两个页面，将其位置设置为左右的跨页，此时的页面效果如图7-226所示。

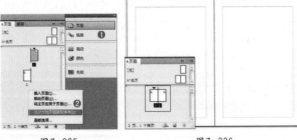

图7-225　　　　　　　　　　图7-226

步骤04 首先制作左侧页。使用矩形工具在页面中拖曳绘制出一个矩形，如图7-227所示。

步骤05 在控制栏中设置其填充颜色为淡绿色，描边颜色为白色。单击"向选定的目标添加对象效果"按钮，在弹出的子菜单中选择"投影"命令，如图7-228所示。

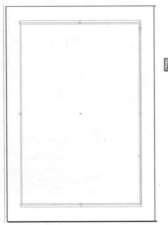

图7-227　　　　　　　　　　图7-228

步骤06 在弹出的"效果"对话框中设置"模式"为"正片叠底"，颜色为黑色，"不透明度"为40%。然后再在"位置"组中设置合适的距离、位移与角度，并设置大小为1.764毫米，如图7-229所示。

图7-229

步骤07 此时的效果如图7-230所示。

步骤08 使用钢笔工具在页面中绘制如图7-231所示的路径，并设置"描边"为白色，"描边数值"为5点。

步骤09 单击工具箱中的"矩形工具"按钮，在左侧绘制矩形并填充为橙色，如图7-232所示。

图7-230　　　　　　　　　　图7-231

步骤10 继续使用矩形工具在白色线条周围拖曳绘制多个矩形，并在控制栏中设置"角选项"为圆角，"圆角数值"为2毫米，如图7-233所示。

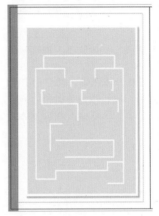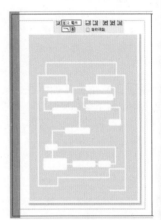

图7-232　　　　　　　　　　图7-233

步骤11 使用钢笔工具在页面左下角绘制心形形状，并在控制栏中填充洋红色，如图7-234所示。

步骤12 单击工具箱中的"椭圆工具"按钮，按住Shift键在顶部绘制两个圆形，分别填充洋红与蓝色。使用矩形工具在两个圆形中间按住Shift键绘制一个正方形，并按住Shift键旋转45°，如图7-235所示。

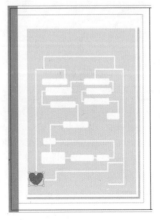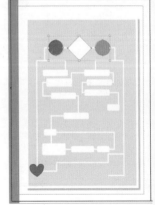

图7-234　　　　　　　　　　图7-235

步骤13▶继续使用矩形工具在右下角绘制两个矩形，填充为黑色，如图7-236所示。

步骤14▶单击工具箱中的"钢笔工具"按钮✎，在左下角绘制四边形，在控制栏中设置填充颜色为洋红，单击工具箱中的"渐变羽化工具"按钮▨，在四边形上拖曳，使其具有半透明的效果，如图7-237所示。

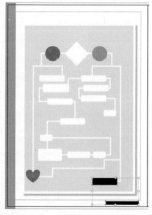

图7-236

图7-237

步骤15▶单击工具箱中的"多边形工具"按钮◎，在白色线条转角处绘制一个多边形，并填充草绿色，在中央使用横排文字工具输入文字，如图7-238所示。

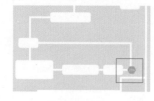

图7-238

步骤16▶将步骤15中的多边形复制多个，并放置到合适的位置，效果如图7-239所示。

步骤17▶执行"文件>置入"命令，置入照片素材，并将其放置在画面左上角。为其添加白色描边与投影，如图7-240所示。

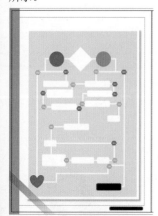

图7-239

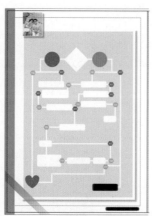

图7-240

步骤18▶执行"文件>置入"命令，置入花朵素材。缩放至合适大小放置在画面底部，如图7-241所示。

步骤19▶单击工具箱中的"文字工具"按钮，分别在页面中的不同位置输入相应文字，并在控制栏中设置合适的属性，如图7-242所示。

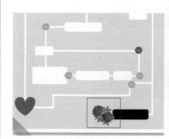

图7-241

图7-242

步骤20▶选中左上角照片，执行"编辑>复制"命令，继续执行"编辑>粘贴"命令，将照片粘贴到右侧，并缩放到合适的大小，如图7-243所示。

图7-243

步骤21▶下面将左侧页面中的元素复制到右侧并更改方向、字符，最终效果如图7-244所示。

图7-244

Chapter 8
第8章

图像处理

在版式设计中，图形图像是不可缺少的一个部分。在讲解图像处理的操作方法之前，有必要先了解一下图像处理的相关知识。

本章学习要点：

- 了解图形图像相关知识
- 掌握置入图像和编辑图像的方法
- 掌握剪切路径的使用方法
- 掌握创建和编辑文本绕排的方法
- 掌握链接面板的使用方法

8.1 图像相关知识

在版式设计中，图形图像是不可缺少的一部分。在讲解图像处理的操作方法之前，有必要先了解一下图像处理的相关知识。如图8-1所示为页面中带有图形的版式设计作品。

图8—1

8.1.1 像素与分辨率

使用计算机进行平面设计时，必须掌握图像的有关像素和分辨率的基础知识。

1.像素

像素又称为点阵图或光栅图，是构成位图图像的基本单位。在通常情况下，一张普通的数码相片必然有连续的色相和明暗过渡。如果把数字图像放大数倍，则会发现这些连续色调是由许多色彩相近的小方点组成的，这些小方点就是构成图像的最小单位——"像素"，效果如图8-2所示。

图8—2

构成一幅图像的像素点越多，色彩信息就越丰富，效果就越好，当然文件所占的空间也就更大。在位图中，像素的大小是指沿图像的宽度和高度测量出的像素数目，如图8-3所示中的3张图像的像素大小分别为1000×726像素、600×435像素和400×290像素。

像素大小为1000×726　　像素大小为600×435　　像素大小为400×290

图8-3

2.分辨率

在这里我们所说的分辨率是指图像分辨率，图像分辨率用于控制位图图像中的细节精细度，测量单位是像素/英寸（ppi），每英寸的像素越多，分辨率就越高。一般来说，图像的分辨率越高，印刷出来的质量就越好。如图8-4所示为两张尺寸相同、内容相同的图像，左图的分辨率为300ppi，右图的分辨率为72ppi，可以观察到这两张图像的清晰度有着明显的差异，即左图的清晰度明显要高于右图。

图8-4

8.1.2 位图与矢量图

计算机图像分为两大类：位图和矢量图。

1.位图

位图图像使用图片元素的矩形网格表现图像。每个像素都分配有特定的位置和颜色值。在处理位图图像时，所编辑的是像素，而不是对象或形状。位图图像是连续色调图像常用的电子媒介，因为它们可以更有效地表现阴影和颜色的细微层次。当位图的尺寸放大到一定程度后，会出现锯齿现象，图形将变得模糊，如图8-5所示。

图8-5

2.矢量图

矢量图形是由称做矢量的数学对象定义的直线和曲线构成的。矢量根据图像的几何特征对图像进行描述。它与分辨率无关，将图形放大到任意程度，都不会失真，如图8-6所示。

图8-6

InDesign CS5从入门到精通

8.2 置入图像

在InDesign中置入图像的方法很多，可以根据不同的情况选择不同的方法。同时，InDesign还支持各种模式的图形或图像文件，常用的有JPEG、PNG、TIFF、EPS、PEG、PSD格式文件等，如图8-7所示。

图8-7

8.2.1 置入图像到页面中

直接使用"置入"命令可以将图片置入到文件中的任意位置，图片将会放置在自动建立的框架内。也可以先绘制一个图形框架，将图片置入到预先绘制好的框架中。

①执行"文件＞置入"命令。在弹出的"置入"对话框中选择素材文件，并选中"显示导入选项"，单击"打开"按钮，如图8-8所示。

图8-8

● **显示导入选项**：要设置特定于格式的导入选项需要选择该项。

● **替换所选项目**：导入的文件能替换所选框架中的内

容、替换所选文本或添加到文本框架的插入点，则选中该选项。取消选中该选项可将导入的文件排列到新框架中。

● **创建静态题注**：要添加基于图像元数据的题注，请选中该选项。

● **应用网格格式**：要创建带网格的文本框架，则需选中该选项。要创建纯文本框架，则需取消选中该选项。

②接着会弹出"图像导入选项"对话框，选择"图像"选项卡，如图8-9所示。

图8-9

● **应用Photoshop剪切路径**：如果导入的图像文件为带有Alpha通道的Photoshop格式文件，则可以在此处选择需要使用的Alpha通道。

③在"图像导入选项"对话框中，选择"颜色"选项卡，如图8-10所示。

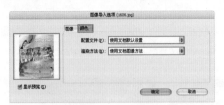

图8-10

● 配置文件：该列表框用于设置和导入文件色域匹配的颜色源配置。

● 渲染方法：该列表框用于设置输出图像颜色的方法。

④在这里保持对话框的默认设置，单击"确定"按钮，在页面的左上角处单击，将图像导入，如图8-11所示。

图8-11

8.2.2 置入图像到框架中

使用矩形框架工具在页面中创建一个框架，保持框架为选中状态，如图8-12所示。

执行"文件＞置入"命令，在弹出的"置入"对话框中，选择素材文件，单击"确定"按钮保存设置，如图8-13所示。

图8-12　　　　　　　　图8-13

图8-14

此时可以通过移动"内容"，将框架中的内容位置进行调整（移动时边框颜色为棕色），如图8-14所示。

也可以通过移动"框架"，将框架的位置进行移动（移动时边框颜色为蓝色），如图8-15所示。

图8-15

8.2.3 置入Photoshop图像

置入Photoshop文件时，可以应用在Photoshop中创建的路径、蒙版或Alpha通道去除图像的背景，也可以控制图层的显示情况。

在页面中创建一个框架，然后执行"文件>置入"命令。在弹出的"置入"对话框中选择素材文件，单击"打开"按钮，如图8-16所示。

在弹出的"图像导入选项"对话框中，可以选择需要导入的Photoshop文件的图像、颜色和图层。单击"图层"选项卡，在这里可以设置图层的可视性，以及查看不同的图层，如果要导入的Photoshop文件中存储有路径、蒙版、Alpha通道，那么可以在列表框中选择应用Photoshop路径或Alpha通道去除背景，如图8-17所示。

图8-16

图8-17

实例练习——制作饮品宣传单

案例文件	实例练习——制作饮品宣传单.indd
视频教学	实例练习——制作饮品宣传单.flv
难易指数	★★★★★
知识掌握	矩形工具、"渐变"面板、矩形框架工具、"置入"命令、描边

案例效果

本案例的最终效果如图8-18所示。

图8-18

操作步骤

步骤01 执行"文件>新建>文档"命令，或按Ctrl+N组合键，在"新建文档"对话框中的"页面大小"列表框中选择A4，设置"页数"为1，页面方向为横向。单击"边距和分栏"按钮，打开"新建边距和分栏"对话框，单击"确定"按钮，如图8-19所示。

图8-19

步骤02 单击工具箱中的"矩形工具"按钮，绘制一个页面大小的矩形，然后打开"渐变"面板，拖动滑块调整出彩色渐变，"类型"为"线性"。拖动工具箱中的"渐变工具"按钮，拖曳为选框添加渐变效果，如图8-20所示。

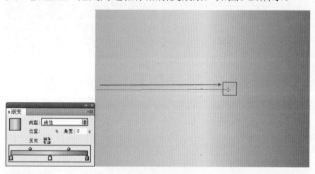
图8-20

步骤03 下面执行"文件>置入"命令，在弹出的"置入"对话框中选择牛奶图片素材，当鼠标指针变为图标时，在页面中单击导入牛奶图片素材，如图8-21所示。

图8-21

步骤04 接着选中"牛奶图片"素材，执行"窗口>效果"命令，打开"效果"面板，设置模式为"正片叠底"，"不透明度"为40%，效果如图8-22所示。

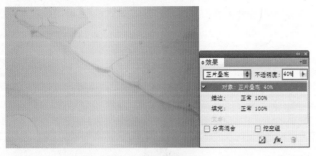

图8-22

步骤05 单击工具箱中的"矩形框架工具"按钮⊠，拖曳鼠标绘制3个矩形框架，再旋转框架的角度。然后依次执行"文件>置入"命令，在打开的"置入"对话框中选中3张卡通素材文件，单击"打开"按钮，将它们导入，如图8-23所示。

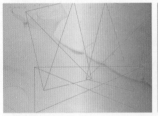

图8-23

步骤06 选中"饮品"素材对象，然后按Alt键拖曳复制出饮品副本，如图8-24所示。

图8-24

步骤07 使用矩形工具在页面中绘制一个矩形。设置填充颜色为橘黄色，在"描边"中设置描边颜色为白色，设置"描

边大小"为5点。并保持选中状态，选择任意角点，对选框进行旋转，如图8-25所示。

图8-25

步骤08 使用复制和粘贴的快捷键（Ctrl+C，Ctrl+V）复制出一个副本，按Shift和Alt键的同时将其向中心缩小。然后执行"窗口>描边"命令，打开"描边"面板。设置"粗细"为3点，在"类型"列表框中选择"点线"选项，设置描边颜色为黄色，如图8-26所示。

图8-26

步骤09 接着按住Shift键将橘黄色矩形和黄色描边同时选中，然后按Alt键多次拖曳复制出3个副本，并分别旋转到合适角度，如图8-27所示。

图8-27

步骤10 单击工具箱中的"文字工具"按钮T，绘制出一个文本框架，然后输入文字"鲜"，在控制栏中设置一种合适的字体，设置文字大小为100点。并使用选择工具选中文字，再选择任意角点，对文字进行旋转，如图8-28所示。

图8—28

步骤11 接着执行"文字＞创建轮廓"命令，将文字转换为文字路径。调出"渐变"面板，拖动滑块调整渐变颜色从浅绿色到绿色，"类型"为"线性"。拖动工具箱中的"渐变工具"按钮□，拖曳为文字添加渐变效果，如图8-29所示。

图8—29

步骤12 选中"鲜"字图层，单击拖曳到"创建新图层"按钮上建立副本。然后再选中原文字图层，在"描边"中设置字体描边为白色，描边大小为9点，并按左方向键，将描边文字向左位移两个点，增加文字的立体感，如图8-30所示。

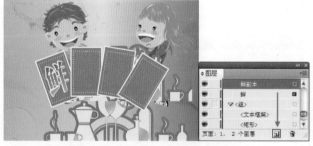

图8—30

步骤13 按照上述同样的方法再制作出"果"、"牛"、"奶"和"美味源"文字效果，如图8-31所示。

图8—31

步骤14 单击工具箱中的"钢笔工具"按钮⬚，在"美味源"上面绘制出一个闭合路径，然后在"填充"中设置路径颜色为白色。并执行"窗口＞效果"命令，打开"效果"面板，设置"不透明度"为20%，制作出文字光泽效果，如图8-32所示。

图8—32

步骤15 使用矩形框架工具绘制两个矩形框架，然后依次执行"文件＞置入"命令，在打开的"置入"对话框中选中两个牛奶素材文件，单击"打开"按钮，将它们导入。并将两个素材图层放在文字的下一层中，如图8-33所示。

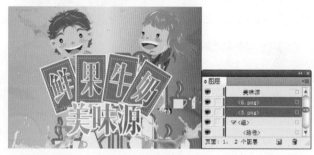

图8—33

步骤16 继续使用"矩形框架工具"，绘制出一个矩形框架，再旋转框架的角度。然后执行"文件＞置入"命令，在打开的"置入"对话框中选中饮料素材文件，单击"打开"按钮，将饮品导入。并按Alt键拖曳复制一个饮料副本，放置在对侧位置，如图8-34所示。

图8—34

步骤17 最后导入标志素材文件，放在画面左上角。饮品宣传单最终效果如图8-35所示。

图8—35

8.2.4 编辑置入的图像

虽然InDesign不具备位图图像处理的功能，但是可以通过"编辑原稿"命令将置入图像使用其他外部程序打开并进行编辑处理。首先选中一张或多张图像，然后执行"编辑>编辑原稿"命令，即可以其他外部图像处理软件进行打开，如图8-36所示。

图8-36

另外，通过执行"编辑>编辑工具"命令，还可以选择其他本机安装过的图像处理软件进行相应的编辑处理，如图8-38所示。

图8-38

技巧提示

也可以调出"链接"面板，在"链接"面板中选择图像，并单击"菜单"按钮，然后单击"编辑原稿"命令，如图8-37所示。

图8-37

8.3 InDesign图形显示方式

InDesign图形显示方式可以控制文档中置入的图形的分辨率。可以针对整个文档更改显示设置，也可以针对单个图形更改显示设置。

执行"视图>显示性能"命令，在子菜单中可以对整个画面的显示方式进行更改，如图8-39所示。

图8-39

● 快速显示：将栅格图像或矢量图形绘制为灰色框。如果想快速翻阅包含大量图像或透明效果的跨页，使用此选项，效果如图8-40所示。

InDesign CS5从入门到精通

- **典型显示**：绘制适合于识别和定位图像或矢量图形的低分辨率代理图像。"典型"是默认选项，并且是显示可识别图像的最快捷方法，效果如图8-41所示。

- **高品质显示**：使用高分辨率绘制栅格图像或矢量图形。此选项可提供最高的品质，但执行速度最慢，需要微调图像时才使用此选项，效果如图8-42所示。

也可以使用选择工具选中某个图像，并单击鼠标右键执行"显示性能"命令，在子菜单中选择显示的方式，如图8-43所示。

图8-40

图8-41

图8-42

图8-43

技巧提示

要删除对象的本地显示设置，在"显示性能"子菜单中选择"使用视图设置"。要删除文档中所有图形的本地显示设置，在执行"视图＞显示性能"子菜单中选择"清除对象级显示设置"命令。

实例练习——制作女性时尚杂志广告

案例文件	实例练习——制作女性时尚杂志广告.indd
视频教学	实例练习——制作女性时尚杂志广告.flv
难易指数	★★★★
知识掌握	置入素材、矩形工具、多边形工具、渐变色板工具、投影

案例效果

本案例的最终效果如图8-44所示。

图8-44

操作步骤

步骤01 执行"文件＞新建＞文档"命令，或按Ctrl+N组合键，在"新建文档"对话框中的"页面大小"列表框中选择A4，设置"页数"为1，页面方向为纵向。单击"边距和分栏"按钮，打开"新建边距和分栏"对话框，单击"确定"按钮，如图8-45所示。

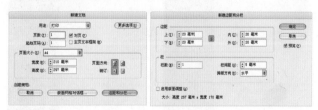

图8-45

步骤02 使用矩形工具在页面左侧绘制一个矩形，如图8-46所示。

步骤03 选中该矩形，执行"文件＞置入"命令，将人像素材置入到当前矩形中，并调整素材的大小和位置，如图8-47所示。

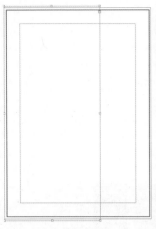

图8-46　　　　　　　　图8-47

步骤04 使用矩形工具在页面的右侧绘制一个矩形，如图8-48所示。

步骤05 选择步骤04绘制的矩形，设置"填色"为黑色，设置"描边"为黑色，如图8-49所示。

图8-48　　　　　　　　图8-49

步骤06 此时的矩形效果，如图8-50所示。

步骤07 再次使用矩形工具在页面的右上角绘制一个矩形，如图8-51所示。

图8-50　　　　　　　　图8-51

步骤08 使用选择工具选择步骤07中绘制的矩形，执行"窗口>颜色>渐变"命令，打开"渐变"面板。在"渐变"面板中设置"类型"为"径向"，调整渐变为橙色系渐变，如

图8-52所示。

步骤09 此时的渐变效果，如图8-53所示。

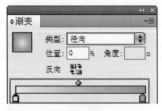

图8-52　　　　　　　　图8-53

步骤10 使用矩形工具在橙色矩形下方绘制一个矩形，如图8-54所示。

步骤11 使用同样的方法为其填充绿色的渐变效果，如图8-55所示。

图8-54　　　　　　　　图8-55

步骤12 使用矩形工具在右侧绘制一个矩形，如图8-56所示。

步骤13 在控制栏中设置"填色"为橙色，设置"描边"为白色，并设置"描边数值"为1点，如图8-57所示。

图8-56　　　　　　　　图8-57

步骤14 此时的矩形效果，如图8-58所示。

步骤15 使用多边形工具在页面底部绘制一个多边形，如图8-59所示。

图8-58　　　　　　　　　图8-59

步骤16 单击工具箱中的"滴管工具"按钮 ✎，吸取顶部绿色渐变矩形中的颜色，并添加到当前的多边形上，效果如图8-60所示。

步骤17 使用矩形工具在页面左侧绘制一个矩形，并适当地进行旋转，如图8-61所示。

图8-60　　　　　　　　　图8-61

步骤18 选中步骤17中创建的矩形，并在控制栏中设置"填色"为白色，设置"描边"为白色，并设置"描边数值"为6点，如图8-62所示。

图8-62

步骤19 执行"文件＞置入"命令，将照片素材置入到步骤17中创建的矩形中，如图8-63所示。

图8-63

步骤20 选中照片的框架，在控制栏中单击"向选定的目标添加对象效果"按钮 ƒₓ，接着在菜单中单击"投影"命令，最后在弹出的"效果"对话框中设置"不透明度"为75%，"距离"为2毫米，"角度"为135°，"大小"为1.764毫米，如图8-64所示。

图8-64

步骤21 此时照片的投影效果，如图8-65所示。

步骤22 使用同样的方法制作出下方的照片，如图8-66所示。

图8-65　　　　　　　　　图8-66

步骤23 接着置入化妆品以及图表素材，并放置到画面的右侧，如图8-67所示。

步骤24 将步骤23中的化妆品素材复制一份，单击工具箱中的"自由变换"按钮，将其调整为倒置的效果，并在控制栏中设置"不透明度"为35%，如图8-68所示。

图8-67　　　　　　　　　图8-68

步骤25 将这个倒置的化妆品素材移动到底部，此时效果如图8-69所示。

步骤26 单击工具箱中的"文字工具"按钮 **T**，在页面中合适的位置输入文字，最终效果如图8-70所示。

图8-69

图8-70

8.4 剪切路径

剪切路径会裁剪掉部分图稿，以便只有图稿的一部分透过创建的形状显示出来。通过创建图像的路径和图形的框架，可以创建剪切路径来隐藏图像中不需要的部分。通过保持剪切路径和图形框架彼此分离，可以使用直接选择工具和工具箱中的其他绘制工具自由地修改剪切路径，而不会影响图形框架。如图8-71所示为使用"剪切路径"制作的作品。

图8-71

8.4.1 使用检测边缘进行剪切

如果要从没有存储剪切路径的图形中删除背景，则可以使用"剪切路径"对话框中的"检测边缘"选项自动完成此操作。"检测边缘"选项将隐藏图形中颜色最亮或最暗的区域，因此当主体设置为非纯白或纯黑的背景时，其效果最佳。

选中导入的图形，然后执行"对象>剪切路径>选项"命令。在弹出的"剪切路径"对话框中，选择"类型"列表框中的"检测边缘"选项。默认情况下，会排除最亮的色调；要排除最暗的色调，还需选中"反转"选项。指定剪切路径选项，单击"确定"按钮，如图8-72所示。

图像剪切路径前后的对比效果，如图8-73所示。

图8-72

图8-73

● 阈值：指定将定义生成的剪切路径的最暗的像素值。通过扩大添加到隐藏区域的亮度值的范围，从0（白色的）开始增大像素值使得更多的像素变得透明。如果在使用"检测边缘"时，要删除非常亮的投影，尝试增加"阈值"直到投影消失。如果应该可见的亮像素不可见，则表示阈值太大，如图8-74所示。

图8-74

● 容差：指定在像素被剪切路径隐藏以前，像素的亮度值与"阈值"的接近程度。增加"容差"值有利于删除由孤立像素所造成的不需要的凹凸部分，这些像素比其他像素暗，但接近"阈值"中的亮度值。通过增大包括孤立的较暗像素在内的"容差"值附近的值范围，较大的"容差"值通常会创建一个更平滑、更松散的剪切路径。减小"容差"值会通过使值具有更小的变化来收紧剪切路径。较小的"容差"值将通过增加锚点来创建更粗糙的剪切路径，这可能会使打印图像更加困难，如图8-75所示。

图8-75

● 内陷框：相对于由"阈值"和"容差"值定义的剪切路径收缩生成的剪切路径。与"阈值"和"容差"不同，"内陷框"值不考虑亮度值；而是均一地收缩剪切路径的形状。稍微调整"内陷框"值或许可以帮助隐藏使用"阈值"和"容差"值无法消除的孤立像素。输入一个负值可使生成的剪切路径比由"阈值"和"容差"值定义的剪切路径大，如图8-76所示。

图8-76

● 反转：通过将最暗色调作为剪切路径的开始，来切换可见和隐藏区域。

● 包含内边缘：使存在于原始剪切路径内部的区域变得透明（如果其亮度值在"阈值"和"容差"范围内）。默认情况下，"剪切路径"命令只使外面的区域变为透明，因此请使用"包含内边缘"选项以正确表现图形中的"空洞"。当希望其透明的区域的亮度级别与必须可见的所有区域均不匹配时，该选项的效果最佳。

● 限制在框架中：创建终止于图形可见边缘的剪切路径。当使用图形的框架裁剪图形时，这可以生成更简单的路径。

● 使用高分辨率图像：选中该选项后，可以使用高分辨图像进行剪切路径。

8.4.2 使用Alpha通道进行剪切

InDesign可以使用与文件一起存储的剪切路径或Alpha通道，裁剪导入的EPS、TIFF或Photoshop图形。当导入图形包含多个路径或Alpha通道时，可以选择将哪个路径或Alpha通道用于剪切路径。如图8-77所示为在Photoshop CS5中的图像效果与Alpha通道效果。

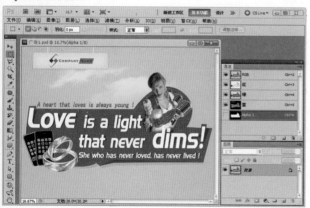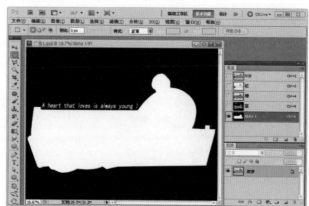

图8-77

选择导入的图形，然后执行"对象>剪切路径>选项"命令。在"剪切路径"对话框中，从"类型"菜单中选择"Alpha通道"。从Alpha菜单中选择所需的Alpha通道，并设置其他相应选项，单击"确定"按钮即可，效果如图8-78所示。

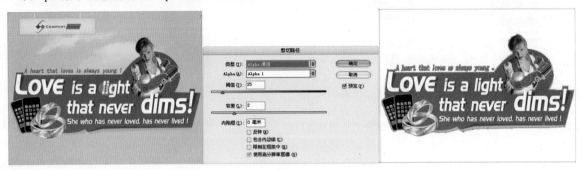

图8-78

图8-79

8.4.3 使用Photoshop路径进行剪切

如果置入的图片中包含在Photoshop中存储的路径，可以使用"剪切路径"功能中的"Photoshop路径"选项对图片进行剪切。如图8-80所示为Photoshop CS5中打开的包含路径的图像文件。

操作方式与Alpha通道的剪切方式基本相同。首先置入文件，选中需要剪切的图形，然后执行"对象>剪切路径>选项"命令，在"剪切路径"对话框中，从"类型"列表框中选择"Photoshop路径"，在"路径"列表框中选择相应路径，如图8-81所示。

图8-80

图8-81

InDesign CS5从入门到精通

单击"确定"按钮完成操作后，可以看到路径以外的区域被隐藏，并且使用直接选择工具还可以调整剪切路径的形状，从而更改图像显示的区域，如图8-82所示。

8.4.4 将剪切路径转换为框架

执行"对象>剪切路径>将剪切路径转换为框架"命令，可以将剪切路径转换为图形框架。使用直接选择工具可以调整框架锚点，也可以使用选择工具移动调整框架，如图8-83所示。

图8-82

图8-83

实例练习——使用剪切路径制作图书宣传单

案例文件	实例练习——使用剪切路径制作图书宣传单.indd
视频教学	实例练习——使用剪切路径制作图书宣传单.flv
难易指数	★★★★★
知识掌握	剪切路径、效果、钢笔工具、"渐变"面板、描边、

案例效果

本案例的最终效果如图8-84所示。

图8-84

操作步骤

步骤01 执行"文件>新建>文档"命令，或按Ctrl+N组合键，在"新建文档"对话框中的"页面大小"列表框中选择A4，设置"页数"为1，页面方向为横向。单击"边距和分栏"按钮，打开"新建边距和分栏"对话框，单击"确定"按钮，如图8-85所示。

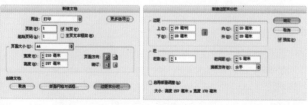

图8-85

步骤02 执行"文件>置入"命令，在弹出的"置入"对话框中选择图片素材，当鼠标指针变为图标时，在页面中单击导入背景图片素材，如图8-86所示。

图8-86

步骤03 单击工具箱中的"矩形框架工具"按钮，在页面右侧绘制一个矩形框架，然后执行"文件>置入"命令，在打开的"置入"对话框中选中人像图片素材，单击"打开"按钮，将图片导入，如图8-87所示。

图8-87

步骤04 选中人像图片素材，然后执行"对象>剪切路径>选项"命令，弹出"剪切路径"对话框，在对话框中设置"类型"为"检测边缘"，"阈值"为25，"容差"为1.178，选中"预览"选项，去除人像白色背景，如图8-88所示。

图8-88

步骤05 将人像图片保持选中状态，执行"对象>效果>阴影"命令，打开"效果"对话框，设置"模式"为"正片叠底"、颜色为褐黑色、"不透明度"为31%、"距离"为1毫米、"X位移"为-0.995毫米、"Y位移"为-0.105毫米、"角度"为-6°、"大小"为1.764毫米。添加阴影效果，如图8-89所示。

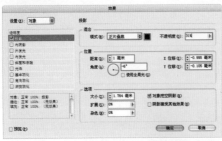

图8-89

步骤06 单击工具箱中的"直线工具"按钮，在顶部绘制一条直线段。然后执行"窗口>描边"命令，调出"描边"面板，设置"粗细"为3点，"斜接限制"为4x，在"类型"下拉列表中选择虚线，在"描边"中设置描边颜色为蓝色。采用同样的方法再绘制两条黑色线段，如图8-90所示。

图8-90

步骤07 选中蓝色线段，按Alt键拖曳复制出线段副本，然后选中副本，在"描边"中更改颜色为黑色，如图8-91所示。

图8-91

步骤08 导入光线素材文件放置在人像上面，如图8-92所示。

图8-92

步骤09 单击工具箱中的"钢笔工具"按钮，在页面左侧绘制出一个闭合路径。然后打开"渐变"面板，拖动滑块调整渐变颜色为白色到蓝色，"类型"为"线性"。单击工具箱中的"渐变工具"按钮，拖曳为路径添加渐变效果，如图8-93所示。

图8-93

步骤10 单击工具箱中的"文字工具"按钮**T**，绘制出一个文本框架，并输入文本。然后执行"窗口>文字和表>字符"命令，打开"字符"面板，设置一种合适的字体，选中"点"字设置文字大小为58点，设置"字符旋转"为6°，如图8-94所示。

图8-94

步骤11 按照上述同样的方法设置文本中的其他文字，如图8-95所示。

图8-95

步骤12 选中文字，执行"文字>创建轮廓"命令，将文字转换为文字路径。在"描边"中设置文字描边为白色，设置描边大小为2点，如图8-96所示。

图8-96

步骤13 选中中间一行文字作为框架，然后执行"文件>置入"命令，在打开的"置入"对话框中选中粉色图片素材，单击"打开"按钮，将图片导入文字框架中，如图8-97所示。

图8-97

按照同样方法制作出其他两行彩色文字效果，如图8-98所示。

图8-98

步骤15 单击工具箱中的"直排文字工具"按钮**T**，在左侧绘制出一个文本框架。然后在文本框中输入相应的文本，设置一种合适的字体，设置文字大小为16点，在"填色"中设置文字颜色为白色，如图8-99所示。

图8-99

步骤16 使用文字工具在页面的左上角输入文本，并设置文本的字体、大小和颜色，如图8-100所示。

图8-100

步骤17 导入书本素材文件，如图8-101所示。

图8-101

步骤18 使用文字工具在页面的顶部输入文本，然后设置一种合适的字体，设置文字大小为20点，在"填色"中设置字体颜色为蓝色，如图8-102所示。

图8-102

步骤19 单击工具箱中的"椭圆工具"按钮◯，按住Shift键拖曳鼠标绘制正圆形。在"填充"中设置填充颜色为橘黄色，并使用文字工具，在正圆上面输入文字"3"，如图8-103所示。

图8-103

InDesign CS5从入门到精通

步骤20 单击工具箱中的"钢笔工具"按钮🖊️，绘制出一个闭合路径。在"填充"中设置填充颜色为白色，在"描边"中设置描边颜色为粉色，设置"描边大小"为7点，如图8-104所示。

图8-104

步骤21 将对话框路径选中，执行"对象>效果>内发光"命令，打开"效果"对话框。设置"模式"为"正常"、"颜色"为粉色、"不透明度"为67%、"方法"为柔和、"源"为边缘、"大小"为9毫米，为对话框添加内发光效果，如图8-105所示。

图8-105

步骤22 使用文字工具在页面的顶部输入文本。然后设置一种合适的字体，设置文字大小为32点，在"填色"中设置文字颜色为粉色。并使用选择工具选中文字，选择任意角点，对文字进行旋转，如图8-106所示。

图8-106

步骤23 使用矩形框架工具在页面中绘制一个矩形框架，然后执行"文件>置入"命令，在打开的"置入"对话框中选中按钮素材文件，单击"打开"按钮，将按钮导入，如图8-107所示。

图8-107

步骤24 单击工具箱中的"矩形工具"按钮▢，在页面的底部绘制一个矩形，在"填充"中设置选框颜色为粉色，最终效果如图8-108所示。

图8-108

8.5 文本绕排

使用InDesign的文本绕排功能可以将文本绕排在任何对象周围，包括文本框架、导入的图像以及在InDesign中绘制的对象。对对象应用文本绕排时，InDesign会在对象周围创建一个阻止文本进入的边界。文本所围绕的对象称为绕排对象，文本绕排也称为环绕文本。如图8-109所示为包含文本绕排的作品。

图8-109

8.5.1 设置文本绕排类型

执行"窗口>文本绕排"命令，打开"文本绕排"面板，然后选择要在其周围绕排文本的对象。在文本绕排面板顶部可以切换文本绕排的方式，如图8-110所示。

- 无文本绕排：单击该按钮后，不会产生文本绕排效果，如图8-111所示。
- 沿定界框绕排：创建一个矩形绕排，其宽度和高度由所选对象的定界框确定，如图8-112所示。

图8-110   图8-111   图8-112

- 沿对象形状绕排：也称为轮廓绕排，它创建与所选框架形状相同的文本绕排边界，如图8-113所示。
- 上下型绕排：使文本不会出现在框架右侧或左侧的任何可用空间中，如图8-114所示。
- 下型绕排：强制周围的段落显示在下一栏或下一文本框架的顶部，如图8-115所示。

图8-113　　　　　　　　图8-114　　　　　　　　图8-115

8.5.2 创建反转文本绕排

　　使用选择工具或直接选择工具，首先选中允许文本在其内部绕排的对象，然后调出"文本绕排"面板，对对象应用文本绕排，再选中"反转"选项。"反转"通常与"对象形状"文本绕排一起使用，如图8-116所示。
　　如图8-117所示为选中"反转"选项前后的对比效果。

8.5.3 更改文本绕排位移

　　使用直接选择工具选中一个应用了文本绕排的对象。如果文本绕排边界与对象的形状相同，则边界与对象是重叠的。要统一更改文本和绕排对象之间的距离，在"文本绕排"面板中指定位移值即可，如图8-118所示。
　　如图8-119所示为设置"上位移"为0毫米和7毫米的对比效果。

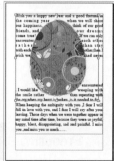
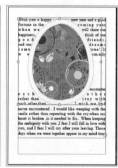

图8-116　　　　　　　图8-117　　　　　　　图8-118　　　　　　　图8-119

8.5.4 更改文本绕排选项

　　如果要更改文本绕排选项，可以在"绕排至"菜单中指定绕排方式。绕排选项包括右侧、左侧、左侧和右侧、朝向书脊侧、背向书脊侧、最大区域6种，如图8-120所示。
　　设置"绕排至"方式分别为右侧、左侧、左侧和右侧、朝向书脊侧、背向书脊侧、最大区域的绕排效果如图8-121所示。

图8-120

图8—121

8.5.5 更改文本绕排轮廓选项

从轮廓选项的"类型"列表框中，可以选择一个轮廓选项，该列表框包含的选项如图8-122所示。

- 定界框：将文本绕排至由图像的高度和宽度构成的矩形。

- 检测边缘：使用自动边缘检测生成边界（要调整边缘检测，首先选中对象，然后执行"对象>剪切路径>选项"命令）。

图8—122

- Alpha通道：用随图像存储的Alpha通道生成边界。如果此选项不可用，则说明没有随该图像存储任何Alpha通道。InDesign将Photoshop中的默认透明度识别为Alpha通道；否则，必须使用Photoshop来删除背景，或者创建一个或多个Alpha通道并将其与图像一起存储。

- Photoshop路径：用随图像存储的路径生成边界。首先选择"Photoshop路径"，然后从"路径"菜单中选择一个路径。如果"Photoshop路径"选项不可用，则说明没有随该图像存储任何已命名的路径。

- 图形框架：可以使用容器框架生成边界。

- 与剪切路径相同：用导入的图像的剪切路径生成边界。

- 用户修改的路径：该选项可以控制用户修改的路径效果。

技巧提示

如果找不到"绕排至"菜单，可以从"文本绕排"面板菜单中选择"显示选项"命令，如图8-123所示。

图8—123

实例练习——使用绕排文字制作杂志版式

案例文件	实例练习——使用绕排文字制作杂志版式.indd
视频教学	实例练习——使用绕排文字制作杂志版式.flv
难易指数	★★★★★
知识掌握	文本绕排、文字工具

案例效果

本案例的最终效果如图8-124所示。

图8—124

操作步骤

步骤01 执行"文件＞新建＞文档"命令，或按Ctrl+N组合键，在"新建文档"对话框中的"页面大小"列表框中选择A4，设置"页数"为1。单击"边距和分栏"按钮，打开"新建边距和分栏"对话框，单击"确定"按钮，如图8-125所示。

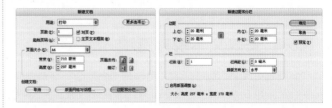

图8—125

步骤02 执行"文件＞置入"命令，在弹出的"置入"对话框中选择素材文件，当鼠标指针变为 图标时，在页面中单击导入背景素材，如图8-126所示。

步骤03 单击工具箱中的"矩形工具"按钮▣，在左上角绘制一个矩形，然后在"选项栏"中设置填充颜色为粉色，描边色为"无"，如图8-127所示。

图8-126　　　　　　　图8-127

步骤04 单击工具箱中的"文字工具"按钮 **T**，绘制出一个文本框架，并输入文字，然后在控制栏中设置一种合适的字体，设置文字大小为30点，如图8-128所示。

步骤05 再使用文字工具在页面中输入文本，在控制栏中设置一种合适的字体，设置文字大小为61点，在"填色"中设置文字颜色为粉色，如图8-129所示。

图8-128　　　　　　　图8-129

步骤06 按照相同的方法制作出其他的装饰文字，如图8-130所示。

步骤07 执行"文件>置入"命令，在弹出的"置入"对话框中选择素材文件，当鼠标指针变为图标时，在页面中单击导入图片素材，如图8-131所示。

步骤08 打开本书配套光盘素材文件夹中的"文字.doc"文件，按Ctrl+A组合键选中所有文本，按Ctrl+C组合键复制文件，回到InDesign软件中按Ctrl+V组合键粘贴出段落文本，覆盖在人像上，调整文本框大小，如图8-132所示。

步骤09 打开"段落"面板，设置这部分段落文本的对齐方式为"双齐末行齐左"，如图8-133所示。

图8-130　　　　　　　图8-131

图8-132　　　　　　　图8-133

步骤10 选中要应用文本绕排的图片，执行"窗口>文本绕排"命令，调出"文本绕排"面板，选择"沿对象形状绕排"按钮，绕排至为左侧和右侧，调整文本框到合适大小，最终效果如图8-134所示。

图8-134

8.6 图片的链接

在排版过程中会应用到大量的外部素材，通过"置入"命令可以将图片置入到InDesign中，InDesign是通过"链接"的方式显示图片的。这样可以大大减少InDesign工程文件的大小，但是在导出或印刷文档时将会使用链接进行原始图像的查找，然后根据原始图像的完全分辨率进行输出。InDesign中提供了"链接"面板用于查找、浏览与管理链接的素材，需要注意的是一旦链接的原始图像丢失或移动位置，很可能会造成文件显示错误，如图8-135所示。

图8-135

8.6.1 "链接"面板

"链接"面板中列出了文档中置入的所有文件。通过执行"窗口>链接"命令，可以调出"链接"面板，如图8-136所示。

图8-136

- 缺失 ❓：图形不再位于导入时的位置，但仍存在于某个地方。如果导入文件后，将原始文件删除或移至另一个文件夹或服务器，则可能会出现缺失链接的情况。在找到其原始文件前，无法知道缺失的文件是不是最新版本。如果在显示此图标的状态下打印或导出文档，则文件可能无法以完全分辨率打印或导出。

- 修改 ⚠️：要更新特定链接，选中一个或多个标记有"修改的链接"按钮的链接。

- 重新链接 🔗：选中取消嵌入链接的文件，然后单击"重新链接"按钮，或在"链接"面板菜单中选择"重新链接"命令。

- 转到链接 ➡️：要选择并查看链接的图形，可以在"链接"面板中选择相关链接，然后单击"转到链接"按钮。

- 更新链接 🔄：单击"更新链接"按钮，或从"链接"面板菜单中选择"更新链接"命令。

- 编辑原稿 ✏️：通过使用"编辑原稿"命令，可以在创建图形的应用程序中打开大多数图形，以便在必要时对其进行修改。

1.更改"链接"面板行和缩览图

在"链接"面板中单击"菜单"按钮，并选择"面板选项"命令，如图8-137所示。

此时弹出"面板选项"对话框，如图8-138所示。

- 行大小：可以选择行大小的类型，包括小行、常规行或大行。

- 将多个链接折叠为同一来源：选中该选项后可以将多个链接进行折叠为同一个来源。

- 缩览图：可以选择在"名称"栏和"链接"面板底部的"链接信息"部分中显示图形的缩览图表示形式。

2.取消嵌入链接的文件

在"链接"面板中选择一个或多个嵌入的文件，然后单击"重新链接"按钮 🔗 或在"链接"面板菜单中选择"重新链接"命令，在"重新链接"对话框中单击"打开"按钮，页面中的素材文件即可替换为新文件，如图8-139所示。

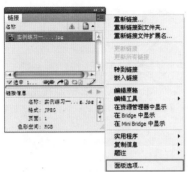

图8-137   图8-138   图8-139

8.6.2 将文件嵌入文档中

可以将文件嵌入到文档中，而不是链接到已置入文档的文件上。嵌入文件时，将断开指向原始文件的链接。如果没有链接，当原始文件发生更改时，"链接"面板不会发出警告，并且将无法自动更新相应文件。将文件嵌入文档中可以避免由于原始素材位置的移动或者丢失造成的显示错误，但是文档中嵌入过多文件会造成文件过大。

在"链接"面板中选中一个文件，然后在"链接"面板菜单中选择"嵌入链接"命令，即可嵌入文件。文件嵌入文档之后，文件将保留在"链接"面板中，并标记有嵌入的链接图标，如图8-140所示。

图8-140

 技巧提示

对于显示在"链接"面板中的文本文件，在"链接"面板菜单中选择"取消链接"。嵌入文本文件后，它的名称将从"链接"面板中删除。

实例练习——使用链接面板替换素材

案例文件	实例练习——使用链接面板替换素材.indd
视频教学	实例练习——使用链接面板替换素材.flv
难易指数	★★★★★
知识掌握	链接面板

案例效果

本案例的最终效果如图8-141所示。

操作步骤

步骤01 打开InDesign素材文件，如图8-142所示。

图8-141   图8-142

步骤02 通过执行"窗口>链接"命令，调出"链接"面板，"链接"面板中列出了文档中置入的所有文件，如图8-143所示。

步骤03 如果要替换当前"链接"面板中的所有文件，需要重新建一个文件夹，将新建文件夹中的所有文件都命名为与原文件名称相同，如图8-144所示，

图8-143

图8-144

步骤04 在"链接"面板中，按住Shift键将所有文件同时选中，然后在"链接"菜单中选择"重新链接到文件夹"命令。弹出"选择文件夹"对话框，在对话框中选择重新链

接的文件夹，单击"匹配相同文件名和扩展名"按钮，单击"选择"按钮，如图8-145所示。

图8-146

步骤05 此时在"链接"面板中，全部更新为新文件夹中的图片素材文件，效果如图8-146所示。

图8-145

8.7 库管理对象

对象库在InDesign中是以命名文件的形式存在的。对象库可以组织最常用的图形、文本和页面，也可以向库中添加标尺参考线、网格、绘制的形状和编组图像。

8.7.1 新建对象库

创建对象库时，首先要指定其存储位置。库在打开后将显示为面板形式，可以与任何其他面板编组；对象库的文件名显示在它的面板选项卡中。关闭操作会将对象库从当前会话中删除，但并不删除它的文件。

① 执行"文件>新建>库"命令，为库指定存储位置和名称，单击"保存"按钮，然后弹出"库"对话框，所指定名称将成为该库的面板选项卡的名称，如图8-147所示。

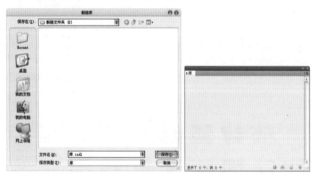

图8-147

② 在文档窗口中选择一个或多个对象，然后单击"库"面板中的"新建库项目"按钮，即可将选择的对象保存到库中，如图8-148所示。

③ 在"库"面板菜单中选择"将第1页上的项目作为单独对象添加"选项，以便将所有对象作为单独的库对象添加，如图8-149所示。

图8-148

图8-149

④ 在"库"面板中，选择要替换的对象，然后从"库"面板中单击"菜单"按钮，选择"更新库项目"选项，如图8-150所示。

⑤ 如果需要删除库中存储的对象，只要选择需要删除的库项目，单击"删除库项目"按钮或在"对象库"面板菜单中选择"删除项目"命令，弹出"提示"对话框，单击"确定"按钮即可，如图8-151所示。

图8-150　　　　　　　　　图8-151

8.7.2　从对象库中置入对象

将存储在对象库中的对象置入到文档中，可以使用命令将对象置入到文档中，也可以直接将库项目拖动到文档中。

理论实践——通过置入项目从对象库中置入对象

在"库"面板中，选择一个对象，然后在"库"面板中单击"菜单"按钮，选择"置入项目"命令，置入后的效果，如图8-152所示。

理论实践——通过拖曳从对象库中置入对象

选择"库"面板中的对象，并拖曳到文档窗口中，也可以实现从对象库中置入对象，如图8-153所示。

图8-152

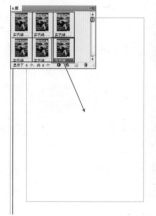

图8-153

8.7.3　管理对象库

选择一个对象，然后在"对象库"面板菜单中选择"项目信息"命令或单击"库项目信息"按钮。弹出"选项信息"对话框，根据需要查看或更改项目名称、对象类型或"说明"选项，然后单击"确定"按钮，如图8-154所示。

此时会弹出"项目信息"对话框，如图8-155所示。

图8-154　　　　　　　　图8-155

● **项目名称**：在该文本框中输入文本，可以更改项目名称。

● **对象类型**：该列表框用于选择对象的类型。

● 说明：可在此文本框中输入文本记录项目的相关信息。按照相同的方法可以在其他的框架中置入图片。

选择"库"面板菜单中的"列表视图"命令，库中的项目内容即可列表显示，如图8-156所示。

图8-156

8.7.4　查找项目

在搜索对象时，系统会隐藏除搜索结果以外的所有对象，还可以使用搜索功能显示和隐藏特定类别的对象。

① 在"对象库"面板菜单中选择"显示子集"命令，或单击"显示库子集"按钮。在弹出的"显示子集"对话框中进行相应的设置，单击"确定"按钮开始搜索，如图8-157所示。

图8-157

- 搜索整个库：要搜索库中的所有对象，选中该选项。

- 搜索当前显示的项目：要仅在库中当前列出的对象中搜索，选中该选项。

② 要添加搜索条件，单击"更多选择"按钮（最多可以单击5次）；每单击1次，可以添加一个搜索项。要删除搜索条件，根据需要单击"较少选择"按钮；每单击1次，可以删除一个搜索项，如图8-158所示。

- 参数：在"参数"选项栏的第一个菜单中选择一个类别，在第二个菜单中指定搜索中必须包含还是排除在第一个菜单中选择的类别。在第二个菜单的右侧，输入要在指定类别中搜索的单词或短语。

- 匹配全部：要显示那些与所有搜索条件都匹配的对象，选中该选项。

- 匹配任意一个：要显示与条件中任何一项匹配的对象，选中该选项。

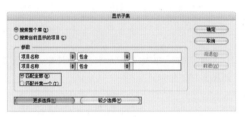

图8-158

技巧提示

要再次显示所有对象，在"对象库"面板菜单中选择"显示全部"命令。

8.8 使用图层

在使用InDesign进行版式制作时，使用图层可以快捷有效地管理图形对象。图层的原理其实非常简单，就像分别在多个透明的玻璃上绘画一样，更改玻璃的排列顺序能够改变画面效果，移走某个玻璃即可隐藏处于其上的所有内容。在编辑比较复杂的文件时，使用图层进行对象的分类管理是非常方便的，同时对已有的图层进行编辑也并不复杂，如图8-159所示为图层原理示意图。

在InDesign中，每个文档都至少包含一个已命名的图层。通过使用多个图层，可以创建和编辑文档中的特定区域或各种内容，而不会影响其他区域或其他种类的内容。如果文档因包含了许多大型图形而打印速度缓慢，就可以为文档中的文本单独使用一个图层。这样，在需要对文本进行校对时，就可以隐藏所有其他的图层，而快速地仅将文本图层打印出来。还可以使用图层来为同一个版面显示不同的设计思路，或者为不同的区域显示不同版本的广告。显示和隐藏图层能够达到不同的画面效果，如图8-160所示。

图8-159

图8-160

8.8.1 认识"图层"面板

通过执行"窗口>图层"命令，可以打开"图层"面板来列出、组织和编辑文档中的对象。默认情况下，每个新建的文档都包含一个图层，而每个创建的对象都在该图层下列出。不过，可以创建新的图层，并根据需求，以最适合的方式对项目进行重排，如图8-161所示。

8.8.2 新建图层

执行"窗口>图层"命令，打开"图层"面板，在"图层"面板菜单上选择"新建图层"命令，然后弹出"新建图层"对话框。也可以单击"图层"面板底部的"新建图层"按钮来新建图层，如图8-162所示。

图8-161　　　　　　　　　　图8-162

- 名称：设置图层的名称。
- 颜色：指定颜色以标识该图层上的对象。
- 显示图层：选中此选项以使图层可见，与在"图层"面板中使 👁 图标可见的效果相同。
- 显示参考线：选中此选项可以使图层上的参考线可见。如果没有为图层选中此选项，即使通过为文档执行"视图>显示参考线"命令，参考线也不可见。
- 锁定图层：选中此选项可以防止对图层上的任何对象进行更改，与在"图层"面板中使用交叉铅笔图标可见

的效果相同。
- 锁定参考线：选中此选项可以防止对图层上的所有标尺参考线进行更改。
- 打印图层：选中此选项可允许图层被打印。当打印或导出至PDF时，可以决定是否打印隐藏图层和非打印图层。
- 图层隐藏时禁止文本绕排：在图层处于隐藏状态并且该图层包含应用了文本绕排的文本时，如果要使其他图层上的文本正常排列，选中此选项。

8.8.3 选择移动图层上的对象

位于"图层"面板顶部的图稿在顺序中位于前面，而位于"图层"面板底部的图稿在顺序中位于后面，同一图层中的对象也是按结构进行排序的。在图稿中创建多个图层可控制重叠对象的显示方式。

调出"图层"面板，选中要进行调整的图层，将图层向上或向下拖动。当突出显示的线条出现在要放置图层的位置时释放鼠标，如图8-163所示。

图8-163

图层的优势在于每一个图层中的对象都可以单独进行处理，既可以移动图层，也可以调整图层堆叠的顺序，而不会影响其他图层中的内容，如图8-164所示。

调整图层堆叠顺序　　　　　编辑某一图层　　　　　移动图层位置　　　　　调整图层不透明度

图8-164

8.8.4 编辑图层

图层可以进行编辑处理，如复制图层、删除图层、显示或隐藏图层、锁定或解锁图层等，熟练掌握这些编辑图层技术可以更好地进行作品的制作，大大地提高工作效率。

1.复制图层

使用"图层"面板可快速复制对象、组和整个图层。首先在"图层"面板中选择要复制的对象，然后在面板中将该项拖动到面板底部的"新建图层"按钮上，如图8-165所示。

也可以从"图层"面板菜单中选择"复制图层"命令，如图8-166所示。

图8-165   图8-166

2.删除图层

在删除图层的同时，会删除图层中的所有图稿。如果删除了一个包含子图层、组、路径和剪切组的图层，那么，所有这些图素都会随图层一起被删除。

在"图层"面板中选择要删除的项目，然后单击"删除"按钮，或将"图层"面板中要删除的项目的名称拖动到面板中的"删除"按钮上，如图8-167所示。

也可以从"图层"面板菜单中选择"删除图层"命令，如图8-168所示。

图8-167   图8-168

3.显示或隐藏图层

可以随时隐藏或显示任何图层，也可以随时隐藏或显示图层上的对象。一旦隐藏了图层和对象，这些图层和对象将无法编辑，也无法显示在屏幕上，同时在打印时也不会显示出来。

要一次隐藏或显示一个图层，在"图层"面板中单击图层名称最左侧的方块，以便隐藏或显示该图层的，如图8-169所示。

要显示或隐藏图层中的各个对象，单击三角形图标以查看图层中的所有对象，然后单击以显示或隐藏该对象，如图8-170所示。

要隐藏除选定图层之外的所有图层，或隐藏图层上除选定对象之外的所有对象，选择"图层"面板菜单中的"隐藏其他"命令，如图8-171所示。

图8-169   图8-170   图8-171

要显示所有图层，在"图层"面板菜单中选择"显示全部图层"命令，如图8-172所示。

图8-172

4.锁定或解锁图层

就防止对图层的意外更改而言，锁定很有用。锁定的图层会显示一个锁定图标。锁定图层上的对象不能被直接选定或编辑。但是，如果锁定图层上的对象具有可以间接编辑的属性，则这些属性将被更改。选中图层并单击锁定图标，即可将该图层锁定，如图8-173所示。

如果需要将选择的图层不锁定，而其他图层锁定，只需要单击"图层"面板菜单中的"锁定其他"即可，如图8-174所示。

图8-173   图8-174

要解锁所有图层，单击"图层"面板菜单中的"解锁全部图层"命令，如图8-175所示。

图8-175

InDesign CS5从入门到精通

8.8.5 合并图层与拼合文档

可以通过合并图层来减少文档中的图层数量，而不会删除任何对象。合并图层时，来自所有选定图层中的对象将被移动到目标图层。在合并的图层中，只有目标图层会保留在文档中，其他的选定图层将被删除。也可以通过合并所有图层来拼合一个文档。

在"图层"面板中，选中任意图层组合。按住Shift键可以选择多个图层，如果要拼合文档，选择面板中的所有图层。然后在"图层"菜单中选择"合并图层"选项或在图层上单击鼠标右键，在弹出的快捷菜单中选择"合并图层"命令，如图8-176所示。

此时刚才选中的图层将被合并为一个图层，如图8-177所示。

图8-176

图8-177

实例练习——数码设计杂志封面

案例文件	实例练习——数码设计杂志封面.indd
视频教学	实例练习——数码设计杂志封面.flv
难易指数	★★★★★
知识掌握	置入位图、剪切路径的使用、渐变、角选项、字符样式

案例效果

本案例的最终效果如图8-178所示。

操作步骤

步骤01 执行"文件>新建>文档"命令，或按Ctrl+N组合键，在"新建文档"对话框中的"页面大小"列表框中选择A4，设置"页数"为1。单击"边距和分栏"按钮，打开"新建边距和分栏"对话框，单击"确定"按钮，如图8-179所示。

图8-178

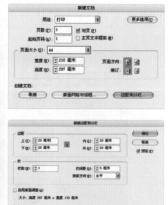

图8-179

步骤02 执行"文件>置入"命令，在弹出的"置入"对话框中选择素材文件，当鼠标指针变为 图标时，在页面底部单击导入背景素材，如图8-180所示。

步骤03 单击工具箱中的"矩形工具"按钮 ，在页面的上部绘制一个矩形，打开"渐变"面板，拖动滑块调整渐变颜色从红色到深红色。"类型"为"线性"。单击工具箱中的"渐变工具"按钮 ，拖曳为选框添加渐变效果，如图8-181所示。

步骤04 使用矩形工具在页面上绘制出几个大小不同的矩形，并调整为不同的颜色，效果如图8-182所示。

图8-180

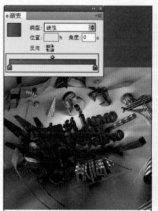

图8-181

图8-182

步骤05 选中顶部的黑色矩形选框，设置描边颜色为白色，大小为4点。执行"对象＞角选项"命令，在弹出的"角选项"对话框中单击"统一所有设置"按钮，设置一个选框的转角大小为11毫米，形状为斜角，其他3个选项也随之改变，如图8-183所示。

图8-183

步骤06 执行"文件＞置入"命令，导入带有Alpha通道的psd格式的卡通人物素材文件，在弹出的对话框中选中"显示导入选项"，在弹出的"图像导出选项"对话框中单击"图像"选项卡，设置Alpha通道为Alpha 1，此时背景已经被去除，如图8-184所示。

图8-184

步骤07 单击工具箱中的"椭圆工具"按钮，按住Shift键拖曳鼠标绘制正圆形。设置填充颜色为黑色，描边颜色为白色，大小为4点，如图8-185所示。

步骤08 选中正圆，按住Alt键拖曳复制出一个副本，并将其放大而且放置在底部位置，如图8-186所示。

步骤09 再次使用椭圆工具按住Shift键拖曳鼠标绘制正圆形，设置填充颜色为粉色，如图8-187所示。

图8-185　　　　　　　　图8-186

步骤10 单击工具箱中的"文字工具"按钮**T**，在页面中绘制出一个文本框架，并输入文字，执行"窗口＞文字和表＞字符"命令，打开"字符"面板，设置一种合适的字体，文字大小为150点，在"填色"中设置文字颜色为白色，如图8-188所示。

图8-187　　　　　　　　图8-188

步骤11 在"DESIGN"上面和下面，继续使用文字工具输入文本作为装饰文字，如图8-189所示。

步骤12 执行"文件＞置入"命令，分别导入电话与电脑素材文件，如图8-190所示。

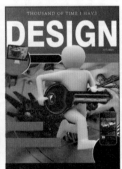

图8-189　　　　　　　　图8-190

步骤13 使用文字工具在卡通人像头部右侧输入文本。设置一种合适的字体，选中前部分字母设置大小为"34点"，选中后部分设置为"13点"，如图8-191所示。

InDesign CS5从入门到精通

步骤14 在左侧使用文字工具绘制文本框并输入文本。设置一种合适的字体，设置文字大小为16点，在"填色"设置文字颜色为白色，如图8-192所示。

步骤15 按照相同的方法输入其他的相关文本，效果如图8-193所示。

步骤16 单击工具箱中的"矩形工具"按钮，在右下角绘制一个矩形选框，打开"渐变"面板，拖动滑块调整渐变颜色从白色到黑色，"类型"为"线性"。使用渐变工具拖曳为选框添加渐变效果，并使用文字工具在上面输入文字，最终效果如图8-194所示。

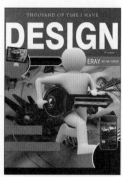

图8-191

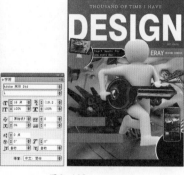

图8-192

图8-193

图8-194

 读书笔记

Chapter 9
第9章

表格的制作

　　表是由单元格的行和列组成的。单元格类似于文本框架，可在其中添加文本、随文图或其他表。可以从头开始创建表，也可以通过从现有文本转换的方式创建表，还可以在一个表中嵌入另一个表。

本章学习要点：
- 掌握创建表格的使用
- 掌握编辑表格的使用
- 掌握表选项设置的使用

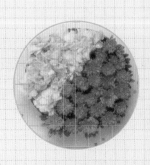

9.1 创建表格

表是由单元格的行和列组成的。单元格类似于文本框架，可在其中添加文本、随文图或其他表。可以从头开始创建表，也可以通过从现有文本转换的方式创建表，还可以在一个表中嵌入另一个表，如图9-1所示。

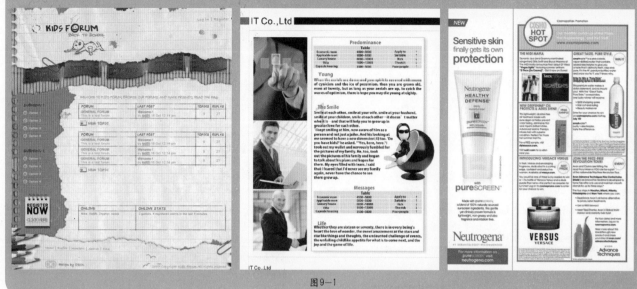

图9—1

9.1.1 在文档中插入表格

首先使用文字工具在页面中绘制表格所需大小的文本框，然后执行"表>插入表"命令，弹出"插入表"对话框，如图9-2所示。

- 正文行：控制正文行中的水平单元格数。
- 列：控制正文行中的垂直单元格数。
- 表头行：如果表内容将跨多个列或多个框架，该参数控制要在其中重复信息的表头行的数量。
- 表尾行：如果表内容将跨多个列或多个框架，该参数控制要在其中重复信息的表尾行的数量。
- 表样式：在表样式中指定一种表样式。

图9—2

 技巧提示

可以用创建横排表的方法来创建直排表。表的排版方向取决于用来创建该表的文本框架的排版方向；文本框架的排版方向改变时，表的排版方向会随之改变。在框架网格内创建的表也是如此。但是，表中单元格的排版方向是可以改变的，与表的排版方向无关。

理论实践——插入表格

1 单击工具箱中的"文字工具"按钮 **T.**，按住鼠标左键拖曳创建一个文本框架，如图9-3所示。

2 执行"表>插入表"命令，并设置"插入表"的相应参数，如图9-4所示。

3 创建完成的表效果，如图9-5所示。

图9-3

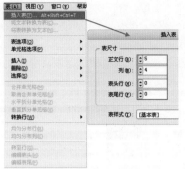
图9-4

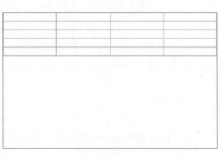
图9-5

9.1.2 导入Microsoft Excel表格

使用"置入"命令导入Microsoft Excel表格时，导入的数据是可以编辑的表。可以使用"导入选项"对话框控制格式，首先执行"文件＞置入"命令，然后选择置入的文件。如果在置入文本文件时选择"显示导入选项"，单击"打开"按钮，会弹出"Microsoft Excel导入选项"对话框，具体选项设置如图9-6所示。

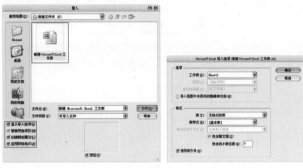
图9-6

⊙ 工作表：指定要导入的工作表。

⊙ 视图：指定是导入任何存储的自定或个人视图，或是忽略这些视图。

⊙ 单元格范围：指定单元格的范围，使用冒号（:）来指定范围（如A1:G15）。如果工作表中存在指定的范围，则在"单元格范围"菜单中将显示这些名称。

⊙ 导入视图中未保存的隐藏单元格：包括格式设置为Excel电子表格的未保存的隐藏单元格在内的任何单元格。

⊙ 表：指定电子表格信息在文档中显示的方式。包括4种方式，分别是"有格式的表"、"无格式的表"、"无格式制表符分隔文本"、"仅设置一次格式"。

● 有格式的表：选中该选项时，虽然可能不会保留单元格中的文本格式，但InDesign将尝试保留Excel中用到的相同格式。

● 无格式的表：选中该选项时，不会从电子表格中导入任何格式，但可以将表样式应用于导入的表。

● 无格式制表符分隔文本：选中该选项时，表导入为制表符分隔文本，然后可以在InDesign或InCopy中将其转换为表。

● 仅设置一次格式：选中该选项时，InDesign保留初次导入时Excel中使用的相同格式。如果电子表格是链接的而不是嵌入的，则在更新链接时会忽略链接表中对电子表格所作的格式更改。

⊙ 表样式：将指定的表样式应用于导入的文档。仅当选中"无格式的表"时该选项才可用。

⊙ 单元格对齐方式：指定导入文档的单元格对齐方式。

⊙ 包含随文图：在InDesign中，保留来自Excel文档的随文图。

⊙ 包含的小数位数：指定电子表格中数字的小数位数。

⊙ 使用弯引号：确保导入的文本包含左右弯引号（""）和弯单引号（'），而不包含直双引号（""）和直单引号（'）。

技巧提示

也可以将Excel表格中的数据粘贴到InDesign文档中。"剪贴板处理"首选项设置决定如何对从另一个应用程序粘贴的文本设置格式。如果选中的是"纯文本"，则粘贴的信息显示为无格式制表符分隔文本，之后可以将该文本转换为表。如果选中"所有信息"，则粘贴的文本显示在带格式的表中。

9.2 编辑表格

在应用表格的时候难免产生一些问题，如行数太多、列数太多、需要拆分某个单元格或需要合并某些单元格等，这时就涉及对表格进行编辑，如图9-7所示。

图9—7

9.2.1 选择对象

在表格中可以选择单个单元格，也可以快捷地选中整行或整列。

 1.选择一个单元格

使用文字工具，单击单元格内部区域，或选中文本，然后执行"表＞选择＞单元格"命令，即可选中一个单元格，如图9-8所示。

图9—8

技巧提示

要在选择单元格中的所有文本与选中单元格之间进行切换，可以按Esc键。

当然也可以使用文字工具，单击单元格内部区域，然后按下鼠标左键，并拖曳进行选择，如图9—9所示。

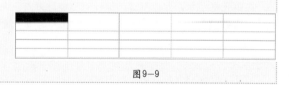

图9—9

 2.选择行或列单元格

使用文字工具，单击单元格内部区域或选中文本，然后执行"表＞选择＞列或行"命令，如图9-10所示。

也可以将指针移至列的上边缘或行的左边缘，以便指针变为箭头形状（↓或→），然后单击鼠标选择整列或整行，如图9-11所示。

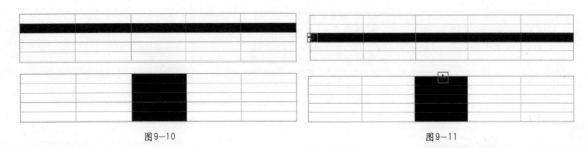

图9-10   图9-11

3.选多个单元格

使用文字工具，然后将鼠标置于要选择的单元格内，当鼠标指针变为 I 符号时，按住鼠标并拖曳，即可选择一个或多个单元格，如图9-12所示。

4.选择整个表

使用文字工具，在表内单击或选择文本，然后执行"表>选择>表"命令。也可以将指针移至表的左上角，以便指针变为箭头形状↘，然后单击鼠标选中整个表，如图9-13所示。

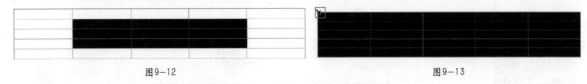

图9-12   图9-13

5.选择所有表头行、正文行或表尾行

在表内单击，或选择文本，执行"表>选择>表头行、正文行或表尾行"命令。

9.2.2 向表格中添加内容

表格和文本框架一样，可以添加文本和图形。表格中文本的属性设置与其他文本属性设置方法相同。

1.向表中添加文本

使用文字工具，在一个单元格中单击鼠标左键，然后输入文本。按Enter键可在同一单元格中新建一个段落。按Tab键可在各单元格之间向前移动（在最后一个单元格处按Tab键将插入一个新行）。按Shift+Tab组合键可在各单元格之间向后移动，如图9-14所示。

如果要复制文本，首先在单元格中选中文本，然后执行"编辑>复制"命令，再执行"编辑>粘贴"命令，如图9-15所示。

如果要置入文件，需要将插入点放置在要添加文本的单元格中，然后执行"文件>置入"命令，然后双击一个文本文件，将文件置入。

2.向表中添加图形

在单元格中单击鼠标左键，执行"文件>置入"命令，然后双击图形的文件名。也可以执行"对象>定位对象>插入"命令，然后指定位置。随后即可将图形添加到定位对象中，如图9-16所示。

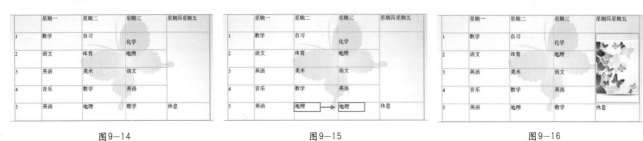

图9-14   图9-15   图9-16

9.2.3 调整表格大小

创建表格时，表格的宽度自动设置为文本框架的宽度。默认情况下，每一行的宽度相等，每一列的宽度也相等。不过，在应用过程中可以根据需要调整表、行和列的大小。

1.调整表格大小

使用文字工具，将指针放在表的右下角，当指针变为 ↖ 箭头形状时，拖曳鼠标即可增大或减小表格的大小，如图9-17所示。

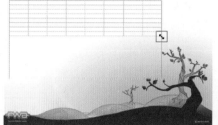

图9-17

2.调整行高和列宽

使用文字工具，将指针放在表的行线上，当指针变为 ‡ 形状时，按住鼠标左键向上或向下拖曳。将指针放在表的列线上，当指针变为 ↔ 形状时，按住鼠标左键向左或向右拖曳，如图9-18所示。

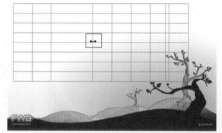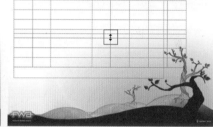

图9-18

3.自动调整行高和列宽

使用"均匀分布行"和"均匀分布列"命令，可以在调整行高或列宽时，自动依据选择行的总高度与选择列的总宽度，平均分配选择的行和列。

使用文字工具在列中选择相应等宽或等高的单元格，然后执行"表>均匀分布行"或"表>均匀分布列"命令，使得表格中的行或列均匀分布，如图9-19所示。

图9-19

9.2.4 文本与表格的相互转化

在将文本转换为表格之前，一定要正确地设置文本，可插入制表符、逗号、段落回车符或其他字符以分隔行。

1.将文本转换为表格

使用文字工具，选择要转换为表格的文本。执行"表>将文本转换为表"命令，即可弹出"将文本转换为表"对话框，如图9-20所示。

- 列分隔符和行分隔符：对于列分隔符和行分隔符，指出新行和新列应开始的位置。在列分隔符和行分隔符字段中，选择"制表符"、"逗号"或"段落"；或者输入字符（如分号）。

图9-20

- 列数：如果为列和行指定了相同的分隔符，需要指定出要让表包括的列数。
- 表样式：指定一种表样式以设置表的格式。

2.将表格转换为文本

使用文字工具，将插入点放置在表中，或者在表中选中文本，然后执行"表>将表转换为文本"命令。对于列分隔符和行分隔符，需要先指定要使用的分隔符，然后单击"确定"按钮，如图9-21所示。

图9-21

> **技巧提示**
>
> 将表转换为文本时，表格线会被去除并在每一行和列的末尾插入指定的分隔符。

9.2.5 插入行/列

在应用表格时，如果表格中的行数或列数不够用时，可以直接在表格中插入行和列。

1.插入行

将插入点放置在需要新行出现的位置的下面一行或上面一行，执行"表>插入>行"命令，指定所需的行数，并指定新行应该显示在当前行的上或下，然后单击"确定"按钮，如图9-22所示。

插入行前后的对比效果，如图9-23所示。

> **技巧提示**
>
> 还可通过在插入点位于最后一个单元格中时，按Tab键创建一个新行。

图9-22

图9-23

2.插入列

将插入点放置在需要新列出现的位置旁的列中，执行"表>插入>列"命令，指定所需的列数，并指定新列应该显示在当前列的左或右，然后单击"确定"按钮，如图9-24所示。

插入列前后的对比效果，如图9-25所示。

图9-24

图9-25

9.2.6 删除行/列

在应用表格时不但可以插入行或列，当然也可以删除行和列。方法主要有两个，分别是执行命令删除行或列和使用鼠标删除行或列。

InDesign CS5从入门到精通

理论实践——执行命令删除行或列

❶ 使用文字工具，将插入点放置在表中，如图9-26所示。

❷ 执行"表>删除>行或列"命令，如图9-27所示。

❸ 删除后的效果，如图9-28所示。

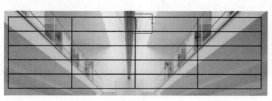 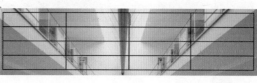

图9-26　　　　　　　　图9-27　　　　　　　　　　图9-28

理论实践——使用鼠标删除行或列

❶ 首先使用文字工具，将插入点放置在表中，然后将鼠标放置在表的下边框或右边框上，以便显示双箭头图标↔，如图9-29所示。

❷ 此时向上拖动或向左拖动，然后按下Alt键，并且要将蓝色的边界框对齐到需要删除的框上，即可删除行或列，如图9-30所示。

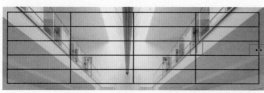

图9-29

图9-30

❸ 删除列后的表格效果，如图9-31所示。

图9-31

> **技巧提示**
>
> 　　如果在按鼠标左键之前按下Alt键，则会显示"抓手工具"图标，因此，一定要在开始拖动后按下Alt键。

9.2.7　合并/取消合并单元格

可以将同一行或列中的两个或多个单元格合并为一个单元格。如果将表的最上面一行中的所有单元格合并成一个单元格，以留给表标题使用。

理论实践——合并单元格

使用文字工具，拖曳选中要合并的单元格，然后执行"表>合并单元格"命令即可，如图9-32所示。

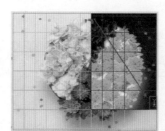

图9-32

若要取消合并单元格，只需要将插入点放置在经过合并的单元格中，如图9-33所示。

然后执行"表>取消合并单元格"命令即可，如图9-34所示。

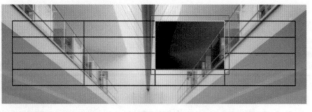

图9-33

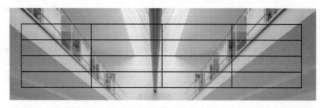

图9-34

 技巧提示

要删除单元格的内容而不删除单元格，选择包含要删除文本的单元格，或使用文字工具选择单元格中的文本，按Delete键，或执行"编辑>清除"命令。

9.2.8 水平/垂直拆分单元格

可以水平或垂直拆分单元格，这在创建表单类型的表时特别有用。可以选择多个单元格，然后垂直或水平拆分它们。

理论实践——水平拆分单元格

❶ 将插入点放置在要拆分的单元格中，或者选择行或单元格块，然后执行"表>水平拆分单元格"命令即可，如图9-35所示。

❷ 将单元格拆分为两行后的效果如图9-36所示。

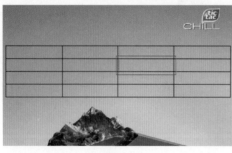

图9-35

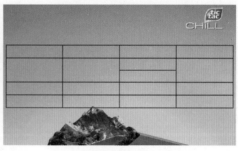

图9-36

理论实践——垂直拆分单元格

❶ 将插入点放置在要拆分的单元格中，或者选择列或单元格块，然后执行"表>垂直拆分单元格"命令即可，如图9-37所示。

❷ 将单元格拆分为两列后的效果如图9-38所示。

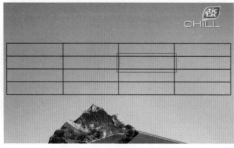

图9-37

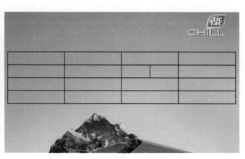

图9-38

InDesign CS5从入门到精通

9.2.9 转换行

1.将正文行转换为表头行或表尾行

选择表顶部的行以创建表头行，或选择表底部的行以创建表尾行。操作方法为执行"表＞转换行＞作为表头或作为表尾"命令。

2.将表头行或表尾行转换为正文行

将插入点放置在表头行或表尾行中，执行"表＞转换行＞到正文"命令即可将表头行或表尾行转换为正文行。

也可以执行"表＞表选项＞表头和表尾"命令，然后指定另一个表头行数或表尾行数，单击"确定"按钮完成操作。

9.2.10 转至行

执行"表＞转至行"命令，然后弹出"转至行"对话框，对齐进行相应的设置，然后单击"确定"按钮，如图9-39所示。

图9-39

9.2.11 编辑表头/表尾

创建长表时，该表可能会跨多个栏、框架或页面。可以使用表头或表尾在表的每个拆开部分的顶部或底部重复信息。通过执行"表＞编辑表头或表尾"命令，然后编辑表头或表尾。

9.3 "表"面板

在页面的菜单中执行"窗口＞文字和表>表"命令，打开"表"面板，在该面板中可以针对表的多种参数进行设置，如图9-40所示。

单击"表"面板的菜单按钮，也可以在弹出的下拉菜单中执行插入、删除、合并等操作，如图9-41所示。

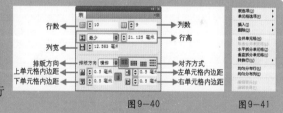

图9-40   图9-41

9.4 表选项设置

创建表格后，如果觉得所建立的表格开线过于单调，可以修改表格选项，对表格的边框、填充等选定进行设置，以实现美化表格的效果。

9.4.1 表设置

利用表格选项可以对表格大小、表外框、表间距和表格线绘制顺序等选项进行设置。将插入点放置在单元格中，然后执行"表＞表选项＞表设置"命令，打开"表选项"对话框，选择"表设置"选项卡，具体参数设置如图9-42所示。

- **表尺寸**：在该选项栏中可以设置表格中的正文行数、列数、表头行数和表尾行数。
- **粗细**：为表或单元格边框指定线条的粗细度。

- **类型**：用于指定线条样式，如"粗-细"。
- **颜色**：用于指定表或单元格边框的颜色。列表框中的选项是"色板"面板中提供的选项。

- 色调：用于指定要应用于描边或填色的指定颜色的油墨百分比。
- 间隙颜色：将颜色应用于虚线、点或线条之间的区域。如果为"类型"选择了"实线"，则此选项不可用。
- 间隙色调：将色调应用于虚线、点或线条之间的区域。如果为"类型"选择了"实线"，则此选项不可用。
- 叠印：如果选中该选项，将导致"颜色"下拉列表框中所指定的油墨应用于所有底色之上，而不是挖空这些底色。

- 表间距：表前距与表后距是指表格的前面和表格的后面离文字或其他周围对象的距离。
- 表格线绘制顺序：可以从下列选项中选择绘制顺序。
  - 最佳连接：如果选中该选项，则在不同颜色的描边交叉点处行线将显示在上面。
  - 行线在上：如果选中该选项，行线会显示在上面。
  - 列线在上：如果选中该选项，列线会显示在上面。
  - InDesign2.0兼容性：如果选中该选项，行线会显示在上面。

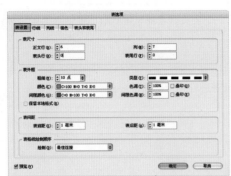

图9—42

9.4.2 行线设置

如果需要对表格的行线进行设置，打开"表选项"对话框，选择"行线"选项卡，具体参数设置如图9-43所示。

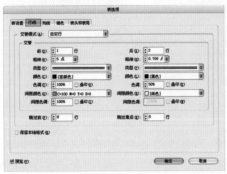

图9—43

- 交替模式：选择要使用的模式类型。如果要指定一种模式，则选择"自定"选项，如指定某一列使用黑色粗线，而随后的三列使用黄色细线。
- 交替：为第　种模式和下　种模式指定填色选项。可能想在第一列中添加一条实线描边，并在下一列中添加一条粗-细双线，以产生交替效果。如果想让描边影响每个行或列，为"下一个"指定0。
- 跳过前和跳过最后：指定表的开始和结束处不希望其中显示描边属性的行数或列数。
- 保留本地格式：如果希望以前应用于表的格式描边保持有效，则选择该选项。

 技巧提示

在跨多个框架的表中，行的交替描边和填色不会在文章中附加框架的开始处重新开始。

InDesign CS5从入门到精通

9.4.3 列线设置

如果需要对表格的列线进行设置，打开"表选项"对话框，选择"列线"选项卡，具体参数设置与"行线设置"基本相同，如图9-44所示。

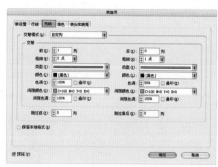

图9—44

- 交替模式：选择要使用的模式类型。如果要指定一种模式，则选择"自定"选项，如指定某一列使用黑色粗线，而随后的三列使用黄色细线。
- 交替：为第一种模式和下一种模式指定填色选项。
- 跳过前和跳过最后：指定表的开始和结束处不希望其中显示描边属性的行数或列数。
- 保留本地格式：如果希望以前应用于表的格式描边保持有效，则选中该选项。

9.4.4 填色设置

使用"表选项"对话框不仅可以更改表边框的描边，还可以向列和行中添加交替描边和填色。要更改个别单元格或表头/表尾单元格的描边和填色，也可也使用"色板"、"描边"和"颜色"面板进行填色和描边的设置。在"表选项"对话框中选择"填色"，可以对表格填色进行具体参数的设置，具体参数与行线/列线设置参数基本相同，如图9-45所示。

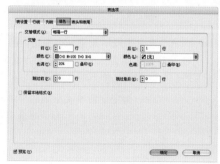

图9—45

 技巧提示

使用"表选项"对话框可以更改表边框的描边，并向列和行中添加交替描边和填色。要更改个别单元格或表头/表尾单元格的描边和填色，使用"单元格选项"对话框，或者使用"色板"、"描边"和"颜色"面板。

9.4.5 表头和表尾设置

如果需要对表格的表头和表尾进行设置，打开"表选项"对话框，选择"表头和表尾"选项卡，具体参数设置如图9-46所示。

- 表尺寸：设置新增表头行与表尾行数量，在表的顶部或底部添加空行。
- 表头：指定表中信息是显示在每个文档栏中，还是每个框架显示一次或是每页只显示一次。

  跳过第一个：选中该选项，表头信息将不会显示在表的第一行中。
- 表尾：指定表中信息是显示在每个文档栏中，还是每个框架显示一次或是每页只显示一次。

  跳过最后一个：选中该选项，表尾信息将不会显示在表的最后一行。

图9—46

9.5 单元格选项设置

创建表格后，可以对每个单元格选项进行相应设置，使表格形式更加美观、内容更加丰富。

9.5.1 文本

在InDesign页面中执行"表>单元格选项>文本"命令，单击"确定"按钮，如图9-47所示。

- 排版方向：菜单中选择单元格中的文字方向。
- 单元格内边距：为"上"、"下"、"左"、"右"指定值。
- 垂直对齐：选择一种"对齐"设置，上对齐、居中对齐、下对齐、垂直对齐或两端对齐。如果选择"两端对齐"，请指定"段落间距限制"，这将限制要在段落间添加的最大空白量。
- 首行基线：选择一个选项来决定文本将如何从单元格顶部位移。这些设置与"文本框架选项"对话框中的相应设置相同。

图9—47

- 剪切：选中"按单元格大小剪切内容"选项，如果图像对于单元格而言太大，则图像会延伸到单元格边框以外，可以剪切延伸到单元格边框以外的图像部分。
- 文本旋转：指定旋转单元格中的文本。
- 预览：选中该选项可以进行预览查看。

9.5.2 描边和填色

如果需要对单元格的描边和填色进行设置，在页面中打开"单元格选项"对话框，选择"描边和填色"选项卡，具体参数设置如图9-48所示。

- 粗细：为表或单元格边框指定线条的粗细度。
- 类型：指定线条样式，如"粗-细"。
- 颜色：指定表或单元格边框的颜色，列出的选项是"色板"面板中提供的选项。

图9—48

- 色调：指定要应用于描边或填色的指定颜色的油墨百分比。
- 间隙颜色：将颜色应用于虚线、点或线条之间的区域。如果"类型"选择了"实线"，则此选项不可用。
- 间隙色调：将色调应用于虚线、点或线条之间的区域。如果"类型"选择了"实线"，则此选项不可用。
- 叠印间隙：如果选中该选项，将导致"颜色"下拉列表框中所指定的油墨应用于所有底色之上，而不是挖空这些底色。

9.5.3 行和列

如果需要对单元格的"行和列"进行设置，打开"单元格选项"对话框，选择"行和列"选项卡，具体参数设置，如图9-49所示。

- 行高和列宽：选择要调整大小的列和行中的单元格。
- 起始行：要使行在指定位置换行，在"起始行"菜单中选择一个选项。
- 与下一行接排：要将选定行保持在一起，选中"与下一行接排"选项。

图9-49

9.5.4 对角线

如果需要对单元格中的对角线进行设置，打开"单元格选项"对话框，选择"对角线"选项卡，具体参数设置如图9-50所示。

- 对角线类型：单击要添加的对角线类型按钮，可以在单元格中显示不同效果。分别是无对角线□，从左上角到右下角的对角线◹，从右上角到左下角的对角线◸，交叉对角线☒，如图9-51所示。
- 线条描边：指定所需的粗细、类型、颜色和间隙设置，指定"色调"百分比和"叠印"选项。

  绘制：选择"对角线置于最前"以将对角线放置在单元格内容的前面。选择"内容置于最前"以将对角线放置在单元格内容的后面。

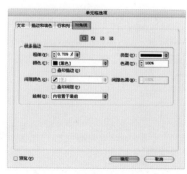

图9-50

图9-51

9.6 表样式与单元格样式

　　与使用文本样式来设置文本格式一样，可以使用表和单元格样式来设置表格式。表样式是可以在一个单独的步骤中应用的一系列表格式属性的集合。单元格样式包括单元格内边距、段落样式、描边、填色等格式，编辑样式时，所有应用了该样式的表或单元格会自动更新。

9.6.1 认识表样式面板

　　执行"窗口>样式>表样式"命令，打开"表样式"面板，可以创建和命名表样式，并将这些样式应用于现有表或者创建及导入的表，如图9-52所示。

1.新建表样式

　　在"表样式"面板中单击"创建新样式"按钮■，即可新建表样式，如图9-53所示。

　　双击基本表或表样式，即可弹出"新建表样式"对话框，如图9-54所示。

● 样式名称：可以输入一个样式的名称。

● 样式信息：可以控制"基于"、"快捷键"、"样式设置"的参数。

● 单元格样式：可以控制"表头行"、"表尾行"、"表体行"、"左列"、"右列"的参数。

图9-52

图9-53

图9-54

2.从其他文档中载入表样式

　　可以将另一个InDesign文档中的表样式和单元格样式导入当前文档中，还可以决定载入哪些样式以及在载入与当前文档中某个样式同名的样式时应做何响应，也可以从InCopy文档导入样式。

　　打开"表样式"面板，然后在"表样式"面板菜单中选择"载入表样式"命令，接着单击要导入样式的InDesign文档，并单击"打开"按钮，如图9-55所示。

　　此时会弹出"载入样式"对话框。在"载入样式"对话框中选中要导入的样式。如果任何现有样式与其中一种导入的样式同名，在"与现有样式冲突"下选择"自动重命名"选项，然后单击"确定"按钮，如图9-56所示。

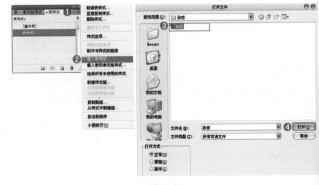

图9-55

- **使用传入定义**：载入的样式优先于现有样式，并将所载入样式的新属性应用于当前文档中使用旧样式的所有单元格。传入样式和现有样式的定义都显示在"载入样式"对话框的下方，因此可对它们进行比较。

- **自动重命名**：重命名载入的样式。如果两个文档都具有名为"表样式1"的样式，则载入的样式在当前文档中会被重命名为"表样式1副本"。

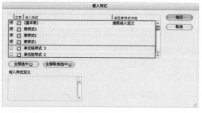

图9-56

9.6.2 认识单元格样式面板

在页面菜单中执行"窗口>样式>单元格样式"命令，打开"单元格样式"面板，可以创建和命名单元格样式，并将这些样式应用于表的单元格。样式随文档存储，每次打开该文档时，样式都会显示在面板中。为了便于管理，可以将表样式和单元格样式按组存储，如图9-57所示。

1.新建单元格样式

要新建单元格样式，可执行以下操作。首先打开"单元格样式"面板，然后在"单元格样式"面板菜单中选择"新建单元格样式"命令，如图9-58所示。

接着就会弹出"新建单元格样式"对话框，对其进行相应的设置，如图9-59所示。

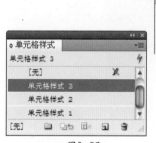

图9-57

图9-58

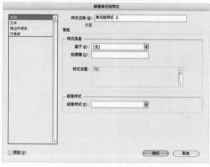

图9-59

2.载入单元格样式

要将已建立的单元格样式载入，首先打开"单元格样式"面板，然后在"单元格样式"面板菜单中选择"载入单元格样式"命令，接着单击要导入样式的InDesign文档，并单击"打开"按钮，如图9-60所示。

接着就会弹出"载入样式"对话框。在该对话框中，选中要导入的样式，并进行相应的设置，如图9-61所示。

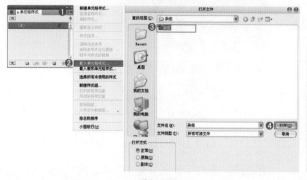

图9-60

图9-61

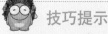

技巧提示

也可以在"单元格样式"面板菜单中选择"载入表和单元格样式"命令来载入样式。

第9章 表格的制作

3.清除未在单元格样式中定义的属性

首先打开"单元格样式"面板，在"单元格样式"面板菜单中选择"清除非样式定义属性"命令，如图9-62所示。

图9-62

实例练习——使用表命令制作旅行社传单

案例文件	实例练习——使用表命令制作旅行社传单.indd
视频教学	实例练习——使用表命令制作旅行社传单.flv
难易指数	★★★★★
知识掌握	表格、表选项的设置

案例效果

本案例的最终效果如图9-63所示。

图9-63

操作步骤

步骤01 执行"文件＞新建＞文档"命令，或按Ctrl+N组合键，在"新建文档"对话框中的"页面大小"列表框中选择A4，设置"页数"为2。单击"边距和分栏"按钮，打开"新建边距和分栏"对话框，单击"确定"按钮，如图9-64所示。

图9-64

步骤02 执行"文件＞置入"命令，在弹出的"置入"对话框中选择素材文件，当鼠标指针变为 图标时，在左侧页面中单击导入天空素材，如图9-65所示。

图9-65

步骤03 接着执行"文件＞置入"命令，导入气球和人像素材文件，放置在左侧页面，如图9-66所示。

图9-66

步骤04 单击工具箱中的"钢笔工具"按钮 ，绘制出一个闭合路径。然后打开"渐变"面板，单击滑块调整渐变颜色为深红色与红色之间渐变，"类型"为"线性"。单击工具箱中的"渐变工具"按钮 ，拖曳为路径添加渐变效果，如图9-67所示。

图9-67

步骤05 单击工具箱中的"矩形工具"按钮 ▭，在右侧绘制一个矩形，打开"渐变"面板，拖动滑块调整渐变颜色为蓝色到深蓝色，"类型"为"线性"。单击工具箱中的"渐变工具"按钮 ▭，拖曳为矩形添加渐变效果，如图9-68所示。

图9-68

步骤06 使用矩形工具在页面的上部绘制一个矩形，设置填充颜色为浅蓝色，如图9-69所示。

图9-69

步骤07 单击工具箱中的"钢笔工具"按钮 ✎，绘制出一个四边形。然后打开"渐变"面板，拖动滑块调整渐变颜色为蓝色到深蓝色。"类型"为"径向"。使用渐变工具在四边

形中拖曳为路径添加渐变效果，并设置描边为白色，描边大小为8点，如图9-70所示。

图9-70

步骤08 按照相同的方法制作出其他形状对象，并调整大小和颜色，如图9-71所示。

图9-71

步骤09 执行"文件>置入"命令，导入人像图片素材文件。选中人像图片对象，设置描边为白色，描边大小为7点，并旋转一定的角度，如图9-72所示。

图9-72

步骤10 首先使用矩形工具在页面中绘制一个矩形，设置填充颜色为白色，然后执行"对象>角选项"命令，弹出"角选项"对话框，单击"统一所有设置"按钮，转角大小设置为9毫米，形状为斜角，设置一个选项，其他选项也跟着改变，如图9-73所示。

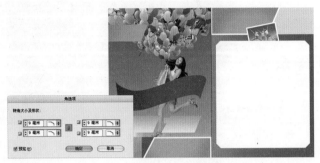

图9-73

步骤11 使用矩形工具绘制一个矩形，设置填充颜色为浅蓝色，执行"对象>角选项"命令，然后弹出"角选项"对话框，单击"统一所有设置"按钮，取消统一设置，将其中两个对角的转角大小设置为11毫米，形状为斜角，如图9-74所示。

图9-74

步骤12 选中斜角对象，按住Alt键拖曳复制出一个副本，在垂直地将其水平缩短。打开"渐变"面板，拖动滑块调整渐变颜色为蓝色到深蓝色，"类型"为"径向"。使用渐变工具拖曳为路径添加渐变效果，并设置描边为白色，描边大小为8点，如图9-75所示。

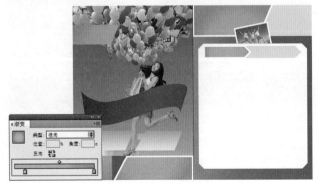

图9-75

步骤13 将两个斜角对象同时选中，按住Alt键拖曳复制出两个副本，放置在适当位置。并将其中一个的角选项转换为直角，再将其拉伸，放置在页面的最底部，如图9-76所示。

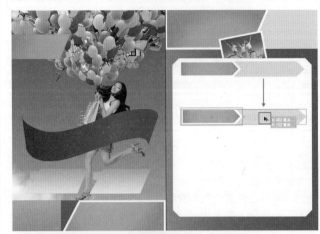

图9-76

步骤14 单击工具箱中的"文字工具"按钮 **T.**，在页面中绘制一个文本框。将插入点放置在要显示表的位置，执行"表>插入表"命令，然后弹出"插入表"对话框，设置正文行为4，列为2，如图9-77所示。

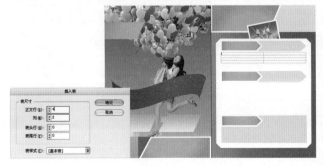

图9-77

步骤15 调整行高和列宽。使用文字工具将指针放在表的列线上，当指针变为↔形状时，按住鼠标左键向左拖移。再

InDesign CS5从入门到精通

将最后的列线向右拖曳，扩大表格的范围，如图9-78所示。

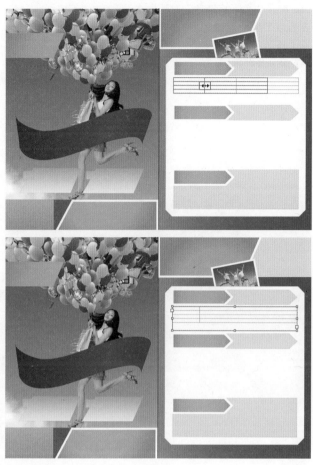

图9-78

步骤16 接着将指针放在表的行线上，当指针变为↕形状时，按住鼠标左键向下拖移。然后执行"表>选择>表"命令，将表选中，再次执行"表>均匀分布行"命令，将表格行进行均匀分布，如图9-79所示。

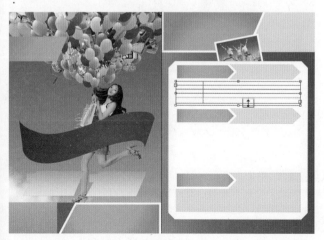

图9-79

技巧提示

若要选择表，也可以将指针移至表的左上角，以便指针变为箭头形状，然后单击鼠标选中整个表，如图9-80所示。

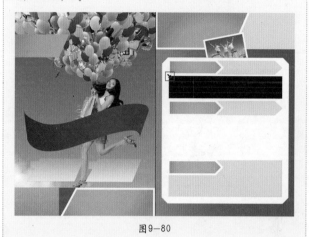

图9-80

步骤17 将插入点放置在单元格中，然后执行"表>表选项>表设置"命令。弹出"表选项"对话框。选择"表设置"选项卡，然后在"表外框"中设置粗细为1点，颜色为深蓝，类型为直线，色调为100%，如图9-81所示。

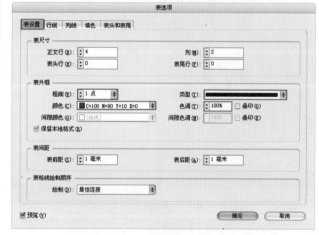

图9-81

步骤18 在"表选项"对话框中选择"颜色"选项卡，设置"前"为1列，"颜色"为蓝色，"色调"为46%，"后"为1列，"颜色"为蓝色，"色调"为10%，如图9-82所示。

步骤19 将插入点放置在单元格中，为每个单元格输入文本，如图9-83所示。

然后选中表，执行"表>单元格选项>文本"命令，弹出"单元格选项"对话框，设置排版方向为水平，对齐为水平居中，使文字位于每个单元格居中位置，如图9-84所示。

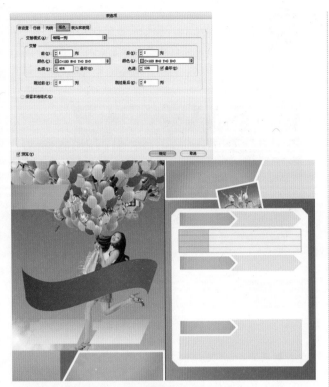

图9-82

图9-84

步骤21 按照相同的方法再次制作出一个表格，如图9-85所示。

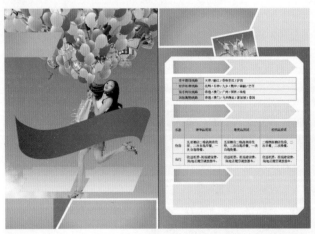

图9-85

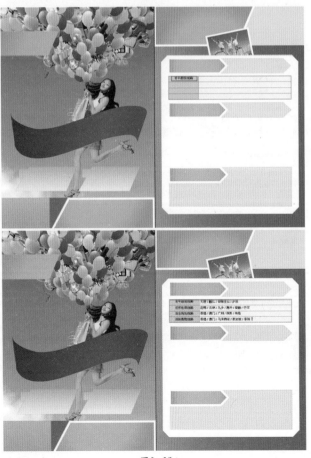

图9-83

步骤22 单击工具箱中的"文字工具"按钮 T.，在左侧页面绘制出一个文本框架，然后输入文本，在控制栏中设置一种合适的字体，选择前两个字设置文字大小为50点，再选择后四个字设置文字大小为89点。使用选择工具选中文字，在任意角点位置，对文字进行旋转，如图9-86所示。

步骤23 接着执行"文字＞创建轮廓"命令，将文字转换为文字路径。打开"渐变"面板，拖动滑块调整渐变颜色为从浅黄色到黄色，"类型"为"线性"。单击工具箱中的"渐变工具"按钮 ，拖曳为文字添加渐变效果，如图9-87所示。

图9-86   图9-87

步骤24 接着设置字体描边为白色，描边大小为2点，如图9-88所示。

步骤25 使用文字工具在页面上输入文本，按照相同的方法为文字添加渐变和描边效果，如图9-89所示。

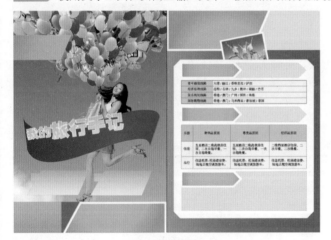

图9-88   图9-89

步骤26 使用文字工具在左上角绘制出一个文本框架，然后输入文字。在控制栏中设置一种合适的字体，设置文字大小为25点，在"填色"中设置文字颜色为白色，如图9-90所示。

步骤27 在"乐游旅行"底部，使用文字工具输入文本，作为装饰文字，并将"乐游旅行"和装饰文字同时选中，然后按住Alt键拖曳到右侧页面中建立副本，如图9-91所示。

图9-90   图9-91

步骤28 继续使用文字工具在左侧页面输入文本，并调整文本的字体、大小和颜色，如图9-92所示。

图9-92

步骤29 使用文字工具在右侧页面输入段落文本。然后使用直接选择工具选择框架上左上角的锚点，并将其向右进行拖曳。此时框架中的文本也跟着框架变化，如图9-93所示。

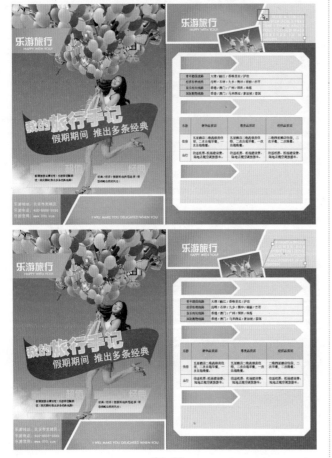

图9-93

步骤30 使用文字工具在右侧页面分别输入"【乐游】经典推荐"、"【乐游】旅行手记"、"【乐游】出行配置"，在控制栏中设置一种合适的字体，设置文字大小为23点，在"填色"中设置文字颜色为白色，并在右侧输入英文装饰文字，如图9-94所示。

图9-94

步骤31 使用文字工具在右侧页面底部绘制出一个文本框架，并输入文本。然后执行"窗口>文字和表>字符"命令，打开"字符"面板，设置一种合适的字体，选中文本中的前部分文字，设置文字大小为18点，选中文本中的后部分文字，设置文字大小为35点，设置"倾斜"为35°，如图9-95所示。

图9-95

步骤32 接着选中文本中的后部分文字，在"填色"中设置文字颜色为红色，如图9-96所示。

图9-96

步骤33 继续使用文字工具在底部输入文本。设置文字颜色为红色，并在最底部输入装饰文字，如图9-97所示。

步骤34 最后，执行"文件>置入"命令，导入不同的标志素材文件，分别放在左侧与右侧页面上，效果如图9-98所示。

图9-97

图9-98

 读书笔记

Chapter 10

第10章

书籍与长文档排版

在InDesign中，"书籍"文件是一个可以共享样式、色板、主页及其他项目的文档集。可以按顺序给编入书籍的文档中的页面编号、打印书籍中选定的文档或者将它们导出为PDF文件。一个文档可以属于多个书籍文件。

本章学习要点：

- 掌握书籍的使用方法
- 掌握主页的设置方法
- 掌握页码的添加方法
- 掌握目录、索引的生成方法

10.1 创建与管理书籍

在InDesign中，"书籍"文件是一个可以共享样式、色板、主页及其他项目的文档集。可以按顺序给编入书籍的文档中的页面编号、打印书籍中选定的文档或者将它们导出为PDF文件。一个文档可以属于多个书籍文件。

添加到书籍文件中的一个文档便是样式源。默认情况下，样式源是书籍中的第一个文档，可以随时选择新的样式源。在对书籍中的文档进行同步时，样式源中指定的样式和色板会替换其他编入书籍的文档中的样式和色板。

10.1.1 创建书籍文件

在页面中执行"文件＞新建＞书籍"命令，弹出"新建书籍"对话框，为该书籍输入一个名称，指定存储位置，然后单击"保存"按钮。同时系统将会打开"书籍"面板，存储的书籍文件扩展名为".indb"，如图10-1所示。

此时单击"添加文档"按钮 ，可以向书籍文件中添加文档作为一个书籍中的章节，如图10-2所示。

图10-2

图10-1

10.1.2 保存书籍文件

在选择"存储书籍"命令后，InDesign会存储对书籍的更改。要使用新名称存储书籍，在"书籍"面板菜单中执行"将书籍存储为"命令，并指定一个位置和文件名，然后单击"保存"按钮即可，如图10-3所示。

要使用同一名称存储现有书籍，需要在"书籍"面板菜单中执行"存储书籍"命令，或单击"书籍"面板底部的"存储书籍"按钮 ，如图10-4所示。

技巧提示

如果通过服务器共享书籍文件，应确保使用了文件管理系统，以便不会意外地冲掉彼此所做的修改。

图10-3

图10-4

10.1.3 添加与删除书籍文件

　　"书籍"面板是书籍文件的工作区域，在该工作区域中可以添加、删除或重排文档。在"书籍"面板菜单中选择"添加文档"命令，然后单击"打开"按钮，如图10-5所示。

　　单击"书籍"面板底部的加号 按钮，选择要添加的InDesign文档，然后单击"打开"按钮，如图10-6所示。

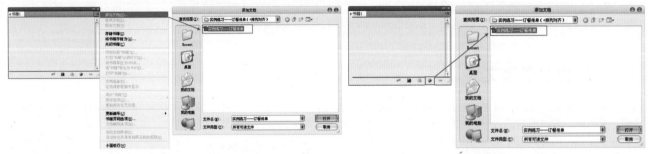

图10-5　　　　　　　　　　　　　　　　　　　　　　　　　　　图10-6

技巧提示

　　可以将文件从资源管理器窗口拖放到"书籍"面板中，还可以将某文档从一个书籍拖曳到另一个书籍中。按住Alt键，可以复制文档。

　　选择"书籍"面板中的文档，然后在"书籍"面板菜单中选择"移去文档"按钮 。删除书籍文件中的文档时，不会删除磁盘上的文件，而只会将该文档从书籍文件中删除，如图10-7所示。

10.1.4 打开书籍中的文档

　　当书籍中的文档需要修改时，可以直接在书籍中打开想要编辑的文档进行修改，InDesign中不仅可以修改书籍中的文件属性，还可以同步修改文档文件中的原稿属性。

　　在"书籍"面板中双击想要编辑的文档，就会打开所选择的文档文件，以供修改和编辑，同时可以看到打开的文档名称的右侧会显示一个打开的书籍的图标，如图10-8所示。

10.1.5 调整书籍中文档的顺序

　　文件的排列顺序是书籍中页码编列的依据，如果觉得排列顺序不妥，可自行依实际需求进行调整。

　　在书籍中选择想要调整的文档，然后按住鼠标左键，将文件拖曳到想要排列的目的位置后，释放鼠标即可调整文档文件的排列顺序。完成后，不仅文件的排列顺序被修改，InDesign也会依据文件的排列顺序重新调整与编排页码，如图10-9所示。

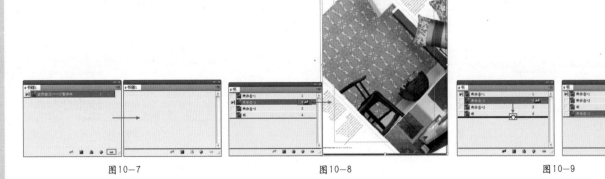

　　　图10-7　　　　　　　　　　　　　　图10-8　　　　　　　　　　　　　　图10-9

10.1.6 移去或替换缺失的书籍文档

在书籍中的文档文件，是以链接的方式存在的，所以可随时通过书籍中所显示的状态图表来预览文件中的相关状态，在"书籍"面板中可以看到内部文档的相关状态，如图10-10所示。

- 没有图标：表示此文档是可使用的。
- ：表示书籍文档处于打开状态。
- ：表示此文档链接路径已修改或文件被删除了，导致文件缺失。
- ：表示此文档的属性已被改变，但书籍的文件属性仍未更改。

选择"书籍"面板中的文档，在"书籍"面板菜单中选择"移去文档"命令，文档将从书籍义件中删除。

选择"书籍"面板中的文档，在"书籍"面板菜单中选择"替换文档"命令，找到要用来替换它的文档，然后单击"打开"按钮，如图10-11所示。

也可以在"书籍"面板菜单中选择"文档信息"命令，然后单击"替换"按钮，再选择替换文档，如图10-12所示。

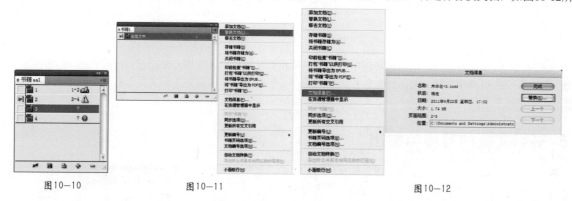

图10-10　　　　　　　图10-11　　　　　　　图10-12

10.1.7 同步书籍文档

对书籍中的文档进行同步时，指定的项目（样式、变量、主页、陷印预设、交叉引用格式、条件文本设置、编号列表和色板）将从样式源复制到指定的书籍文档中，并替换所有同名项目。

理论实践——选择要同步的项目

选择"书籍"面板菜单中的"同步选项"命令，选择要从样式源复制到其他书籍文档中的项目。选中"智能匹配样式组"选项可以避免复制已移入或移出样式组中的具有唯一名称的样式，然后单击"确定"按钮，如图10-13所示。

技巧提示

如果文档包含多个同名样式，则InDesign的行为将与未选择此选项时一样。为获得最佳效果，使用唯一名称创建样式。

图10-13

理论实践——同步书籍文件中的文档

在"书籍"面板中，单击要作为样式源的文档旁边的空白框，样式源图标 表明哪个文档是样式源，如图10-14所示。

选择"书籍"面板菜单中的"同步选项"命令，弹出"同步选项"对话框，在对话框中选择要从样式源复制的项目。在"书籍"面板中选择要从样式源复制到其他书籍文档中的样式和色板，单击"确定"按钮即可保存设置，如图10-15所示。

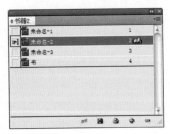

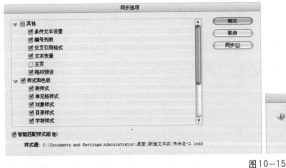

图10-14

图10-15

技巧提示

执行"编辑>还原"命令，将仅还原对同步时处于"打开"状态的文档所做的更改。

理论实践——同步主页

主页的同步方式与其他项目相同，即与样式源中的主页具有相同名称的主页（如A-Master）将被替换。同步主页对于使用相同设计元素（如动态页眉和页脚）的文档非常有用。但是，若想保留非样式源文档的主页上的页面项目，则不要同步主页或应创建不同名称的主页。

10.1.8 书籍文档的打印与输出

在"书籍"面板中，要输出特定的文档，可以选择所需的文档。要输出整个书籍保未选中任何文档。然后选择"书籍"面板菜单中的"打印已选中的文档"或单击"书籍"按钮，如图10-16所示。

图10-16

10.2 版面设置

版面设置包括版面网格设置、边距与分栏设置、版面调整3大部分。

10.2.1 版面网格设置

要更改页面的版面网格设置，可以在"页面"面板中选择页面，或选择控制要更改页面的主页。在各个页面上设置版面网格可使一个文档包含多个不同的版面网格。执行"版面>版面网格"命令，在弹出的对话框中更改相应的设置，单击"确定"按钮，如图10-17所示。

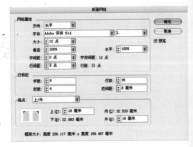

图10-17

- 方向：选择"水平"选项可使文本从左向右水平排列，选择"垂直"选项可使文本从上向下竖直排列。
- 字体：选择字体系列和字体样式。选定的字体将成为"版面网格"的默认设置。此外，如果在"首选项"中的"字符网格"中将网格设置成为"表意字"，则网格的大小将根据所选字体的表意字而发生变化。
- 大小：指定要在版面网格中用作正文文本的基准的字体大小。此选项还可确定版面网格中的各个网格单元的大小。
- 垂直和水平：指定网格中基准字体的缩放百分比。网格的大小将根据这些设置发生变化。

- 字间距：指定网格中基准字体的字符之间的距离。如果输入负值，网格将显示为互相重叠。设置正值时，网格之间将显示间距。
- 行间距：指定网格中基准字体的行间距离。网格线间距离将根据输入的值而更改。
- 字数：设置"行字数"（网格）计数。
- 行数：指定一个栏中的行数。
- 栏数：指定一个页面中的栏数，如图10-18所示。
- 栏间距：指定栏与栏之间的距离。
- 起点：从弹出菜单中选择"起点"选项，然后在各个文本框中选择"上"、"下"、"右"（或"外"）和"左"（或"内"）边距。网格将根据"网格属性"和"行和栏"中设置的值从选定的起点处开始排列。在"起点"另一侧保留的所有空间都将成为边距。因此，不可能在构成"网格基线"起点的点之外的文本框中输入值，但是可以通过更改"网格属性"和"行和栏"选项值来修改与起点对应的边距。选择"完全居中"并添加行或字符时，将从中央根据设置的字符数或行数创建版面网格。

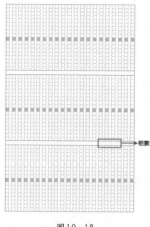

图10-18

 技巧提示

　　如果为栏和栏间距指定的值使得版面网格大于页面大小，字符、栏间距和栏的值将调整，以使其适应页面。要更改设置，在创建新文档之后执行"版面＞版面网格"命令，并指定不同的值。

10.2.2 边距与分栏设置

　　可以更改页面和跨页的分栏和边距设置。更改主页上的分栏和边距设置时，将更改应用该主页的所有页面的设置。更改普通页面的分栏和边距时，只影响在"页面"面板中选定的页面。

　　要更改页面的边距和分栏设置，在"页面"面板中选择页面，或选择控制要更改页面的主页。然后执行"版面＞边距和分栏"命令，在弹出的"边距和分栏"对话框中进行相应的设置，然后单击"确定"按钮，如图10-19所示。

　　更改边距和分栏设置的前后对比效果，如图10-20所示。

图10-19

- 边距：输入值，以指定边距参考线到页面的各个边缘之间的距离。如果在"新建文档"或"文档设置"对话框中选中了"对页"，则"左"和"右"边距选项名称将更改为"内"和"外"，这样便可以指定更多的内边距空间来容纳装订。
- 栏：可以对文档的栏数、栏间距、排版方向进行设置。
- 启用版面调整：选中该选项后，可以打开版面的调整功能。

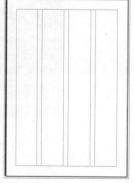

图10-20

10.2.3 版面调整

　　更改"版面调整"对话框中的选项不会立即更改任何内容。仅当更改页面大小、页面方向、边距或分栏设置或者应用新的主页时才能触发版面调整。如果要将版面恢复到以前的状态，只能使用还原版面调整操作。

执行"版面>版面调整"命令，在弹出的"版面调整"对话框中选中"启用版面调整"选项，指定版面调整选项，然后单击"确定"按钮，如图10-21所示。

图10-21

- 靠齐范围：在列表框中输入一个值，指定要使对象在版面调整过程中靠齐最近的边距参考线、栏参考线或页面边缘，该对象需要与其保持多大的距离。
- 允许调整图形和组的大小：选中此选项，将允许"版面调整"功能缩放图形、框架和组。如果取消选中此选项，"版面调整"将可以移动图形和组，但不能调整其大小。
- 允许移动标尺参考线：如果要使"版面调整"功能调整标尺参考线的位置，选中此选项。
- 忽略标尺参考线对齐方式：当标尺参考线对于版面调整来说位置不合适时，选中此选项。对象仍将与栏、边距参考线和页面边缘对齐。
- 忽略对象和图层锁定：当要让"版面调整"功能重新定位被分别锁定或由于处在锁定图层而被锁定的对象时，选中此选项。

10.3 页面、跨页与主页

在文档中可以对页面执行很多操作，如添加、删除、移动、复制等命令，这些对页面的操作主要是在"页面"面板中进行设置。在"页面设置"对话框中选中"对页"选项时，文档页面将排列为跨页，跨页是一组一同显示的页面。在对页面进行编辑时，页面中的内容也会随着操作进行改变，因此当需要删除、复制或移动页面中的内容时，对页面进行操作也可以得到相应的效果。

10.3.1 什么是页面、跨页与主页

页面是指书籍或其他阅读类出版物中的一面，在InDesign中用于承载版式中图形、图像、文字等内容，如图10-22所示。

跨页是将图文放大并横跨两个版面以上，以水平排列方式使整个版面看起来更加宽阔。跨过第一页，直接到第二页，如图10-23所示。

图10-22 　　　　　　　　　　　　　　　　　　　图10-23

主页的功能类似于模板，可以在编排文件的过程中将每页都会重复原位置显示的内容放置在主页上进行集中编辑和管理，再通过为页面赋予主页的方式快捷地使其他页面具有主页的属性。如图10-24所示分别为画册页面与页面所使用的主页。

10.3.2 熟悉"页面"面板

在页面中执行"窗口>页面"命令或使用快捷键F12，打开"页面"面板，如图10-25所示。

- 编辑页面大小 ：单击该按钮可以对页面大小进行相应的编辑。

- 新建页面 ：单击该按钮可以新建一个页面。
- 删除选中页面 ：选择页面并单击该按钮，可以将选中的页面删除。

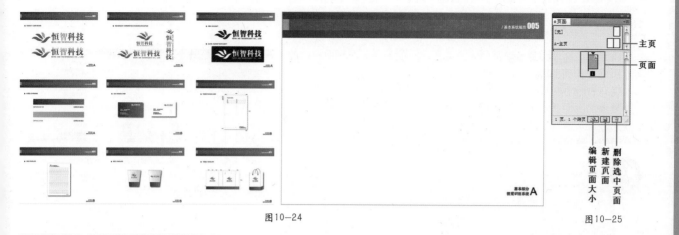

图10-24

图10-25

主页

页面

编辑面面大小

新建页面

删除选中页面

10.3.3 更改页面显示

  "页面"面板中提供了关于页面、跨页和主页的相关信息，以及对于它们的控制。默认情况下，"页面"面板只显示每个页面内容的缩略图。

  打开"页面"面板，在"页面"菜单中选择"面板选项"命令，此时弹出"面板选项"对话框，具体参数设置如图10-26所示。

- 页面和主页：这两组参数完全相同，主要用于设置页面缩览图显示方式。在"大小"中可以为页面和主页选择一种图标大小。选择"垂直显示"可在一个垂直列中显示跨页，取消选中此选项可以使跨页并排显示。选中"显示缩览图"可显示每一页面或主页的内容缩览图。

- 图标：在图标组中可以对"透明度"、"跨页旋转"与"页面过渡效果"进行设置。

- 面板版面：设置面板版面显示方式，可以在"页面在上"与"主页在上"之间进行选择。

图10-26

  • 调整大小：可以在"调整大小"列表框中选择一个选项。选择"按比例"，要同时调整面板的"页面"和"主页"部分的大小。选择"页面固定"，要保持"页面"部分的大小不变而只调整"主页"部分的大小。选择"主页固定"，要保持"主页"部分的大小不变而只调整"页面"部分的大小。

10.3.4 选择页面

  可以选择页面或跨页，或者确定目标页面或跨页，具体取决于所执行的任务。有些命令会影响当前选定的页面或跨页，而其他命令则影响目标页面或跨页。

① 打开"页面"面板，在页面缩览图上单击，页面缩览图呈现为蓝色，表示该页面为选中状态，如图10-27所示。

② 要选择某一跨页，单击位于跨页图标下方的页码，如图10-28所示。

③ 按住Shift键，在其他页面上单击，可以将两个页码之间所有的页面选中，如图10-29所示。

④ 按住Ctrl键，在其他页面缩览图上单击，可以选中不相邻的页面，如图10-30所示。

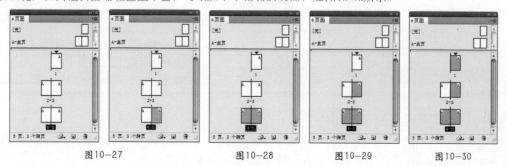

图10-27   图10-28   图10-29   图10-30

10.3.5 创建多个页面

要将某一页面添加到活动页面或跨页之后，单击"页面"面板中的"新建页面"按钮 ，或执行"版面>页面>添加页面"命令，新页面将与现有的活动页面使用相同的主页，如图10-31所示。

若要添加页面并指定文档主页，从"页面"面板菜单中选择"插入页面"命令，或执行"版面>页面>插入页面"命令，此时可以选择要添加页面的位置和要应用的主页，如图10-32所示。

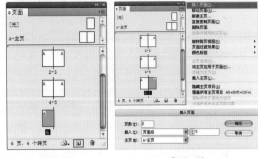

图10-31　　　　　图10-32

> **技巧提示**
>
> 要向文档末尾添加多个页面，执行"文件>文档设置"命令。在"文档设置"对话框中，指定文档的总页数。InDesign会在最后一个页面或跨页后添加页面。

10.3.6 控制跨页分页

大多数文档都只使用两页跨页。当在某一跨页之前添加或删除页面时，默认情况下页面将随机排布。但是，可能需要将某些页面仍一起保留在跨页中。

❶ 要保留单个跨页，在"页面"面板中选定跨页，然后在"页面"面板菜单中取消选择"允许选定跨页随机排布"命令，如图10-33所示。

❷ 使用"插入页面"在某一跨页中间插入一个新页面或在"页面"面板中将某个现有页面拖曳到跨页中，可将页面添加到选定跨页中。要拖曳整个跨页，可拖曳其页码，如图10-34所示。

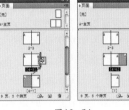

图10-33　　　　　图10-34

10.3.7 创建主页

默认情况下，创建的任何文档都具有一个主页。可以从零开始创建其他主页，也可以利用现有主页或文档页面进行创建。将主页应用于其他页面后，对源主页所做的任何更改都会自动反映到所有基于它的主页和文档页面中。这是一种对文档中的多个页面进行版面更改的简便方法。

理论实践——从零开始创建主页

打开"页面"面板，在"页面"面板菜单中选择"新建主页"命令，打开"新建主页"对话框，然后进行相应的设置，如图10-35所示。

- 前缀：在"前缀"文本框中可以输入一个前缀以标识"页面"面板中各个页面所应用的主页。最多可以输入4个字符。
- 名称：在"名称"文本框中，可以输入主页跨页的名称。
- 基于主页：在"基于主页"列表框中，选择一个要以其作为主页跨页基础的现有主页跨页，或选择"无"。
- 页数：在"页数"文本框中输入一个值，作为主页跨页中要包含的页数（最多为10页）。

图10-35

理论实践——从现有页面或跨页创建主页

将整个跨页从"页面"面板的"页面"部分拖曳到"主页"部分。原页面或跨页上的任何对象都将成为新主页的一部分。如果原页面使用了主页，则新主页将基于原页面的主页，如图10-36所示。

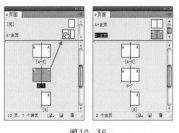

图10-36

技巧提示

在"页面"面板中选择某一跨页，然后从"页面"面板菜单中选择"存储为主页"命令，可以将选中的跨页存储为主页，如图10-37所示。

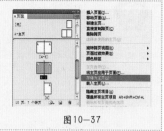

图10-37

理论实践——配合使用快捷键创建主页

按住Ctrl键，并单击"新建页面"按钮 ▣，可以快速创建主页，如图10-38所示。

10.3.8 编辑主页

可以随时编辑主页的版面，所做的更改会自动反映到应用该主页的所有页面中。

理论实践——编辑主页的版面

在"页面"面板中，双击要编辑的主页的图标，或者从文档窗口底部的文本框列表中选择主页。主页跨页将显示在文档窗口中，对主页进行更改，如图10-39所示。

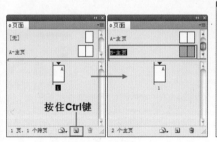

按住Ctrl键

图10-38　　　　图10-39

要更改主页的大小，单击工具箱中的"页面工具"按钮 ▣，并将其选中，如图10-40所示。

图10-40

还可以通过拖曳鼠标移动其位置，如图10-41所示。

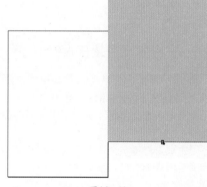

图10-41

还可以在选项栏中修改相应的参数，如图10-42所示。

图10-42

- X值和Y值：更改X值与Y值可以确定页面相对于跨页中其他页面的垂直位置。

- W值和H值：可更改所选页面的宽度和高度，也可以通过该列表框指定一个页面大小预设。要创建出现在此列表中的自定页面大小，从菜单中选择"自定页面大小"，指定页面大小设置。

- 页面方向：可以选择横向▣或纵向▣页面方向。如图10-43所示为横向▣页面方向和纵向▣页面方向的对比。

- 启用版面调整：如果希望页面上的对象随着页面大小的变化而自动调整，选中此选项。

- 显示主页叠加：选中此选项可以在使用"页面"工具选中的任何页面上显示主页叠加。

- 对象随页面移动：选中此选项可以在调整X值和Y值时，使对象随页面移动。

技巧提示

可以使用多种视图查看主页编辑的结果。执行"窗口＞排列＞新建窗口"命令，然后执行"窗口＞排列＞平铺"命令。将一种视图设置为一个页面，并将另一种视图设置为应用到该页面的主页，然后编辑该主页并观察页面如何更新。

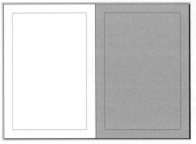
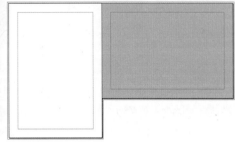

图10-43

理论实践——将主页应用于文档页面或跨页

要将主页应用于一个页面，在"页面"面板中将主页图标拖曳到页面图标上。当黑色矩形围绕所需页面时释放鼠标，如图10-44所示。

要将主页应用于跨页，在"页面"面板中将主页图标拖曳到跨页的角点上。当黑色矩形围绕所需跨页中的所有页面时释放鼠标，如图10-45所示。

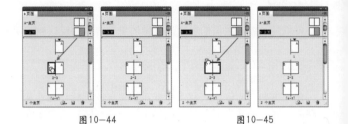

图10-44　　　　　　图10-45

理论实践——将主页应用于多个页面

打开"页面"面板，在"页面"面板中，选择要应用新主页的页面。然后按住Alt键，并单击某一主页。从"页面"面板菜单中选择"将主页应用于页面"命令，如图10-46所示。

为"应用主页"选择一个主页，确保"于页面"选项中的页面范围是所需的页面，然后单击"确定"按钮，如图10-47所示。

可以一次将主页应用于多个页面，如图10-48所示。

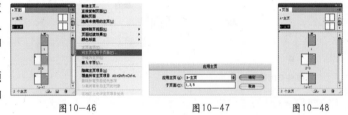

图10-46　　　　　　图10-47　　　　　　图10-48

10.3.9　添加、删除页面

在"页面"面板中，可以对页面进行添加和删除操作。

理论实践——添加页面

在"页面"面板中，单击面板底部的"新建页面"按钮，可以创建页面，如图10-49所示。

在"页面"面板中，按住Alt键，并单击"新建页面"按钮，可以打开"插入页码"对话框。在该对话框中可以选择插入页面的相关信息，如在第几页插入等，如图10-50所示。

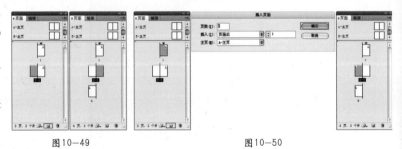

图10-49　　　　　　　　图10-50

理论实践——删除页面

在"页面"面板中，选择一个页面，并单击"删除选中页面"按钮，可以删除选中的页面，如图10-51所示。

10.3.10 移动、复制页面

可以在同一文档内复制页面，也可以将页面从一个文档复制到另一个文档以作为新页面，还可以移动页面在文档中的位置。

理论实践——移动页面

在"页面"面板中选择要移动或复制的页面，如图10-52所示。

执行"版面>页面>移动页面"命令，在弹出的"移动页面"对话框中设置相应的参数，如图10-53所示。

参数设置完成后，单击"确定"按钮就会看到刚才选择的页面位置发生了变化，如图10-54所示。

理论实践——复制页面

在"页面"面板中将主页跨页的页面名称拖曳到面板底部的"新建页面"按钮 🔲 上，或选择主页跨页的页面名称，并从面板菜单中选择"直接复制页面"命令，如图10-55所示。

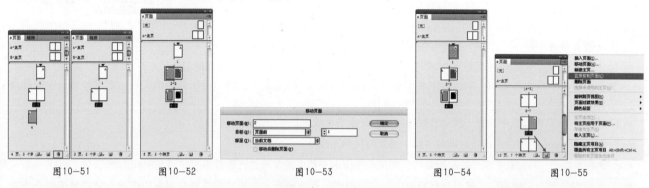

图10-51　　　　图10-52　　　　图10-53　　　　图10-54　　　　图10-55

10.4 页码、章节与段落

可以向页面中添加一个当前页码标志符，以指定页码在页面上的显示位置和显示方式，同时可以设置章节和段落的参数。

10.4.1 添加页码

页码标志符通常会添加到主页，将主页应用于文档页面之后，将自动更新页码。

❶ 在"页面"面板中，双击要为其添加页码的主页。创建一个足够大的新文本框架，以容纳最长的页码以及要在页码旁边显示的任何文本。将文本框架置于想要显示页码的位置，然后在页码文本框架中添加要在页码前后显示的任意文本，如图10-56所示。

❷ 将插入点置于想要显示页码的位置，然后执行"文字>插入特殊字符>标志符>当前页码"命令，将主页应用于要在其上显示页码的文档页面，如图10-57所示。

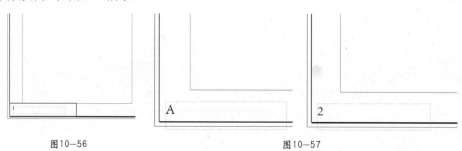

图10-56　　　　　　　　　　图10-57

10.4.2 文档页码选项

可以更改文档编号选项，方法是选中一个文档页面，然后执行"版面>页码和章节选项"命令。还可以从"书籍"面板菜单中选择"文档编号选项"来更改这些选项，如图10-58所示。

- 自动编排页码：如果要让当前章节的页码跟随前一章节的页码，则选中此选项。使用该选项，当在它前面添加页时，文档或章节中的页码将会自动更新。
- 起始页码：在文本框中输入文档或当前章节第一页的起始页码。如果要重新开始对章节进行编号，输入1，则该章节中的其余页面将相应地进行重新编号。
- 章节前缀：为章节输入一个标签。包括要在前缀和页码之间显示的空格或标点符号（例如A–16或A16）。前缀的长度不应多于8个字符。
- 样式（Y）：从列表框中选择一种页码样式。该样式仅应用于本章节中的所有页面，如图10-59所示。
- 章节标志符：输入一个标签，InDesign会将其插入到页面中，插入位置为在执行"文字>插入特殊字符>标志符>章节标志符"命令时显示的章节标志符的位置。
- 编排页码时包含前缀：如果要在生成目录或索引以及打印包含自动页码的页面时显示章节前缀，选中此选项。取消选中此选项，将在InDesign中显示章节前缀，但在打印的文档、索引和目录中隐藏该前缀。
- 样式（L）：从列表框中选择一种章节编号样式，此章节样式可在整个文档中使用。
- 自动为章节编号：选中此选项可以对书籍中的章节按顺序编号。
- 起始章节编号：指定章节编号的起始数字。如果不希望对书籍中的章节进行连续编号，可选中此选项。
- 与书籍中的上一文档相同：使用与书籍中上一文档相同的章节编号。如果当前文档与书籍中的上一文档属于同一个章节，选中此选项。

图10–58

图10–59

10.4.3 为文章跳转添加自动页码

在InDesign中可以轻松地创建和编辑在其他页面继续编排的文章跳转行，如标有"下转第42页"的行。使用跳转行页码，可以在移动或重排文章的串接文本框架时自动更新包含文章的下一个或上一个串接文本框架的页面的页码。

使用文字工具拖曳创建一个要在其中显示跳转行的新文本框架。使用选择工具选中新文本框架，使其与包含要跟踪文章的框架接触或重叠。选择文字工具并在新文本框架中单击以放置一个插入点，然后输入要在页码前显示的文本。

接着执行"文字>插入特殊字符>标志符>下转页码"或执行"文字>插入特殊字符>标志符>上接页码"命令即可。

10.4.4 添加自动更新的章节编号

可以将章节编号变量添加到文档中。如同页码一样，章节编号可自动更新，并像文本一样可以设置其格式和样式。章节编号变量常用于组成书籍的各个文档中。一个文档只能拥有指定给它的一个章节编号；如果将单个文档划分为多个章，可以改用创建节的方式来实现。

在章节编号文本框架中，添加将位于章节编号之前或之后的任何文本或变量。将插入点置于要显示章节编号的位置，然后执行"文字>文本变量>插入文本变量"命令。再在子菜单中设置相应的选项即可，如图10-60所示。

图10–60

10.5 目录

目录中可以列出书籍、杂志或其他出版物的内容，可以显示插图列表、广告商或摄影人员名单，也可以包含有助于读者在文档或书籍文件中查找信息的其他信息。一个文档可以包含多个目录。例如，章节列表和插图列表，如图10-61所示。

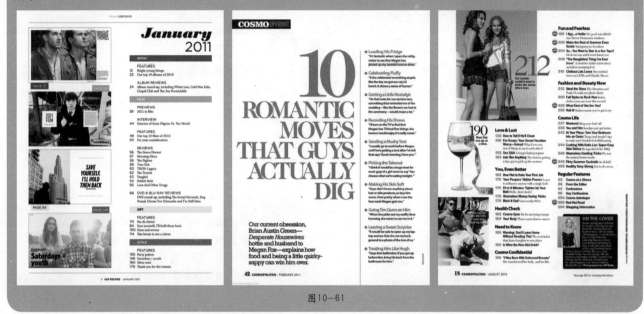

图10-61

10.5.1 生成目录前的准备工作

① 如果要为单篇文档创建目录，可能需要在文档开头添加一个新页面。如果要为书籍中的多篇文档创建目录，首先应创建或打开用于目录的文档，确保其包含在书籍中，然后打开书籍文件，如图10-62所示。

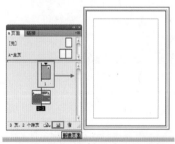

图10-62

② 执行"版面>目录"命令，打开"新建目录样式"对话框。如果已经为目录定义了具有适当设置的目录样式，则可以从"目录样式"菜单中选择该样式，然后进行相应的设置，如图10-63所示。

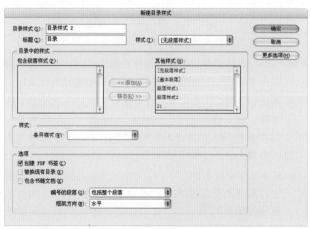

图10-63

● **目录样式**：可以在文本框中输入目录样式的名称。

● **标题**：可以在文本框中输入标题的名称。

- **样式**：可以在列表框中选择样式的类型，包括无段落样式、基本段落、目录标题、新建段落样式。
- **包含段落样式**：为书籍列表中的所有文档创建一个目录，然后重编该书的页码。如果只想为当前文档生成目录，则取消选择此选项。
- **其他样式**：确定要在目录中包括哪些内容，这可通过双击"其他样式"列表中的段落样式，以将其添加到"包含段落样式"列表中来实现。
- **条目样式**：在列表框中指定选项，以确定如何设置目录中各个段落样式的格式。
- **创建PDF书签**：选中该选项可以创建PDF的书签。
- **替换现有目录**：选中该选项，替换文档中所有现有的目

录文章。如果想生成新的目录（如插图列表），则取消选中此选项。

- **包含书籍文档**：选中该选项，可以包含书籍文档。
- **编号的段落**：该选项控制编号段落的方式，包括整个段落、仅包括编号、不包括编号。
- **框架方向**：该选项控制框架的方向，包括水平、垂直。

技巧提示

应避免将目录框架串接到文档中的其他文本框架。如果替换现有目录，则整篇文章都将被更新后的目录替换。

10.5.2 设置目录格式

执行"版面>目录"命令，打开"目录"对话框。生成或编辑目录时，使用这些选项来确定所生成的目录文本的外观，其中某些选项仅在单击对话框中的"更多选项"后显示，如图10-64所示。

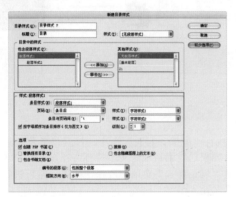

图10-64

- **条目样式**：对于"包括段落样式"中的每种样式，选择一种段落样式应用到相关联的目录条目。
- **页码**：可能需要创建用来设置页码格式的字符样式。可以在"页码"右侧的"样式"列表框中选择此样式。
- **条目与页码间**：指定要在目录条目及其页码之间显示的字符。默认值是^t，即让InDesign插入一个制表符。可以在弹出列表中选择其他特殊字符（如右对齐制表符或全角空格），如图10-65所示。
- **按字母顺序对条目排序（仅为西文）**：选中此选项将按字母顺序对选定样式中的目录条目进行排序。此选项在创建简单列表（如广告商名单）时很有用。嵌套条

目（2级或3级）在它们的组（分别是1级或2级）中按字母顺序排序。

- **级别**：默认情况下，"包含段落样式"框中添加的每个项目比它的直接上层项目低一级。可以通过为选定段落样式指定新的级别编号来更改这一层次。此选项仅调整对话框中的显示内容，它对最终目录无效，除非该列表是按字母顺序排序的，此时其中的条目按级别排序。
- **创建PDF书签**：将文档导出为PDF时，如果希望在Adobe Acrobat或Adobe Reader的"书签"面板中显示目录条目，选中此选项。

项目符号字符
制表符字符
右对齐制表符
强制换行
结束嵌套样式

全角破折号
半角破折号

表意字空格
全角空格
半角空格

不间断空格
不间断空格（固定宽度）

细空格（1/24）
六分之一空格
窄空格（1/8）
四分之一空格
三分之一空格
标点空格
数字空格
右齐空格
不间断连字符

图10-65

- **接排**：如果希望所有目录条目接排到某一个段落中，请选中此选项。分号后跟一个空格可以将条目分隔开。
- **包含隐藏图层上的文本**：在目录中需要包含隐藏图层上的段落时，选中此选项。当创建其自身在文档中为不可见文本的广告商名单或插图列表时，此选项很有用。如果已经使用若干图层存储同一文本的各种版本或译本，则取消选择此选项。
- **编号的段落**：如果目录中包括使用编号的段落样式，请指定目录条目是包括整个段落（编号和文本）、只包括编号还是只包括段落。
- **框架方向**：指定要用于创建目录的文本框架的排版方向。

10.5.3 创建目录

选中要创建目录的对象，然后执行"版面>目录样式"命令，打开"目录样式"对话框，单击"新建"按钮。接着在弹出的"新建目录样式"对话框中输入标题，如图10-66所示。

从"其他样式"列表中，选择与目录中所含内容相符的段落样式，然后单击"添加"按钮 <<添加(A)，将其添加到"包含段落样式"列表中，如图10-67所示。

接着单击"确定"按钮 确定，单击或拖曳页面上的载入文本光标可以放置新的目录文章，如图10-68所示。

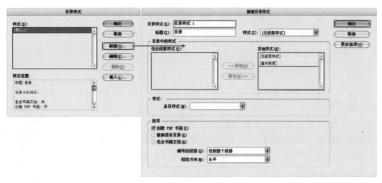

图10-66

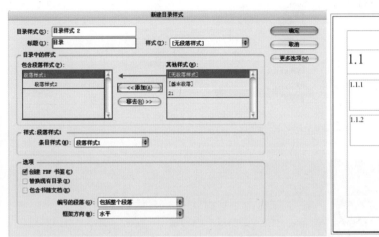

图10-67

图10-68

10.5.4 创建具有制表符前导符的目录条目

目录条目通常采用点或制表符前导符分隔条目与其关联页码的样式。创建具有制表符前导符的段落样式，需要执行"版面>目录"命令，在"包含段落样式"下，选择希望其在目录显示中带制表符前导符的项目。对于"条目样式"，选择包含制表符前导符的段落样式，然后单击"更多选项"按钮，接着设置"条目与页码间"的相应选项，并单击"确定"按钮，如图10-69所示。

创建具有制表符前导符的目录条目的前后对比效果，如图10-70所示。

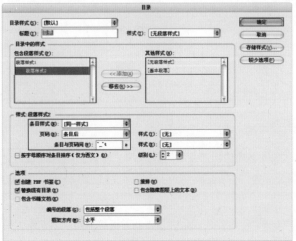

图10-69

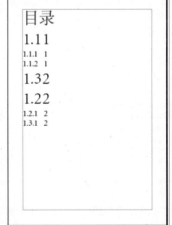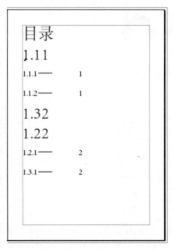

图10-70

10.5.5 更新与编辑目录

目录相当于文档内容的缩影。如果文档中的页码发生变化，或者对标题或与目录条目关联的其他元素进行了编辑，则需要重新生成目录以便进行更新。

理论实践——更新目录

打开包含目录的文档。要更改应用于目录标题、条目或页码的格式，可以编辑与这些元素关联的段落或字符样式。若要更改页面的编号方式（例如，1、2、3或i、ii、iii），可以更改文档或书籍中的章节页码。

在包含目录的文本框架中选择或置入插入点，然后执行"版面>更新目录"命令，如图10-71所示。

理论实践——编辑目录

如果需要编辑目录，则应编辑文档中的实际段落（而不是目录文章），然后生成一个新目录。如果编辑目录文章，则会在生成新目录时丢失修订内容。出于相同的原因，应当对用来设置目录条目格式的样式进行编辑，而不是直接设置目录的格式。

图10-71

10.6 索引

可以针对书中信息创建简单的关键字索引或综合性详细指南，但只能为文档或书籍创建一个索引。要创建索引，首先需要将索引标志符置于文本中，然后将每个索引标志符与要显示在索引中的单词（称作主题）建立关联。

10.6.1 "索引"面板

通过执行"窗口>文字和表>索引"命令，打开"索引"面板。可以在该面板中创建、编辑和预览索引。此面板包含两个模式："引用"和"主题"，如图10-72所示。

- 在"引用"模式中，预览区域显示当前文档或书籍的完整索引条目。
- 在"主题"模式中，预览区域只显示主题，而不显示页码或交叉引用。

"主题"模式主要用于创建索引结构，而"引用"模式则用于添加索引条目。

 技巧提示

选择"索引"面板菜单中的"更新预览"可更新预览区域。此选项在对文档进行了大量编辑或在文档窗口中移动了索引标志符的情况下将格外有用。

图10-72

10.6.2 添加索引主题和引用

可以创建或导入主题列表，以便在创建索引条目时作为起点；也可以在"引用"模式下使用"索引"面板创建索引条目。

理论实践——添加索引主题

执行"窗口>文字和表>索引"命令，可以打开"索引"面板。选择"主题"模式，并单击此面板底部的"创建新索引条目"按钮，如图10-73所示。

或者在"索引"面板中选择"主题"模式，然后从"索引"面板菜单 ▪≣ 中选择"新建主题"命令，如图10-74所示。接着就会弹出"新建主题"对话框，进行相应的设置，如图10-75所示。

- 主题级别：在"主题级别"下的第一个框中输入主题名称。要创建副主题，在第二个框中输入名称。在此示例中，cats相对于animals有所缩进。要在副主题下再创建副主题，在第三个框中键入名称（Calicos），依此类推。选择一个现有主题，依次在第二、第三和第四个框中输入副主题。单击"添加"按钮添加主题，此主题将显示在"新建主题"对话框和"索引"面板中。

- 排序依据：该选项用来说明进行排序的依据。

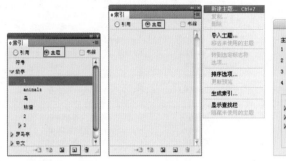

图10-73　　　　　图10-74

图10-75

理论实践——添加页面引用

使用文字工具将插入点放在需要显示索引标志符的位置，或在文档中选择要作为索引引用基础的文本。然后执行"窗口>文字和表>索引"命令，在弹出的"索引"面板中选择"引用"模式，接着在"索引"面板菜单中选择"新建页面引用"命令，如图10-76所示。

此时会弹出"新建页面引用"对话框，具体参数设置如图10-77所示。

图10-76　　　　　　　　　图10-77

技巧提示

如果未显示"新建页面引用"命令，则需要确认选中"引用"模式，并且文档中存在插入点或文本选区，如图10-78所示。

而没有选中"引用"模式并且文档中存在插入点或文本选区时，只会显示"新建交叉引用"命令，如图10-79所示。

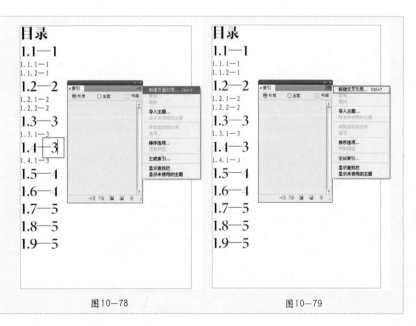

图10-78　　　　　　　　　图10-79

10.6.3 生成索引

添加索引条目并在"索引"面板中预览它们的效果后，就可以生成索引文章，以便放入待出版的文档中。

① 要为单篇文档创建索引，则可能需要在文档末尾添加一个新页面。若要为书籍中的多篇文档创建索引，则应创建或打开索引涉及的文档，并确保其包含在书籍中。然后在"索引"面板菜单中单击"生成索引"按钮，如图10-80所示。

图10-80

② 接着就会弹出"生成索引"对话框，具体的选项设置，如图10-81所示。

图10-81

- 标题：可以输入将显示在索引顶部的文本。
- 标题样式：要确定如何设置标题格式，可在"标题样式"列表框中选择一个样式。
- 替换现有索引：选中该选项，以更新现有索引。如果尚未生成索引，此选项呈灰显状态。取消选中此选项后，可以创建多个索引。
- 包含书籍文档：选中该选项，可为当前书籍列表中的所有文档创建一个索引，并重新编排书籍的页码。
- 包含隐藏图层上的条目：如果想将隐藏图层上的索引标志符包含在索引中，则选中该选项。
- 书籍名：该选项用来显示书籍的名称。
- 框架方向：用于控制框架的方向，包括水平和垂直两个选项。

③ 在"生成索引"对话框中单击"更多选项"时，会显示用于确定所生成索引的样式和外观的格式选项。InDesign包含许多内置的段落样式和字符样式，可以用来设置所生成索引的格式，也可以创建并选择自己的样式。在生成索引后，可以在"段落样式"和"字符样式"面板中编辑这些样式，如图10-82所示。

- "嵌套"或"接排"：如果要使用默认样式设置索引格式，且希望子条目作为独立的缩进段落嵌套在条目之下，则请选择"嵌套"。如果要将条目的所有级别显示在单个段落中，则请选择"接排"。"条目之间"选项决定用于分隔条目的字符。
- 包含索引分类标题：选中此选项，将生成包含表示后续部分的字母字符（A、B、C等）的分类标题。

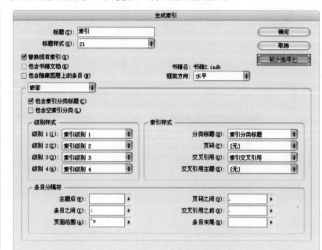

图10-82

- 包含空索引分类：选中此选项，将针对字母表的所有字母生成分类标题，即使索引缺少任何以特定字母开头的一级条目也会如此。
- 级别样式：对于每个索引级别，选择要应用于每个索引条目级别的段落样式。在生成索引后，可以在"段落样式"面板中编辑这些样式。
- 分类标题：选择决定所生成索引中的分类标题（A、B、C等）外观的段落样式。
- 页码：选择决定所生成索引中的页码外观的字符样式。此设置不影响用"页码样式优先选项"来设置格式的索引条目。
- 交叉引用：选择决定所生成索引中交叉引用前缀外观的字符样式。
- 交叉引用主题：对于所生成索引中被引用的主题，选择决定其外观的字符样式。
- 主题后：输入或选择一个用来分隔条目和页码的特殊字符（如Animals38）。默认值是两个空格。通过编辑相应的级别样式或选择其他级别样式，确定此字符的格式。
- 页码之间：输入或选择一个特殊字符，以便将相邻页码或页面范围分隔开来。默认值是逗号加半角空格。
- 条目之间：如果选择了"接排"，输入或选择一个特殊字符，以决定条目和子条目的分隔方式。如果选择了"嵌套"，则此设置决定单个条目下的两个交叉引用的分隔方式。
- 交叉引用之前：输入或选择一个在引用和交叉引用之间显示的特殊字符，如Animals。默认值是句点加空

InDesign CS5从入门到精通

格。通过切换或编辑相应的级别样式来决定此字符的格式。

- 页面范围：输入或选择一个用来分隔页面范围中的第一个页码和最后一个页码的特殊字符（如Animals38–43）。默认值是半角破折号。通过切换或编辑页码样式来决定此字符的格式。

- 条目末尾：输入或选择一个在条目结尾处显示的特殊字符。如果选择了"接排"，则指定字符将显示在最后一个交叉引用的结尾。默认值是无字符。

10.7 交互式文档

InDesign提供多种交互功能，以便轻松创建多媒体电子书、表单和其他PDF文档。

10.7.1 创建交互式文档

导出SWF即表示创建的交互式文件可以在Adobe Flash Player或Web浏览器中查看。在InDesign CS5中包含专门用于导出打印和交互式PDF文件的命令。

理论实践——交互式FlashWeb文档

若要创建可以在 Flash Player 中播放的幻灯片类型的内容，则既可以导出 SWF，也可以导出 FLA。二者主要区别在于：SWF 文件可以立即进行查看且无法进行编辑，而 FLA 文件必须先在 Adobe Flash Professional 中进行编辑后才能在 Adobe Flash Player 中查看。

- SWF 导出的 SWF 文件可以在 Adobe Flash Player 中立即进行查看，其中可能含有一些交互式元素（如页面过渡效果、超链接、影片剪辑、声音剪辑、动画和导航按钮）。

- FLA 导出的 FLA 文件只包含一些交互式元素。FLA 文件可以在 Flash Professional 中打开，为此，您或 Flash 开发人员可以在导出 SWF 之前，为该软件添加一些高级效果。

InDesign可以直接导出 SWF文件，也可以导出 FLA 文件以便在 Flash Professional 中进行编辑。如图10-83所示为原理图。

创建或编辑InDesign文档以准备导出Flash文件。要将文档导出为SWF格式，执行"文件>导出"命令，从"保存类型"菜单中选择"FlashPlayer(SWF)"，然后单击"保存"按钮，如图10-84所示。

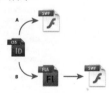

图10-83

图10-84

弹出"导出SWF"对话框，"常规"选项卡和"高级"选项卡参数设置，如图10-85所示。

- 导出：指示导出文档中的选定范围、所有页面或一个页面范围。

- 生成HTML文件：选中此选项将生成回放SWF文件的HTML页面。对于在Web浏览器中快速预览SWF文件，此选项尤为有用。

- 导出后查看SWF：选中此选项将在默认Web浏览器中回放SWF文件。只有生成HTML文件才可使用此选项。

图10-85

- 大小（像素）：指定SWF文件是根据百分比进行缩放，适合指定的显示器大小，还是根据指定的宽度和高度调整大小。
- 背景：指定SWF的背景是为透明，还是使用"色板"面板中的当前纸张颜色。选择"透明"将会停用"页面过渡效果"和"包含交互卷边"选项。
- 交互性和媒体：选中"包含全部"，允许影片、声音、按钮和动画在导出的SWF文件中进行交互。选择"仅限外观"，将正常状态的按钮和视频海报转变为静态元素。如果选中"仅限外观"，则动画将以其导出时版面的显示效果导出。当在"高级"面板中选中"拼合透明度"时，会选中"仅限外观"。
- 页面过渡效果：指定一个页面过渡效果，以便在导出时将其应用于所有页面。如果要使用"页面过渡效果"面板来指定过渡效果，则选中"通过文档"选项。
- 包含交互卷边：如果选中此选项，则在播放SWF文件时用户可以拖曳页面的一角来翻转页面，从而展现出翻阅实际书籍页面的效果。
- 帧速率：较高的帧速率可以创建出较为流畅的动画效果，但这会增加文件的大小。更改帧速率不会影响播放的持续时间。
- 文本：指定InDesign文本的输出方式。选择"Flash传统文本"可以按照最小的文件大小输出可搜索的文本。

- 栅格化页面：此选项可将所有InDesign页面项目转换为位图。选中此选项将会生成一个较大的SWF文件，并且放大页面项目时可能会有锯齿现象。
- 拼合透明度：此选项会删除SWF中的实时透明度效果，并保留透明外观。但是，如果选中此选项，导出的SWF文件中的所有交互性都将会删除。
- 压缩：选择"自动"可以让InDesign确定彩色图像和灰度图像的最佳品质。对于大多数文件，此选项可以产生令人满意的效果。对于灰度图像或彩色图像，可以选择"JPEG（有损式压缩）"。JPEG压缩是有损式压缩，这意味着它会删除图像数据并且可能会降低图像的品质；然而，它会尝试在最大程度减少信息损失的情况下缩小文件的大小。因为JPEG压缩会删除数据，所以这种方式可以大大地缩小文件的大小。选择"PNG（无损式压缩）"可以导出无损式压缩的文件。
- JPEG品质：指定导出图像中的细节量。品质越高，图像文件越大。如果选择"PNG（无损式压缩）"作为压缩方式，则此选项将变为灰色不可用状态。
- 分辨率：指定导出的SWF中位图图像的分辨率。如果要查看导出的SWF内放大基于像素的内容，则选择高分辨率尤为重要。选择高分辨率会显著地增加文件的大小。

理论实践——创建交互式PDF文档

执行"文件>导出"命令，在打开的"导出"对话框中指定文件的名称和保存位置，"保存类型"选择"AdobePDF（交互）"，然后单击"保存"按钮。在弹出的"导出至交互式PDF"对话框中设置相应选项，然后单击"确定"按钮，如图10-86所示。

- 页面：指示是包含文档中的所有页面，还是一个页面范围。如果选中"范围"，则指定一个页面范围，若将范围指定为"1-7,9"，则可以打印第1至第7页以及第9页。
- 导出后查看：使用默认的PDF查看应用程序打开新建的PDF文件。

图10-86

- 嵌入页面缩览图：为每个导出页面创建缩览图，或为每个跨页创建一个缩览图（如果选中了"跨页"选项）。缩览图显示在InDesign的"打开"或"置入"对话框中。添加缩览图会增加PDF文件的大小。
- 创建Acrobat图层：将每个InDesign图层存储为PDF中的Acrobat图层。这些图层是完全可以导航的，允许Acrobat 6.0和更高版本的用户通过单个PDF生成此文件的多个版本。

- 创建带标签的PDF：在导出过程中，基于InDesign支持的Acrobat标签的子集自动为文章中的元素添加标签。此子集包括段落识别、基本文本格式、列表和表。
- 查看：打开PDF时的初始视图设置。
- 版面：打开PDF时的初始版面。
- 演示文稿：选中"以全屏模式打开"选项，可以在Adobe Acrobat或Adobe Reader中显示PDF而不显示菜单和面板。要自动向前翻页，选中"翻转页面的频率"并指定页面翻转间隔的秒数。

- 页面过渡效果：指定一个页面过渡效果，以便在导出时将其应用于所有页面。如果使用"页面过渡效果"面板来指定过渡效果，选中"通过文档"选项来使用这些设置。

- 按钮和媒体：选择"包含全部"，以允许影片、声音和按钮在导出的PDF文件中进行交互。选择"仅限外观"，将正常状态的按钮和视频海报转变为静态元素。

- 压缩：选择"JPEG（有损式压缩）"可以减少图像数据，但这样可能会降低图像品质。然而，它会尝试在

最大程度减少信息损失的情况下缩小文件的大小。选择"JPEG2000（无损式压缩）"可以导出无损式压缩的文件。选择"自动"可以让InDesign确定彩色图像和灰度图像的最佳品质。

- JPEG品质：指定导出图像中的细节量。品质越高，图像文件越大。如果选择"JPEG2000（无损式压缩）"作为压缩方式，则此选项将变为灰色不可用状态。

- 分辨率：指定导出的PDF中位图图像的分辨率。如果查看者要在导出的PDF内放大基于像素的内容，则选择高分辨率尤为重要。选择高分辨率会显著地增加文件的大小。

10.7.2 书签

书签是一种包含代表性文本的链接，通过它可以更方便地将文件导出为PDF的文档。在InDesign文档中创建的书签显示在Acrobat或Adobe Reader窗口左侧的"书签"选项卡中。每个书签都会跳转到一个文本锚点或页面。

执行"窗口>交互>书签"命令，打开"书签"面板，如图10-87所示。

图10-87

> **技巧提示**
>
> 更新目录时，书签将会重新排序，造成从目录生成的所有书签均显示在列表末尾。

理论实践——添加书签

❶ 执行"窗口>交互>书签"命令，打开"书签"面板。单击要将新书签置于其下的书签，如果不选择书签，新书签将自动添加到列表末尾。在文本中单击以置入一个插入点，以指示希望书签跳转到的位置，如图10-88所示。

❷ 或者选中文本，默认情况下，选中的文本将成为书签标签。也可以以当前位置作为书签跳转到的位置，如图10-89所示。

❸ 在"书签"面板上单击"创建新书签"按钮，或从面板菜单中选择"新建书签"命令，都可以创建新书签，如图10-90所示。

图10-88

图10-89

图10-90

理论实践——管理书签

❶ 使用"书签"面板可以重命名、删除和排列书签。想要重命名书签需要在"书签"面板中单击选中一个书签，然后从面板菜单中选择"重命名书签"命令，如图10-91所示。

❷ 想要删除书签需要在"书签"面板中单击选中一个书签，然后从面板菜单中选择"删除书签"命令，如图10-92所示。

图10-91

图10-92

❸ 在"书签"面板中可以嵌套一个书签列表以显示主题之间的关系。嵌套将创建父级/子级关系。可以根据需要展开或折叠此层次结构列表。更改书签的顺序或嵌套顺序并不影响实际文档的外观。首先要展开或折叠书签层次结构，只需单击书签图标旁边的三角形，即可显示或隐藏它所包含的任何子级书签，如图10-93所示。

❹ 要将书签嵌套在其他书签下，需要选择要嵌套的书签或书签范围，然后将图标拖动到父级书签上释放书签，如图10-94所示。

❺ 要将书签移动到嵌套位置的外部，需要选择要移动的书签或书签范围。把图标拖动到父级书签的左下方，将显示一个黑色条，指示书签将移动到的位置释放书签，如图10-95所示。

图10-95

图10-93　　　　　图10-94

10.7.3 超链接

在InDesign中可以创建超链接，以便在InDesign中导出为PDF或SWF时，查看者单击某个链接即可跳转到同一文档中的其他位置、其他文档或网站。在InCopy中导出为PDF或SWF的超链接处于非活动状态。

理论实践——打开"超链接"面板

执行"窗口>交互>超链接"或"窗口>文字和表>交叉引用"命令，打开"超链接"面板，如图10-96所示。

理论实践——创建超链接

可以创建指向页面、URL、文本锚点、电子邮件地址和文件的超链接。若要创建指向其他文档中某个页面或文本锚点的超链接，请确保导出文件出现在同一文件夹中。

❶ 选择要作为超链接源的文本或图形，执行"窗口>交互>超链接"命令，如图10-97所示。

❷ 单击"超链接"面板底部的"新建超链接"按钮，此时会弹出"新建超链接"对话框，如图10-98所示。

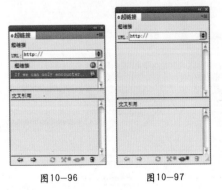

图10-96　　　　　图10-97

图10-98

理论实践——转到链接源

在文档中创建超链接后，通过"超链接"面板中的"转到超链接源"功能，可以快速转到该超链接项目所属的文件属性。

在"超链接"面板中选择想要链接至原始属性的项目，然后单击"超链接"面板下方的"转到所选超链接或交叉引用的源"按钮，完成后会自动选择并转到该项目的原始属性，如图10-99所示。

图10-99

理论实践——转到超链接目标

若要检查所设置的超链接项目是否链接正确，只需在"超链接"面板中选择想要检查链接的项目，然后单击"超链接"面板下方的"转到所选超链接或交叉引用的目标"按钮 ➡ ，如图10-100所示。

理论实践——编辑或删除超链接

可以对超链接进行编辑，只需要用鼠标双击"超链接"选项，即可弹出"编辑超链接"对话框，在该对话框中可以对其进行编辑，如图10-101所示。

可以选择"超链接"，并单击"删除选定的超链接或交叉引用"按钮 ⬤ ，将超链接进行删除，如图10-102所示。

理论实践——将URL转换为超链接

可以查找文档中的URL，然后将其转换为超链接。打开"超链接"面板，从"超链接"面板菜单中选择"将URL转换为超链接"选项。在"范围"中指示要转换整个文档、当前文章还是当前选定范围中的URL。如果要为超链接应用字符样式，可以从"字符样式"菜单中选择一个字符样式，并进行相应的操作，最后单击"完成"按钮即可，如图10-103所示。

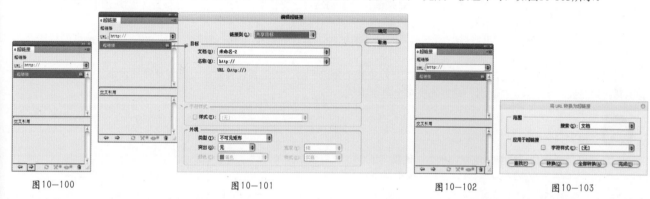

图10-100　　　　　　　图10-101　　　　　　　图10-102　　　　　图10-103

- 查找：单击"查找"按钮可找到下一个URL。
- 转换：单击"转换"按钮可将当前URL转换为超链接。
- 全部转换：单击"全部转换"按钮可将所有URL转换为超链接。

10.7.4 影片与声音文件

需要将文档导出为PDF或SWF文件，或将文档导出为XML并重新定位标签时，添加到文档中的影片和声音剪辑都可以播放。

理论实践——添加影片或声音文件

执行"文件＞置入"命令，然后双击影片或声音文件。单击要显示影片的位置，然后执行"窗口＞交互＞媒体"命令，打开"媒体"面板，可以预览媒体文件并更改设置，可以将文档导出为PDF或SWF格式，如图10-104所示。

- 载入页面时播放：当用户转至影片所在的页面时播放影片。如果其他页面项目也设置为"载入页面时播放"，则可以使用"计时"面板来确定播放顺序。
- 循环(仅限SWF导出)：重复地播放影片。如果源文件为Flash视频格式，则循环播放功能只适用于导出的SWF文件，而不适用于导出的PDF文件。
- 海报：指定要在播放区域中显示的图像的类型。
- 控制器：如果影片文件为Flash视频（FLV或F4V）文件或H.264编码的文件，则可以指定预制的控制器外观，

图10-104

从而让用户可以采用各种方式暂停、开始和停止影片播放。

- 导航点：要创建导航点，将视频快进至特定的帧，然后单击加号图标。如果希望在不同的起点处播放视频，则导航常有用。创建视频播放按钮时，可以使用"从导航点播放"选项，从所添加的任意导航点开始播放视频。

技巧提示

可以导入以下格式的视频文件：Flash视频格式（.FLV和.F4V）、H.264编码的文件（如MP4）和SWF文件。可以导入MP3格式的音频文件。QuickTime(.MOV)、AVI和MPEG等媒体文件类型在导出的交互式PDF文件中受支持，但在导出的SWF或FLA文件中不受支持。为了充分利用Acrobat 9、Adobe Reader 9和Adobe Flash Player 10或更高版本中提供的丰富的媒体支持，使用FLV、F4V、SWF、MP4和MP3等文件格式。

理论实践——调整影片对象、海报或框架的大小

向InDesign文档中添加影片时，框架中将会显示影片对象和海报。导出为PDF时，影片对象的边界决定PDF文档中影片的大小，而不是框架大小或海报大小。

如果要调整影片对象、海报和框架的大小，可以使用缩放工具，并拖曳其中一个角点手柄（按住Shift键可保持比例不变）。

如果要只调整框架的大小，可以使用选择工具拖曳某个角点手柄。如果要调整海报或媒体对象的大小，可以使用直接选择工具选择海报，切换到选择工具，然后拖曳某个角点手柄。

技巧提示

还可以通过执行"对象>适合"命令，使用"适合"命令调整框架内的海报大小。

10.7.5 按钮

可以创建将文档导出为SWF或PDF格式时执行相应动作的按钮，还可以创建一个跳转到其他页面或打开网站的按钮。

理论实践——创建按钮

将绘制的按钮框架保持选中状态，如图10-105所示。

执行"窗口>交互>按钮"命令，打开"按钮"面板，单击"按钮"面板中的"将对象转换为按钮" ，或者执行"对象>交互>转换为"按钮命令，此时效果如图10-106所示。

- 名称：在"名称"文本框中，为按钮指定名称。
- 事件：该选项控制事件的类型。选项包括释放鼠标时、单击鼠标时、鼠标指针悬停时、鼠标指针移开时、获得焦点、失去焦点。

图10-105

图10-106

- 动作：为按钮指定一个或多个动作，从而确定在PDF或SWF导出文件中单击按钮时将会发生什么情况。
- 外观：激活其他外观状态并更改其外观，从而确定在导出的PDF或SWF文件中将鼠标悬停在按钮上方，或单击按钮时按

钮所显示的外观。

⊙ 触发前隐藏：选中该选项后，可以允许在触发前进行隐藏。

在将文档导出为交互式PDF或SWF之前，执行"窗口>交互>预览"命令或单击"预览跨页"按钮 ，打开"预览"面板，效果如图10-107所示。

图10-107

 技巧提示

如果要创建可在多个页面上显示的导航按钮（如"下一页"或"上一页"），可将这些按钮添加到主页上，这样就不必在每个文档页面上都重新创建按钮。这些按钮将显示在主页所应用的所有文档页面中。

理论实践——从"示例按钮"面板中添加按钮

在"示例按钮"中面板有一些预先创建的按钮，可以将这些按钮拖到文档中。这些示例按钮包括渐变羽化效果和投影等效果，当悬停鼠标时，这些按钮的外观会稍有不同。示例按钮也有指定的动作，如果示例箭头按钮预设有"转至下一页"或"转至上一页"动作，可以根据需要编辑这些按钮。

① 打开"按钮"面板，然后从"按钮"面板菜单中选择"示例按钮"命令，如图10-108所示。此时弹出"示例按钮"面板，如图10-109所示。

② 将某个按钮从"示例按钮"面板拖到文档中。如果希望导航按钮显示在每个页面上，可以将这些按钮添加到主页上，如图10-110所示。

③ 使用选择工具选中该按钮，然后根据需要使用"按钮"面板编辑该按钮，如图10-111所示。

图10-108

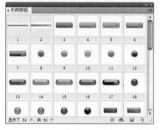

图10-109

 技巧提示

"示例按钮"面板是一个对象库。与所有对象库一样，可以在该面板中添加按钮，也可以删除不需使用的按钮。

图10-110

图10-111

理论实践——为按钮添加动作

可以为不同的事件指定动作。如果在PDF导出文件中,可以指定要在鼠标指针进入按钮区域时播放的一段声音,以及要在单击和释放鼠标按钮时播放的一段影片。另外,还可以为同一事件指定多个动作。

使用选择工具选中创建的按钮。在"按钮"面板中,选择激活动作的事件。单击"动作"旁边的加号按钮 ,然后选择要指定给该事件的动作,指定该动作的具体设置如图10-112所示。

- 转至目标:跳转到使用"书签"或"超链接"面板创建的指定文本锚点。

- 转到首页、转到末页、转到下一页和转到上一页:跳转到PDF或SWF文件中的第一页、最后一页、下一页或上一页。从"缩放"菜单中选择一个选项以确定页面的显示方式。

- 转至URL:打开指定URL的网页。

- 显示/隐藏按钮:在PDF或SWF导出文件中显示或隐藏指定按钮。例如,如果希望当鼠标悬停在一个按钮上时显示另一个按钮,可以隐藏目标按钮直至该按钮受到触发,同时创建一个在鼠标悬停时显示所隐藏的按钮的动作。

- 声音:允许播放、暂停、停止或继续选定的声音剪辑。只有已添加到文档的声音剪辑才会显示在"声音"菜单中。

- 视频:允许播放、暂停、停止或继续选定影片。只有已添加到文档中的影片才会显示在"视频"菜单中。

- 动画:允许播放、暂停、停止或继续播放选定的动画。只有已添加到文档中的动画才会显示在"动画"菜单中。

- 转至页面:跳转到SWF文件中的指定页面。

- 转至状态:跳转到多状态对象中的特定状态。例如,如果多状态对象将多个不同的图像作为状态,则可以使用此动作显示特定的图像。

图10-112

- 转至下一状态和转至上一状态:跳转到多状态对象中的下一个或上一个状态。这些选项在单击整个幻灯片时尤为有用。

- 转至下一视图:转至上一视图后跳转到的下一视图。就像只有在单击"上一步"按钮后才能在Web浏览器中使用"下一步"按钮一样,只有当用户跳转到上一个视图后,此选项才可用。

- 转至上一视图:跳转到PDF文档中上次查看的页面,或返回到上次使用的缩放大小。

- 打开文件:启动和打开指定文件。如果指定一个非PDF的文件,则需要使用本地应用程序以成功打开它。指定一个绝对路径名。

- 视图缩放:根据指定的缩放选项显示页面。可以更改页面缩放级别、页面布局或旋转页面方向。

理论实践——更改按钮外观

如果要创建具有多个外观(正常、悬停鼠标和单击)的按钮,在启用其他外观之前,首先完成按钮的设计。当启用"悬停鼠标"或"单击"外观时,就会复制"正常"外观。

执行"窗口>交互>按钮"命令,打开"按钮"面板。然后使用选择工具选择版面中要编辑的按钮,单击"[悬停鼠标]"以激活"悬停鼠标"外观。在继续选定"悬停鼠标"的情况下,更改按钮的外观,如图10-113所示。

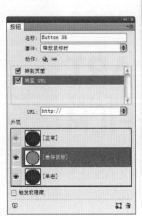

图10-113

InDesign CS5从入门到精通

技巧提示

如果要更改颜色，从控制栏的"描边"或"填充"菜单中选择一个色板，如图10-114所示。

图10-114

如果要将图像置入到外观中，选择现有图像，使用直接选择工具或双击现有按钮图像，然后执行"文件＞置入"命令，并双击文件，如图10-115所示。

要将某个图像粘贴到文本框架中，先将其复制到剪贴板，然后在"按钮"面板中选择外观，再单击"编辑＞贴入内部"命令，如图10-116所示。

如果要输入文本，首先选择"文字工具"，然后再输入文本。还可以执行"编辑＞贴入内部"命令，复制粘贴的文本框架。

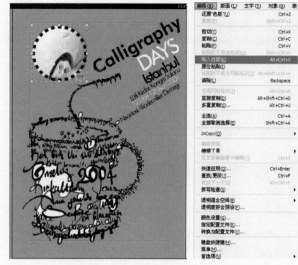

图10-115　　　　　　图10-116

如果要添加"单击"外观，首先单击"[单击]"以便激活该外观，然后按照相同的步骤更改其外观。

技巧提示

若要在"按钮"面板中更改"状态外观"缩略图的大小，从"按钮"面板菜单中选择"面板选项"，选择一个选项，然后单击"确定"按钮，如图10-117所示。

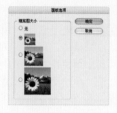

图10-117

综合实例——西点美食食谱

案例文件	综合实例——西点美食食谱.indd
视频教学	综合实例——西点美食食谱.flv
难易指数	★★★★★
知识掌握	页面、矩形工具、钢笔工具、色板、字符样式、段落、段落样式

案例效果

本案例的最终效果如图10-118所示。

图10-118

操作步骤

步骤01 执行"文件＞新建＞文档"命令，或按Ctrl+N组合键，在"新建文档"对话框中的"页面大小"列表框中选择A4，设置"页数"为8，选中"对页"选项，如图10-119所示。

步骤02 单击"边距和分栏"按钮，打开"新建边距和分栏"对话框，在对话框中设置"上"选项的数值为10毫米，单击将所有设置设为相同按钮，其他三个选项也相应一同改变，单击"确定"按钮，如图10-120所示。

图10-119

步骤03 执行"窗口>页面"命令，打开"页面"面板，在页面菜单中，取消选中"允许文档页面随机排布"选项。然后选中第8页，按下鼠标将其拖曳到第1页的左侧，此时的效果如图10-121所示。

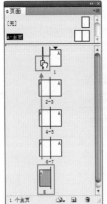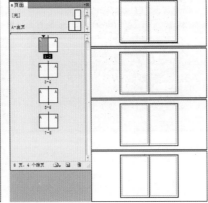

图10-121

步骤04 单击工具箱中的"矩形工具"按钮 ，在第1页1个角点处单击，鼠标拖曳绘制出页面大小的矩形。双击左侧工具箱中填色图标，打开"拾色器"对话框，设置填充颜色为红色，单击"添加RGB色板"按钮填充颜色的同时将此颜色保存到"色板"面板中，如图10-122所示。

图10-122

步骤05 继续使用矩形工具，在第2页绘制一个矩形，然后将填充颜色为灰色，如图10-123所示。

步骤06 按照相同的方法，在其他页面使用矩形工具绘制不同大小的矩形，然后在色板中单击红色或白色进行填充，如图10-124所示。

步骤07 执行"文件>置入"命令，在弹出的"置入"对话框中选择素材文件，当鼠标指针变为 图标时，在第1页面中单击导入古典花纹素材文件。选中古典素材，按住Alt键拖曳复制出相同的两个放置在第8页中，并调整其大小，如图10-125所示。

图10-123

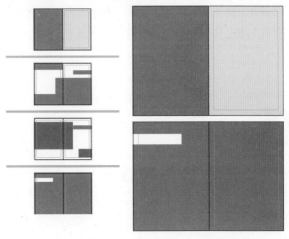

图10-124   图10-125

步骤08 单击工具箱中的"矩形框架工具"按钮 ，拖曳鼠标在第2页面绘制矩形框架，选中框架，按住Alt键拖曳复制一个副本，水平摆放。然后执行"文件>置入"命令，单击"打开"按钮，导入两张西点图片素材文件，再在"描边"中设置描边颜色为白色，描边大小为3点，如图10-126所示。

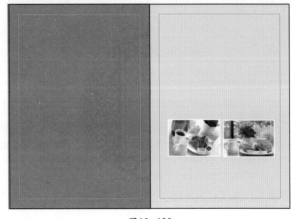

图10-126

步骤09 接着使用矩形框架工具，依次在第3、4、5、6页面绘制不同大小的4个矩形框架。依次执行"文件>置入"命令，在打开的"置入"对话框中选中4张西点图片素材，单击"打开"按钮，将图片导入，如图10-127所示。

图10-127

 技巧提示

如果置入的素材与框架比例不符合，可以执行"对象>适合>按比例填充框架"命令。

步骤10 在"页面"面板中，双击第1页面，进入第1页的编辑状态中，然后单击工具箱中的"文字工具"按钮 T,，绘制出一个文本框架，并输入文字。再执行"窗口>文字和表>字符"命令，打开"字符"面板，设置一种合适的字体，设置文字大小为43点，并在"填色"中设置文字颜色为白色，如图10-128所示。

图10-128

步骤11 使用文字工具在"西点美味"右侧输入较小的文本，并设置文本的字体、大小、颜色，如图10-129所示。

图10-129

步骤12 使用文字工具，并输入文本，执行"窗口>颜色>色板"命令，选中第一个字母"T"，然后在色板中单击选择粉色，再选择第四个字母"E"，同样选择粉色，接着选择"ONE"，单击选择黄色，效果如图10-130所示。

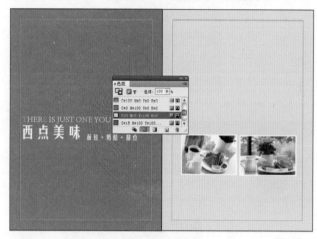

图10-130

步骤13 选中"英文"标题，按住Alt键拖曳复制副本，放置在第2页面，然后将其选中并缩小。接着再继续复制出多个英文标题，放置在不同的页面中，如图10-131所示。

图10-131

步骤14 使用"文字工具"在右侧页面绘制文本框，并输入段落文本。设置一种合适的字体，设置文字大小为11点，在"填色"中设置文字颜色为白色，然后执行"窗口>文字和表>段落"命令，打开"段落"面板，单击"双齐末行齐左"按钮，如图10-132所示。

步骤15 在"页面"面板中双击第3页面，然后使用文字工具在页面第3、4页中输入相关的西点文本。打开"字符样式"面板，在"字符样式"面板中创建多个字符样式，并设置好字体、大小、行距、字间距等内容。然后选中文本的"标题"，在"字符样式"面板中，选择"标题"选项，选中"小标题"，在"字符样式"面板中选择"小标题"选项。继续使用同样方法设置其他文字样式，效果如图10-133所示。

图10-132

图10-135

图10-133

图10-136

技巧提示

设置字符样式，可以双击样式图层，在弹出的"字符样式选项"对话框中进行设置；也可以通过菜单，选择"新建字符样式"命令，在对话框中进行相应的设置，如图10-134所示。

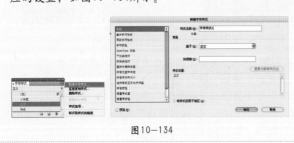

图10-134

步骤16 执行"窗口>样式>段落样式"命令，打开"段落样式"面板，在"段落样式"面板中编辑一种正文样式。使用文字工具，输入段落文本，然后在段落样式中选中"正文文本"，在"段落样式"面板中选择"正文"选项，如图10-135所示。

步骤17 单击工具箱中的"钢笔工具"按钮 ，在底部红色矩形处绘制一个路径。设置描边颜色为白色，描边大小为3点，如图10-136所示。

步骤18 使用文字工具输入文字并设置合适的字体、大小、颜色，如图10-137所示。

图10-137

步骤19 继续使用文字工具在路径内输入段落文本，如图10-138所示。

步骤20 按照上述同样方法制作第5、6页，效果如图10-139所示。

图10-138

图10-139

步骤21 在"页面"面板中，双击第7、8页面，然后使用文字工具在这两页上绘制文本框并输入文本。打开"字符样式"面板，然后选中文本的标题，在"字符样式"面板中选择"标题"选项，选中"小标题"，在"字符样式"面板中选择"小标题"选项，如图10-140所示。

步骤22 使用文字工具，继续在左侧页面底部绘制文本框并输入段落文本，设置一种合适的字体，设置文字大小为14点，在"填色"中设置文字颜色为白色。然后执行"窗口>文字和表>段落"命令，打开"段落"面板，单击"双齐末行齐左"按钮，如图10-141所示。

图10-140

图10-141

步骤23 最后选中段落文本中前两个字"美食"，在"字符"面板中设置文字大小为20点，如图10-142所示。

步骤24 页面效果如图10-143所示。

读书笔记

图10-142

第10章 书籍与长文档排版

325

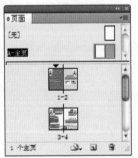
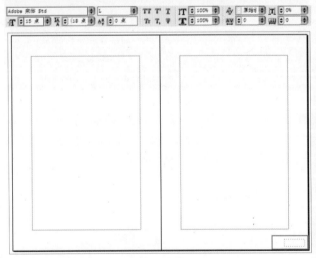

图10-143

步骤25 执行"窗口>图层"命令，打开"图层"面板，在"图层"面板中创建新图层"图层2"，并使其位于图层面板的顶部。下面需要为页面添加页码，双击"页面面板"中的"主页"选项，进入主页编辑状态，如图10-144所示。

图10-144

步骤26 单击工具箱中的"文字工具"按钮，在控制栏中设置合适的字体及字号，在页面右下角绘制一个文本框，如图10-145所示。

图10-145

步骤27 保持文本框输入状态，执行"文字>插入特殊字符>标识符>当前页码"命令，如图10-146所示。

图10-146

步骤28 此时文本框中出现字母"A",选中该文本,复制到左侧页面的对应位置,如图10-147所示。

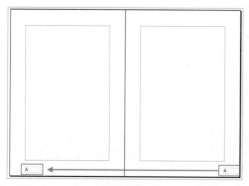

图10-147

步骤29 由于当前页码被插入到主页中,而所有的页面又都被赋予了当前的主页样式,所以所有的页面上自动出现页码,如图10-148所示。

图10-148

步骤30 由于第1页与第7、8页不需要出现页码,所以需要在"页面"面板中拖动主页"无"到第1、7、8三个页面上。这三个页面便不具有页码,如图10-149所示。

图10-149

步骤31 西点美食食谱的最终效果如图10-150所示。

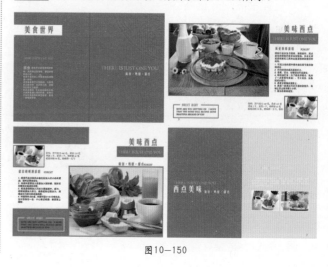

图10-150

📖 **读书笔记**

Chapter 11
第11章

印前与输出

印刷品的生产，一般要经过原稿的选择或设计、原版制作、印版晒制、印刷、印后加工等5个工艺过程。所以，了解相关的印刷技术知识对于平面设计师是非常有必要的。现在，人们常常把原稿的设计、图文信息处理、制版统称为印前处理；而把印版上的油墨向承印物上转移的过程叫做印刷；印刷后期的工作一般指印刷品的后加工，包括裁切、覆膜、模切、装订、装裱等，多用于宣传类和包装类印刷品。这样一件印刷品的完成需要经过印前处理、印刷、印后加工等过程。

本章学习要点：

- 了解印前知识
- 掌握颜色叠印的使用
- 掌握陷印的设置
- 掌握PDF输出的设置方法
- 掌握打印的设置方法

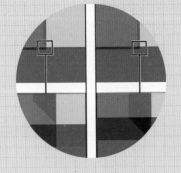

11.1 了解色彩与印刷

印刷品的生产，一般要经过原稿的选择或设计、原版制作、印版晒制、印刷、印后加工等5个工艺过程。所以，了解相关的印刷技术知识对于平面设计师是非常有必要的。现在，人们常常把原稿的设计、图文信息处理、制版统称为印前处理；而把印版上的油墨向承印物上转移的过程叫做印刷；印刷后期的工作一般指印刷品的后加工，包括裁切、覆膜、模切、装订、装裱等，多用于宣传类和包装类印刷品。这样一件印刷品的完成需要经过印前处理、印刷、印后加工等过程，如图11-1所示。

图11-1

11.1.1 什么是四色印刷

我们经常可以听到"四色印刷"这个概念，那么究竟什么是四色印刷呢？印刷品中的颜色都是由C、M、Y、K 4种颜色所构成的，成千上万种不同的色彩都是由这几种色彩根据不同比例叠加、调配而成的。通常我们所接触的印刷品，如书籍杂志、宣传画等，都是按照四色叠印而成的。也就是说，在印刷过程中，承印物（纸张）在印刷的过程中经历了4次印刷，一次黑色、一次洋红色、一次青色、一次黄色。印刷完成后，4种颜色叠合在一起，就构成了画面上的各种颜色，如图11-2所示。

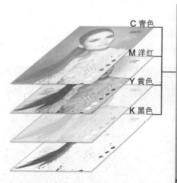

C 青色

M 洋红

Y 黄色

K 黑色

图11-2

11.1.2 什么是印刷色

印刷色就是由C（青）、M（洋红）、Y（黄）和K（黑）四种颜色以不同的百分比组成的颜色。C、M、Y、K就是通常采用的印刷四原色。C、M、Y可以合成几乎所有颜色，但还需黑色，因为通过Y、M、C产生的黑色是不纯的，在印刷时需更纯的黑色K。这四种颜色都有各自的色板，在色板上记录了这种颜色的网点，把四色色板合到一起就形成了所定义的原色。事实上，在纸张上面的四种印刷颜色网点并不是完全重合，只是距离很近。在人眼中呈现各种颜色的混合效果，于是产生了各种不同的原色，如图11-3所示。

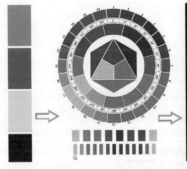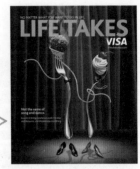

图11-3

11.1.3 什么是分色

印刷所用的电子文件一定要为四色文件（即C、M、Y、K），其他颜色模式的文件不能用于印刷输出。这就需要对图像进行分色，分色是一个印刷专业名词，指的就是将原稿上的各种颜色分解为黄、洋红、青、黑四种原色颜色；要复制颜色和连续色调图像，打印机通常将图稿分成四个印版：图像的青色（C）、黄色（Y）、洋红（M）和黑色（K）各自一个印版。当使用适当油墨打印并相互对齐后，这些颜色组合起来重现出原始图稿。将图像分成两种或多种颜色的过程称为颜色分色，从中创建印版的胶片称为分色版，如图11-4所示。

图11-4

分色工作流程介绍如下。

- Adobe InDesign：支持两种常见的 PostScript 工作流程。它们的主要区别在于分色创建的位置：在主机（使用 InDesign 和打印机驱动程序的系统）上或在输出设备的 RIP（栅格图像处理器）上。另一种选择是 PDF 工作流程。
- 基于主机的分色：在传统的基于主机的预分色工作流程中，InDesign 为文档需要的每个分色创建 PostScript 信息，并将此信息发送到输出设备。
- In-RIP 分色：在较新的基于 RIP 的工作流程中，新一代的 PostScript RIP 在 RIP 上执行分色、陷印以及颜色管理，使主机可以执行其他任务。此方法使 InDesign 生成文件花费的时间较少，并极大地减小了所有打印作业传输的数据量。

11.1.4 什么是专色印刷

专色是指在印刷时，不是通过印刷C，M，Y，K四色合成这种颜色，而是专门用一种特定的油墨来印刷该颜色。专色油墨是由印刷厂预先混合好或油墨厂生产的。对于印刷品的每一种专色，在印刷时都有专门的一个色板对应，使用专色可使颜色更加准确。尽管在计算机上不能准确地表示颜色，但通过标准颜色匹配系统的预印色样卡，能看到该颜色在纸张上的准确颜色，如Pantone彩色匹配系统就创建了很详细的色样卡。例如在印刷时，金色和银色是按专色处理的，即用金墨和银墨来印刷，故其菲林也应是专色菲林，单独出一张菲林片，并单独晒版印刷，如图11-5所示。

图11-5

11.1.5 打印机与印刷机

打印机是计算机的输出设备之一，用于将计算机处理结果打印在相关介质上。衡量打印机好坏的指标有3项：打印分辨率、打印速度和噪声。打印机的种类很多，按打印元件对纸是否有击打动作可分为击打式打印机与非击打式打印机。按打印字符结构可分为全形字打印机和点阵字符打印机。按一行字在纸上形成的方式可分为串式打印机与行式打印机。按所采用的技术可分为柱形、球形、喷墨式、热敏式、激光式、静电式、磁式、发光二极管式等打印机。

印刷机是印刷文字和图像的机器。现代印刷机一般由装版、涂墨、压印、输纸（包括折叠）等机构组成。它的工作原理是：先将要印刷的文字和图像制成印版，装在印刷机上，然后由人工或印刷机把墨涂敷于印版上有文字和图像的地方，再直接或间接地转印到纸或其他承印物（如纺织品、金属板、塑胶、皮革、木板、玻璃和陶瓷）上，从而复制出与印版相同的印刷品。印刷机的发明和发展，对于人类文明和文化的传播具有重要作用。如图11-6所示为各种打印机和印刷机。

图11-6

11.2 颜色叠印设置

当设计图稿中包含重叠对象的情况时，在打印中通常重叠部分只会显示最上层对象的属性，下层的对象属性会被隐藏。InDesign中的"颜色叠印"功能能够有效地解决这一问题，它会将下层的对象颜色和上层的对象颜色进行相加，得到的效果能够正确地打印出来，还能够用于修正叠印时没有对准对象的边缘部分，如图11-7所示。

图11-7

❶ 分别在画面中绘制3个圆形并填充不同颜色。必须要切换到叠印预览模式下，才可以看到叠印的效果，执行"视图>叠印预览"命令，如图11-8所示。

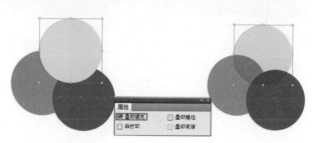

图11-8   图11-9

❷ 执行"窗口>输出>属性"命令，调出"属性"面板。选择黄色对象，在"属性"面板中选中"叠印填充"选项，如图11-9所示。

要叠印选定对象的填色或叠印未描边的文字，选中"叠印填充"。

要叠印选定对象的描边选中"叠印描边"。

要叠印应用到虚线、点线或图形线中的空格的颜色选择"叠印间隙"。

331

第11章 印前与输出

技巧提示

通常情况下设置颜色叠印时都是将色彩叠印设置在最上层的对象上，如果将色彩叠印设置在最下层则不会有任何效果。

❸ 再分别选择其他对象同样选中"叠印填充"选项，可以看到叠印效果，如图11-10所示。

图11-10

实例练习——使用叠印制作杂志版式

案例文件	实例练习——使用叠印制作杂志版式.indd
视频教学	实例练习——使用叠印制作杂志版式.flv
难易指数	★★★★★
知识掌握	叠印填充、叠印预览、段落面板、首字下沉

案例效果

本案例的最终效果如图11-11所示。

图11-11

操作步骤

步骤01 执行"文件>新建>文档"命令，或按Ctrl+N组合键，在"新建文档"对话框中的"页面大小"拉表框中选择A4，设置"页数"为1，页面方向为横向。单击"边距和分栏"按钮，打开"新建边距和分栏"对话框，单击"确定"按钮，如图11-12所示。

图11-12

步骤02 单击工具箱中的"椭圆框架工具"按钮，绘制两个圆形框架，如图11-13所示。

步骤03 分别选中绘制的椭圆形框架，再执行"文件>置入"命令，打开"置入"对话框，在对话框中选择两个素材文件，在页面中单击将其导入，如图11-14所示。

图11-13　　　　　　　　图11-14

技巧提示

按Ctrl和Shift键的同时可以按比例调整图片素材。

步骤04 单击工具箱中的"椭圆工具"按钮，在圆形框架上绘制相同大小的圆形，并执行"窗口>颜色>色板"命令，调出"色板"面板，在色板中选择填充色为粉色，填充完成后按Ctrl+C和Ctrl+V组合键制作2个副本，并分别填充黄色和蓝色，移动到每个照片上，如图11-15所示。

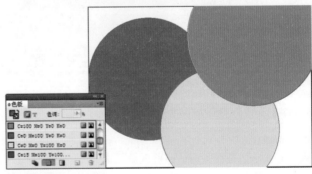

图11-15

步骤05 执行"窗口>输出>属性"命令，调出"属性"面板，选择粉色对象，在"属性"面板中选中"叠印填充"选项，如图11-16所示。

步骤06 重复上述步骤，分别选中黄色和蓝色对象后，在"属性"面板中选中"叠印填充"选项，完成后会发现对象效果并没有发生变化，必须切换到叠印预览模式下才可以看到叠印效果。执行"视图>叠印预览"命令，就可以看到效果了，如图11-17所示。

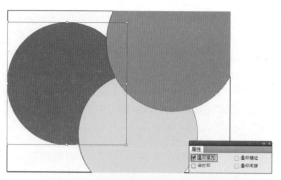

图11—16

图11—17

步骤07 单击工具箱中的"文字工具"按钮 **T.**，绘制出一个文本框架，然后输入文字。在控制栏中设置一种合适的字体，设置文字大小为91点，在"填色"中设置文字颜色为白色，如图11-18所示。

图11—18

步骤08 使用文字工具在页面中继续输入文本，并设置合适的字体及字号，如图11-19所示。

步骤09 继续使用文字工具在页面中输入2组段落文本，在控制栏中设置一种合适的字体，设置文字大小为14点，在"填色"中设置文字颜色为黑色。然后执行"窗口>文字和表>段落"命令，调出"段落"面板，选择左侧段落文字，单击"居中对齐"按钮，再选择右侧段落文字，单击"双齐末行齐左"按钮，如图11-20所示。

图11—19

图11—20

步骤10 选择右侧的段落文本，在"段落"面板中设置"首字下沉行数"为2，设置"首次下沉一个或多个字符"为1，如图11-21所示。

图11—21

步骤11 选中"W"字母，在控制栏中设置一种合适的字体，在"填色"中设置文字颜色为橘黄色，如图11-22所示。

图11—22

11.3 陷印

陷印又称扩缩或补漏白，主要是为了弥补因印刷不精确而造成的相邻的不同颜色之间留下的无色空隙。当胶印印刷文档在同一页上使用多种油墨时，每种油墨必须与它相邻的任何其他油墨套准（精确对齐），以便不同油墨之间的结合处不存在间隙。但是，要保证从印刷机中传出的每张纸上的每个对象都完全套准是不可能的，于是会出现油墨"未套准"的现象。未套准会导致油墨之间出现不需要的间隙，如图11-23所示。

图11-23

11.3.1 创建或修改陷印预设

执行"窗口>输出>陷印预设"命令，打开"陷印预设"面板，选择面板菜单中的"新建预设"命令来创建一个预设，或者双击一个预设进行编辑，如图11-24所示。

图11-24

- 名称：输入预设的名称。不能更改[默认]陷印预设的名称。
- 陷印宽度：输入指定油墨重叠量的值。
- 陷印外观：指定用于控制陷印形状的选项。
- 图像：指定决定如何陷印导入的位图图像的设置。
- 陷印阈值：输入值来指定执行陷印的条件，许多不确定因素都会影响需要在这里输入的值。

11.3.2 陷印预设详解

1. "陷印宽度"设置组

陷印宽度指陷印间的重叠程度。不同的纸张特性、网线数和印刷条件要求不同的陷印宽度。要确定每个作业适合的陷印宽度，需要咨询商业印刷商。"陷印宽度"设置对话框如图11-25所示。

图11-25

- 默认：以点为单位指定与单色黑有关的颜色以外的颜色的陷印宽度。默认值为0.25点。
- 黑色：指定油墨扩展到单色黑的距离。

2. "陷印外观"设置组

"陷印外观"的设置对话框如图11-26所示。

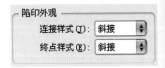

图11-26

- 连接样式：控制两个陷印段的节点形状。从"斜接"、"圆角"和"斜面"中选择。默认设置为"斜接"，它与早期的陷印结果相匹配，以保持与以前版本的Adobe陷印引擎的兼容。如图11-27所示为陷印节点示例，从左到右：斜接节点、圆角节点、斜面节点。
- 终点样式：控制3项陷印的交叉点位置。"尖角"（默认）会改变陷印端点的形状，使其不与交叉对象重合。"重叠"会影响最浅的中性色对象与两个或两个以上深色对象交叉生成的陷印外形。最浅颜色陷印的终点会与3个对象的交叉点重合。如图11-28所示分别为陷印终点示例：斜接（左）和重叠（右）。

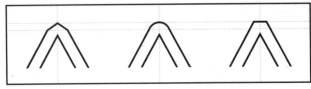

图11-27

InDesign CS5从入门到精通

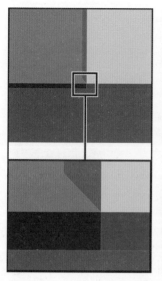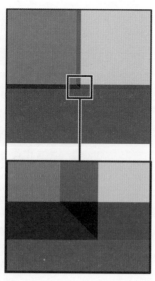

图11-28

3. "图像"设置组

可以创建陷印预设来控制图像间的陷印，以及位图图像（例如，照片和保存在光栅PDF文件中的其他图像）与矢量对象（例如，来自绘图程序和矢量PDF文件中的对象）间的陷印。每个陷印引擎处理导入图形的方法都不同。当设置陷印选项时，了解这些差别是非常重要的，如图11-29所示。

图11-29

4. "陷印阈值"设置组

"陷印阈值"的设置对话框如图11-30所示。

- 阶梯：指定陷印引擎创建陷印的颜色变化阈值。有些作业只需要针对最明显的颜色变化进行陷印，而有些作业则需要针对非常细微的颜色变化进行陷印。

- 黑色：指定应用"黑色"陷印宽度设置所需达到的最少黑色油墨量。默认值为100%，为获得最佳效果，需使用不低于70%的值。

- 黑色密度：指定中性色密度值，当油墨达到或超过该值时，InDesign会将该油墨视为黑色。例如，如果用户想让一种深专色油墨使用"黑色"陷印宽度设置，在这里输入合适的中性色密度值。本值通常设置为默认值的1.6左右。

- 滑动陷印：确定何时启动陷印引擎以横跨颜色边界的中心线。该值是指较浅颜色的中性密度值与相邻的较深颜色的中性密度值的比例。

- 减低陷印颜色：指定使用相邻颜色中的成分来减低陷印颜色深度的程度。本设置有助于防止某些相邻颜色（例如，蜡笔色）产生比其他颜色都深的不美观的陷印效果。

陷印位置：提供决定将矢量对象（包括InDesign中绘制的对象）与位图图像陷印时陷印放置位置的选项。除了"中性色密度"外的所有选项均会创建视觉上一致的边缘。"居中"会创建以对象与图像相接的边缘为中心的陷印。"内缩"会使对象叠压相邻图像。"中性色密度"应用于文档中其他位置相同的陷印规则。使用"中性色密度"设置将对象陷印到照片会导致不平滑的边缘，因为陷印位置不断来回移动。"外延"会使位图图像叠压相邻对象。

陷印对象至图像：确保矢量对象（例如，用作边框的线条）使用"陷印放置方式"设置陷印到图像。如果陷印页面范围内没有矢量对象与图像重叠，应考虑关闭本选项以加快该页面范围陷印的速度。

陷印图像至图像：开启沿着重叠或相邻位图图像边界的陷印。

图像自身陷印：开启每个位图图像中颜色之间的陷印（不仅仅是它们与矢量图片和文本相邻的地方）。本选项仅适用于包含简单、高对比度图像（例如，屏幕抓图或漫画）的页面。对于连续色调图像和其他复杂图像，不要选中本选项，因为它创建的陷印效果并不好。取消选中本选项可加快陷印速度。

陷印单色图像：确保单色图像陷印到邻接对象。本选项不使用"图像陷印置入"设置，因为单色图像只使用一种颜色。在大多数情况下，本选项处于选中状态。

图11-30

11.4 预检文档

打印文档或将文档提交给服务提供商之前，可以对此文档进行品质检查。预检是此过程的行业标准术语。有些问题会使文档或书籍的打印或输出无法获得满意的效果。在编辑文档时，如果遇到这类问题，"印前检查"面板会发出警告。这些问题包括文件或字体缺失、图像分辨率低、文本溢流及其他一些问题。

11.4.1 "预检"面板概述

对于文档执行"窗口>输出>印前检查"命令，然后调出"印前检查"面板，如图11-31所示。

如果要显示更多的选项，则在"印前检查"面板菜单中选择"定义配置文件"命令，弹出"印前检查配置文件"对话框，如图11-32所示。

图11-31

图11-32

- 新建印前检查配置文件：单击该按钮，然后为配置文件指定名称。
- 链接：确定缺失的链接和修改的链接是否显示为错误。
- 颜色：确定需要何种透明混合空间，以及是否允许使用 CMY 印版、色彩空间、叠印等选项。
- 图像和对象：指定图像分辨率、透明度、描边宽度等项要求。
- 文本："文本"类别显示缺失字体、溢流文本等项错误。
- 文档：指定对页面大小和方向、页数、空白页面以及出血和辅助信息区设置的要求。

单击"存储"按钮，可以保存对一个配置文件的更改，然后再处理另一个配置文件或单击"确定"按钮，关闭对话框。

 技巧提示

对于书籍，在"书籍"面板菜单中选择"印前检查书籍"选项。选择"印前检查书籍"后，将检查所有文档（或所有选定的文档）是否存在错误。可以使用每个文档中的嵌入配置文件，也可以指定要使用的配置文件。绿色、红色或问号图标表示了每个文档的印前检查状态。绿色表示文档没有报错，红色表示有错误。问号表示状态未知。

11.4.2 设置印前检查选项

调出"印前检查"面板，从"印前检查"面板菜单中选择"印前检查选项"命令。然后弹出"印前检查选项"对话框，如图11-33所示。

- 工作中的配置文件：选择用于新文档的默认配置文件。如果要将工作配置文件嵌入新文档中，选中"将工作中的配置文件嵌入新建文档"。
- 使用嵌入配置文件和使用工作中的配置文件：打开文档时，确定印前检查操作是使用该文档中的嵌入配置文件，还是使用指定的工作配置文件。
- 图层：指定印前检查操作是包括所有图层上的项、可见图层上的项，还是可见且可打印图层上的项。如果某个项位于隐藏图层上，可以阻止报告有关该项的错误。
- 粘贴板上的对象：选中此选项后，将对粘贴板上的置入对象报错。

图11-33

- 非打印对象：选中此选项后，将对"属性"面板中标记为非打印的对象报错，或对应用了"隐藏主页项目"的页面上的主页对象报错。

11.5 输出PDF

可以将编辑完成后的文件导出成 PDF格式文件，直接在计算机中快速浏览，或在网络上传送、印刷等。将文档、书籍或书籍中选择的文档导出为单个的Adobe PDF 文件时，可以保留如超链接、目录项、索引项和书签等 InDesign的导航元素。

11.5.1 关于 Adobe PDF

便携文档格式（PDF）是一种通用的文件格式，这种文件格式保留在各种应用程序和平台上创建的字体、图像和版面。Adobe PDF 是对全球使用的电子文档和表单进行安全可靠的分发和交换的标准。Adobe PDF 文件小而完整，任何使用免费 Adobe Reader软件的人都可以对其进行共享、查看和打印。

Adobe PDF在印刷出版工作流程中非常高效。通过将复合图稿存储在 Adobe PDF 中，可以创建一个服务提供商可以查看、编辑、组织和校样的小且可靠的文件。然后，在工作流程的适合时间，服务提供商可以或直接输出 Adobe PDF 文件，或使用各个来源的工具处理它，用于后处理任务，如准备检查、陷印、拼版和分色。

11.5.2 Adobe PDF预设

PDF 预设是一组影响创建 PDF 处理的设置选项，可以根据不同的用途创建新的PDF预设。而且可以在 Adobe Creative Suite 组件间共享预定义的大多数预设，其中包括 InDesign、Illustrator、Photoshop 和 Acrobat。也可以针对特有的输出要求创建和共享自定预设。执行"文件＞Adobe PDF 预设＞定义"命令，打开"Adobe PDF 预设"对话框，如图11-34所示。

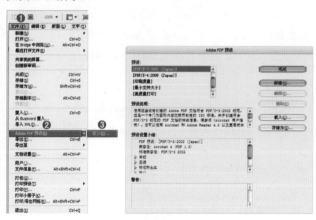

图11-34

要创建新的预设，单击"新建"按钮。打开"新建PDF 导出预设"对话框，设置 PDF 选项，然后单击"确定"按钮，如图11-35所示。

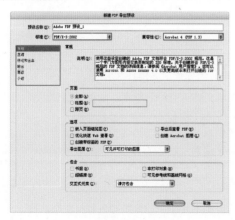

图11-35

导出为 PDF 或者创建或编辑 PDF 预设时可以设置 PDF 选项。Adobe PDF 选项分成几类。"导出 Adobe PDF"对话框左侧列出几个类别，但不包括"标准"和"兼容性"选项（位于对话框的顶部）。导出为 PDF 时，更改其中任意选项会导致预设名称末尾显示"modified"。

- 标准：指定文件的 PDF/X 格式。
  - PDF/X-1a 2001和2003：PDF/X-1a要求嵌入所有字体、指定适当的标记和出血，并且颜色显示为CMYK和/或专色。符合规范的文件必须包含描述所准备印刷条件的信息。
  - PDF/X-3 2002和2003：此预设基于ISO标准PDF/X-3:2002创建PDF。
  - PDF/X-4 2008：此预设创建ISO PDF/X-4:2008文件，支持实时透明度（不拼合透明度）和ICC色彩管理。使用此预设导出的PDF文件为PDF 1.4格式。
- 兼容性：指定文件的 PDF 版本。
- 常规：指定基本文件选项。
- 压缩：指定图稿是否应压缩和缩减像素取样，如果这样做，使用哪些方法和设置。
- 标记和出血：指定印刷标记和出血及辅助信息区。尽管这些选项与"打印"对话框中的选项相同，但其计算略有不同，因为PDF不会输出为已知的页面大小。
- 输出：控制颜色和PDF/X输出目的配置文件存储在PDF文件中的方式。
- 高级：控制字体、OPI规范、透明度拼合和 JDF 说明在 PDF文件中的存储方式。
- 小结：显示当前PDF设置的小结。可以单击类别（例如，常规）旁边的箭头查看各个设置。要将小结存储为ASCII文本文件，单击"存储小结"按钮。如果无法执行选定预设中的设置并且必须重新映射，则显示警告图标▲和解释性文本。

11.5.3 PDF 的常规选项

在"新建PDF导出预设"对话框中，选择"常规"选项卡，对其进行相应的设置，如图11-36所示。

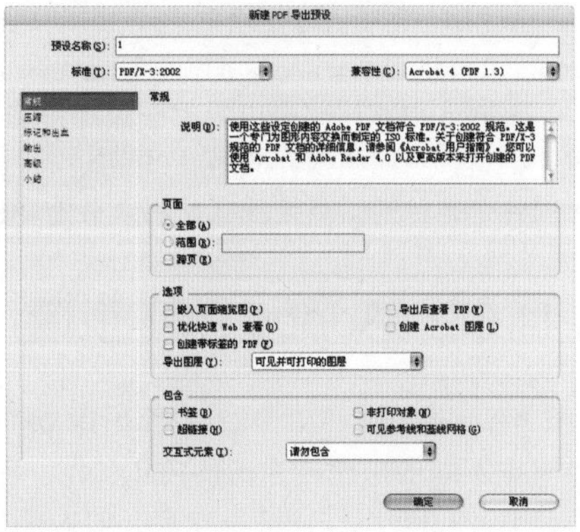

- 说明：显示选定预设中的说明，并提供一个地方供编辑说明。可以从剪贴板粘贴说明。

- 全部：导出当前文档或书籍中的所有页面。

- 范围：指定当前文档中要导出页面的范围。可以使用连字符输入范围，并使用逗号分隔多个页面或范围。在导出书籍或创建预设时，此选项不可用。

- 跨页：集中导出页面，如同将其打印在单张纸上。

- 嵌入页面缩览图：为每个导出页面创建缩览图，或为每个跨页创建一个缩览图。缩览图显示在 InDesign 的"打开"或"置入"对话框中。添加缩览图会增加PDF文件的大小。

图11-36

- 优化快速 Web 查看：通过重新组织文件以使用一次一页下载（所用的字节）的方式，减小 PDF 文件的大小，并优化 PDF 文件以便在 Web 浏览器中更快地查看。此选项将压缩文本和线状图，而不考虑在"新建PDF导出预设"对话框的"压缩"类别中选择的设置。

- 创建带标签的 PDF：在导出过程中，基于 InDesign 支持的 Acrobat 标签的子集自动为文章中的元素添加标签。此子集包括段落识别、基本文本格式、列表和表。导出为 PDF 之前，还可以在文档中插入并调整标签。

- 导出后查看PDF：使用默认的PDF查看应用程序打开新建的PDF文件。

- 创建Acrobat 图层：将每个InDesign图层存储为PDF中的Acrobat图层。此外，还会将所包含的任何印刷标记导出为单独的标记和出血图层中。这些图层是完全可以导航的，允许Acrobat 6.0和更高版本的用户通过单个PDF生成此文件的多个版本。

- 导出图层：确定是否在PDF中包含可见图层和非打印图层。可以使用"图层选项"设置决定是否将每个图层隐藏或设置为非打印图层。导出为PDF时，选择是导出"所有图层"（包括隐藏和非打印图层）、"可见图层"（包括非打印图层）还是"可见并可打印的图层"。

- 书签：创建目录条目的书签，保留目录级别。根据"书签"面板中指定的信息创建书签。

- 超链接：创建InDesign超链接、目录条目和索引条目的PDF超链接批注。

- 可见参考线和基线网格：导出文档中当前可见的边距参考线、标尺参考线、栏参考线和基线网格。网格和参考线以文档中使用的相同颜色导出。

- 非打印对象：导出在"属性"面板中对其应用了"非打印"选项的对象。

- 交互式元素：选中"包含外观"，可以在 PDF 中包含诸如按钮和影片海报之类的项目。要创建具有交互式元素的 PDF，选择"Adobe PDF（交互）"选项而不是"Adobe PDF（打印）"。

11.5.4 PDF 的压缩选项

在"新建PDF导出预设"对话框中，选择"压缩"选项卡，对其进行相应的设置，如图11-37所示。

- 缩减像素采样：如果打算在Web上使用PDF文件，使用缩减像素采样以允许更高的压缩率。如果计划使用高分辨率打印PDF文件，在设置压缩和缩减像素采样选项之前，向印前服务提供商咨询。

  缩减像素采样是指减少图像中的像素数量。要缩减像素采样颜色、灰度或单色图像，可选择三种插值方法：平均缩减像素采样、双立方缩减像素取样或次像素采样，然后输入所需分辨率（每英寸像素）。然后在"若图像分辨率高于"文本框中输入分辨率。分辨率高于此阈值的所有图像将进行缩减像素采样。

- 选取的插值方法确定了如何删除像素。

  - 平均缩减像素采样至：计算样本区域中像素的平均值，并按指定的分辨率使用平均像素颜色替换整个区域。

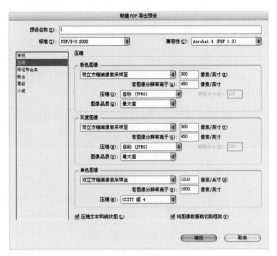

图 11-37

● **次像素采样至**：在样本区域中心选取一个像素，并使用该像素的颜色替换整个区域。与缩减像素采样相比，次像素采样可以明显地缩短转换时间，但所生成图像的平滑度和连续性则会差一些。

● **双立方缩减像素采样至**：使用加权平均值来确定像素颜色，与简单的平均缩减像素采样方法相比，此方法可获得更好的效果。双立方缩减像素采样是速度最慢但最精确的方法，并可产生最平滑的色调渐变。

● **压缩**：确定所用的压缩类型。

● **自动（JPEG）**：自动确定彩色和灰度图像的最佳品质。对于大多数文件，此选项可以产生令人满意的结果。

● **JPEG**：适合于灰度图像或彩色图像。JPEG 压缩是有损压缩，这意味着它会移去图像数据并可能会降低图像品质；但是，它会尝试在最大程度减少信息损失的情况下缩小文件大小。由于 JPEG 压缩会删除数据，因此它获得的文件比 ZIP 压缩获得的文件小得多。

● **ZIP**：非常适合于处理大片区域都是单一颜色或重复图案的图像，同时适用于包含重复图案的黑白图像。ZIP 压缩可能无损或有损耗，这取决于"图像品质"设置。

● **JPEG2000**：它是图像数据压缩和打包的国际标准。与 JPEG 压缩一样，JPEG 2000 压缩适合于灰度图像或彩色图像。它还提供额外的优点，例如，连续显示。只有在"兼容性"设置为 Acrobat 6.0（PDF 1.5）或更高版本时，"JPEG 2000"选项才可用。

● **自动（JPEG 2000）**：自动确定彩色和灰度图像的最佳品质。只有在"兼容性"设置为 Acrobat 6.0（PDF 1.5）或更高版本时，"自动（JPEG 2000）"选项才可用。

● **CCITT 和 Run Length**：仅供单色位图图像使用。

● **图像品质**：确定应用的压缩量。对于 JPEG 或 JPEG 2000 压缩，可以选择"最小值"、"低"、"中"、"高"或"最大值"选项。对于 ZIP 压缩，仅可以使用 8 位。因为 InDesign 使用无损的 ZIP 方法，所以不会删除数据以缩小文件大小，因而不会影响图像品质。

● **压缩文本和线状图**：将纯平压缩（类似于图像的 ZIP 压缩）应用到文档中的所有文本和线状图，而不损失细节或品质。

● **将图像数据裁切到框架**：通过仅导出位于框架可视区域内的图像数据，可能会缩小文件的大小。如果后续处理器需要其他信息，则需要取消选中该选项。

11.5.5 PDF 的标记和出血选项

出血是图稿位于打印框以外的部分或位于裁切标记和修剪标记以外的部分。可以将出血包括在图稿中作为错误的边距，以确保油墨在裁切页面后一直扩展到页面的边界，或者确保图形可以被剥离到文档中的准线。

在"新建PDF导出预设"对话框中，选择"标记和出血"选项卡，在这里可以标记的选项类型进行设置，还可以对出血的数值进行具体设置，如图11-38所示。

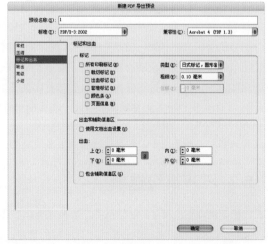

图 11-38

11.5.6 PDF输出选项

在"新建PDF导出预设"对话框中，选择"输出"选项卡，对其进行相应的设置，如图11-39所示。

- **颜色转换**：用来指定如何在 Adobe PDF 文件中描绘颜色信息。在颜色转换过程中将保留所有专色信息。只有最接近于印刷色的颜色才会转换为指定的色彩空间。

  - **无颜色转换**：按原样保留颜色数据。在选择了"PDF/X-3"时，这是默认值。

  - **转换为目标配置文件**：将所有颜色转换成为"目标"选择的配置文件。是否包含配置文件是由"配置文件包含方案"确定的。

  - **转换为目标配置文件**：只有在颜色嵌入了与目标配置文件不同的配置文件（或者如果它们为RGB颜色，而目标配置文件为CMYK，或相反情况）的情况下，才将颜色转换为目标配置文件空间。

图11-39

- **目标**：描述最终RGB或CMYK输出设备（如显示器或SWOP标准）的色域。使用此配置文件，InDesign将文档的颜色信息（由"颜色设置"对话框的"工作空间"部分中的源配置文件定义）转换到目标输出设备的颜色空间。

- 配置文件包含策略用于确定是否在文件中包含颜色配置文件。根据"颜色转换"菜单中的设置、是否选择了 PDF/X 标准之一以及颜色管理的开关状态，此选项会有所不同。

  - **不包含配置文件**：勿使用嵌入的颜色配置文件创建颜色管理文档。

  - **包含所有配置文件**：创建色彩受管理的文档。如果使用 Adobe PDF 文件的应用程序或输出设备需要将颜色转换到另一颜色空间，则它使用配置文件中的嵌入颜色空间。选择此选项之前，打开颜色管理并设置配置文件信息。

  - **包含标记源配置文件**：保持与设备相关的颜色不变，并将与设备无关的颜色在PDF中保留为最接近的对应颜色。如果印刷机构已经校准所有设备，使用此信息指定文件中的颜色并仅输出到这些设备，则此选项很有用。

- **包含所有RGB和标记源CMYK配置文件**：包括带标签的RGB对象和带标签的CMYK对象（例如，具有嵌入配置文件的置入对象）的任一配置文件。此选项也包括不带标签的RGB对象的文档RGB配置文件。

  包含目标配置文件：将目标配置文件指定给所有对象。如果选择"转换为目标配置文件（保留颜色值）"，则会为同一颜色空间中不带标签的对象指定该目标配置文件，这样不会更改颜色值。

- **模拟叠印**：通过保持复合输出中的叠印外观，模拟打印到分色的外观。取消选中"模拟叠印"时，必须在Acrobat中选择"叠印预览"选项，才可以查看叠印颜色的效果。

- **油墨管理器**：控制是否将专色转换为对应的印刷色，并指定其他油墨设置。如果使用"油墨管理器"更改文档，则这些更改将反映在导出文件和存储文档中，但设置不会存储到 Adobe PDF 预设中。

- **输出方法配置文件名称**：指定文档具有特色的打印条件。对于创建遵从 PDF/X 的文件，输出方法配置文件是必需的。

- **输出条件名称**：描述预期的打印条件。对于 PDF 文档的预期接收者而言，此条目可能十分有用。

- **输出条件标识符**：通过指针指示有关预期打印条件的更多信息。对于包含在 ICC 注册中的打印条件，将会自动输入该标识符。当使用 PDF/X-3 预设或标准时，此选项不可用，因为在使用 Acrobat 7.0 Professional 及更高版本中的预检功能或 Enfocus PitStop 应用程序（它是 Acrobat 6.0 的一个增效工具）检查文件时，会出现不兼容问题。

- **注册表名称**：指明用于了解有关注册的更多信息的 Web 地址。

11.5.7 PDF高级选项

在"新建PDF导出预设"对话框中，选择"高级"选项卡，对其进行相应的设置，如图11-40所示。

- **子集化字体**：根据文档中使用的字体字符的数量，设置用于嵌入完整字体的阈值。如果超过文档中使用的任一指定字体的字符百分比，则完全嵌入特定字体。否则，子集化此字体。嵌入完整字体会增加文件的大小，但如果要确保完整嵌入所有字体，输入0。也可以在"常规首选项"对话框中设置阈值，以根据字体中包含字形的数量触发字体子集化。

- **OPI**：使用户能够在将图像数据发送到打印机或文件时有选择地忽略不同的导入图形类型，并只保留OPI链接（注释）供OPI服务器以后处理。

- 预设：如果"兼容性"（位于此对话框中的"常规"区域中）设置为Acrobat 4（PDF 1.3），则可以指定预设（或选项集）以拼合透明度。这些选项仅在导出图稿中含透明度的跨页时使用。
- 忽略跨页优先选项：将拼合设置应用到文档或书籍中的所有跨页，覆盖各个跨页上的拼合预设。
- 使用Acrobat 创建JDF文件：创建作业定义格式（JDF）文件，并启动 Acrobat Professional以处理此JDF文件。Acrobat中的作业定义包含对要打印的文件的引用，以及为生产地点的印前服务提供商提供的说明和信息。仅当计算机上安装了Acrobat 7.0 Professional 或更高版本时，此选项才可用。

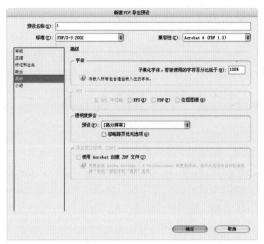

图11—40

11.5.8 PDF小结选项

在"新建PDF导出预设"对话框中，选择"小结"选项卡，可以对其中的选项进行相应的设置，如图11-41所示。

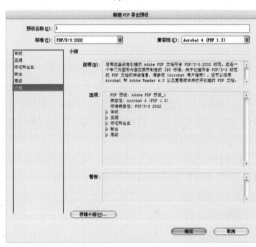

图11—41

11.6 打印

不管是向外部服务提供商提供彩色的文档，还是仅将文档的快速草图发送到喷墨打印机或激光打印机，了解一些基本的打印知识将使打印作业更顺利地进行，并有助于确保最终文档的效果与预期的效果一致。

11.6.1 关于打印

- 打印类型：打印文件时，Adobe InDesign 将文件发送到打印设备。文件被直接打印在纸张上或发送到数字印刷机，或者转换为胶片上的正片或负片图像。在后一种情况中，可使用胶片生成印版，以便通过商业印刷机印刷。
- 图像类型：最简单的图像类型在一级灰阶中仅使用一种颜色。较复杂的图像在图像内具有变化的色调。这类图像称为连续色调图像。照片是连续色调图像的一个例子。
- 半调：为了产生连续色调的错觉，将会把图像分成一系列网点，这个过程称为半调。改变半调网屏网点的大小和密度可以在打印的图像上产生灰度变化或连续颜色的视觉错觉。
- 分色：要将包含多种颜色的图稿进行商业复制，必须将多种颜色打印在单独的印版上，每个印版包含一种颜色，这个过程称为分色。
- 获取细节：打印图像中的细节取决于分辨率和网频的组合。输出设备的分辨率越高，可使用的网频越精细。

- **双面打印**：单击"打印"对话框中"打印机"按钮时，可以看到打印机特有的功能。只有打印机支持双面打印时，该功能才可用。
- **透明对象**：如果图稿包含的对象具有使用"效果"面板或"投影/羽化"命令添加的透明度功能，那么将根据拼合预设中选择的设置拼合此透明图稿。可以调整打印图稿中的栅格化图像和矢量图像的比率。

11.6.2 打印文档或书籍

执行"文件>打印"命令，弹出"打印"对话框。在该对话框中可以对打印机、打印份数、输出选项和色彩管理等进行设置，如图11-42所示。

图11-42

- **打印预设**：如果"打印预设"中具有所要的设置，在此列表框中选择此设置。
- **打印机**：在"打印机"列表框中指定要使用的打印机。
- **份数**：输入要打印的份数，并选择是"逐份打印"或是"按照逆页序打印"选项。
- **范围**：指定当前文档中要打印的页面范围。使用连字符表示连续的页码，使用逗号或空格表示多个页码或范围。
- **打印范围**：选择"全部页面"可打印文档的所有页面。选择"仅偶数页"或"仅奇数页"，仅打印指定范围中的那些页面。使用"跨页"或"打印主页"选项时，这些选项不可用。
- **跨页**：将页面打印在一起，如同将这些页面装订在一起或打印在同一张纸上。可在每张纸上只打印一个跨页。如果新的页面大于当前选择的纸张大小，InDesign 将打印尽可能多的内容，但不会自动缩放此页面以适合可成像区域，除非在"打印"对话框的"设置"区域中选中"缩放以适合"选项。可能还需要指定横向页面方向。
- **打印主页**：打印所有主页，而不是打印文档页面。选中此选项会导致"范围"选项不可用。
- **打印图层**：在列表框中选择需要打印的图层。
- **打印非打印对象**：选中该选项可以打印所有对象，而不考虑选择性，防止打印单个对象的设置。

- **打印空白页面**：打印指定页面范围中的所有页面，包括没有出现文本或对象的页面。打印分色时，此选项不可用。
- **打印可见参考线和基线网格**：按照文档中的颜色打印可见的参考线和基线网格。可以使用视图菜单控制哪些辅助线和网格可见。打印分色时，该选项不可用。

11.6.3 打印对话框选项

在"打印"对话框中的每类选项，从"常规"选项到"小结"选项都是为了指导完成文档的打印过程而设计的。要显示一组选项，在对话框左侧选择该组的名称。其中的很多选项是由启动文档时选择的启动配置文件预设的，如图11-43所示。

图11-43

- **常规**：可以设置页面大小和方向、指定要打印的份数、缩放图稿，指定拼贴选项以及选择要打印的图层。
- **标记和出血**：可以选择印刷标记与创建出血。
- **输出**：可以创建分色。
- **图形**：可以设置路径、字体、PostScript文件、渐变、网格和混合的打印选项。
- **颜色管理**：可以选择一套打印颜色配置文件和渲染方法。
- **高级**：可以控制打印期间的矢量图稿拼合（或可能栅格化）。
- **小结**：可以查看和存储打印设置小结。

11.6.4 预览文档

在文档打印到PostScript打印机之前，可以查看文档的页面如何与选择的纸张相匹配。"打印"对话框左下方的预览将显示纸张大小和页面方向的设置是否适用于页面。在"打印"对话框中选择不同的选项时，预览会动态更新使用打印设置的组合效果。

执行"文件＞打印"命令，打开"打印"对话框。单击对话框左下方的预览图像，如图11-44所示。

预览具有3种视图。

- 标准视图：显示文档页面和媒体的关系。此视图显示多种选项（例如，可成像区域的纸张大小、出血和辅助信息区、页面标记等）以及拼贴和缩览图的效果，如图11-45所示。
- 文本视图：在视图中列出了特定打印设置的数值，如图11-46所示。
- 自定页面/单张视图：根据页面大小，显示小同打印设置的效果。对于自定页面大小，预览显示媒体如何适合自定输出设备，输出设备的最大支持媒体尺寸以及位移、间隙和横向的设置情况。对于单张（如Letter和Tabloid），预览将显示可成像区域和媒体大小的关系，如图11-47所示。

在自定页面视图和切片视图中，预览均使用图标表明输出模式：分色、复合灰度、复合CMYK、复合RGB。

图11-44

图11-45　　　图11-46　　　图11-47

11.6.5 打印预设

如果需要输出到不同的打印机或作业类型，可以将所有输出设置存储为打印预设，以自动完成打印作业。对于要求"打印"对话框中的许多选项设置都一贯精确的打印作业来说，使用打印预设是一种快速可靠的方法。

执行"文件＞打印预设＞定义"命令，打开"打印预设"对话框。然后单击"新建"按钮，在显示的对话框中，输入新名称或使用默认名称，调整打印设置，然后单击"确定"按钮以返回到"打印预设"对话框，接着再次单击"确定"按钮，如图11-48所示。

图11-48

1.创建打印预设

执行"文件＞打印"命令，打开"打印"对话框，调整打印设置，然后单击"存储预设"按钮。输入一个名称或使用默认名称，再单击"确定"按钮。若使用此方法，预设将存储在首选项文件中，如图11-49所示。

2.应用打印预设

执行"文件＞打印"命令，打开"打印"对话框。从"打印预设"列表框中选择一种打印预设，单击"打印"按钮，如图11-50所示。

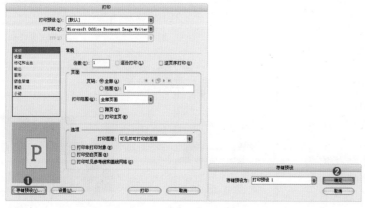 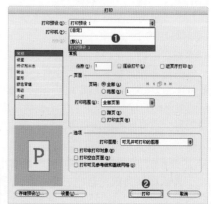

图11-49　　　　　　　　　　　图11-50

3.删除打印预设

执行"文件>打印预设>定义"命令，打开"打印预设"对话框，选择列表框中的一个或多个预设，并单击"删除"按钮，如图11-51所示。

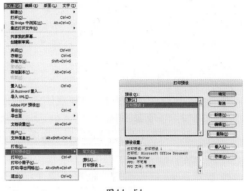

图11-51

11.6.6 打印小册子

使用打印小册子功能，可以创建打印机跨页以用于专业打印。例如，如果正在编辑一本8页的小册子，则页面按连续顺序显示在版面窗口中。但是，在打印机跨页中，页面2与页面7相邻，这样将两个页面打印在同一张纸上并对其折叠和拼版时，页面将以正确的顺序排列，如图11-52所示。

执行"文件>打印小册子"命令，打开"打印小册子"对话框，具体参数设置如图11-53所示。

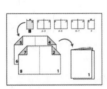

图11-52   图11-53

1."打印小册子"设置选项

单击"打印小册子"对话框中的"设置"选项卡，可以调整打印预设、小册子类型、边距等参数，如图11-54所示。

- 小册子类型：设置打印小册子时的类型。

  - 双联骑马订：可以创建双页、逐页面的计算机跨页。这些计算机跨页适合于双面打印、逐份打印、折叠和装订。InDesign根据需要将空白页面添加到完成文档的末尾。选中"双联骑马订"时，"页面之间间距"、"页面之间出血"和"签名大小"选项将变灰，如图11-55所示。

  - 双联无线胶订：可以创建双页、逐页面的打印机跨页，它们适合指定签名大小。这些打印机跨页适合于双面打印、裁切和装订至具有黏合剂的封面。如果要拼版的页面的数量不能被签名大小整除，InDesign则根据需要将空白页面添加到完成文档的后面，如图11-56所示。

  - 平订：创建适合于折叠的小册子或小册子的两页、三页或四页面板。选中"平订"选项时，"页面之间出血"、"爬出"和"签名大小"选项将变灰，如图11-57所示。

图11-54   图11-55

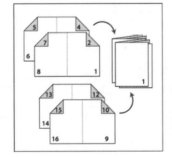

图11-56   图11-57

- **页面之间间距**：指定页面之间的间隙（左侧页面的右边和右侧页面的左边），可以为除"骑马钉"外的所有小册子类型指定"页面之间间距"值。
- **页面之间出血**：指定用于允许页面元素占用"无线胶订"打印机跨页样式之间间隙的间距大小。此栏接受0至"页面之间间距"值的一半之间的值。只有选中"双联无线胶订"时，才可以指定此选项。
- **爬出**：指定为适应纸张厚度和折叠每个签名所需的间距大小。
- **签名大小**：指定双联无线胶订文档的每个前面页面的数量。
- **自动调整以适合标记和出血**：允许InDesign计算边距以容纳出血和当前设置的其他印刷标记选项。
- **边距**：指定裁切后实际打印机跨页四周间距大小。
- **打印空白打印机跨页**：如果要拼版的页面的数量不能被"签名大小"值整除，则将空白页面或跨页添加到文档的末尾。

2. "打印小册子"预览、小结选项

单击"打印小册子"对话框中的"预览"选项卡，可以查看信息和警告等参数。单击"打印小册子"对话框中的"小结"选项卡可以查看小结和信息等参数，如图11-58所示。

图11—58

Chapter 12

第12章

综合实例

前面关于InDesign CS5的知识就介绍完了，本章将综合运用前面所学知识，通过几个具体实例介绍InDesign在贵宾卡、海报、杂志内页版式设计、封面设计、报纸和宣传册等不同领域中的具体应用过程。通过本章的学习，相信读者能够对InDesign的基础知识和实际应用有一个全方面的掌握，为自己的工作和学习铺平道路。

本章学习要点：

- 使用InDesign进行卡片设计
- 使用InDesign进行招贴海报设计
- 使用InDesign进行杂志版式设计
- 使用InDesign进行画册设计

综合实例——奢华风格贵宾卡

案例文件	综合实例——奢华风格贵宾卡.indd
视频教学	综合实例——奢华风格贵宾卡.flv
难易指数	★★★★★
知识掌握	框架工具、渐变工具、"角选项"命令、"效果"面板、"渐变"面板

案例效果

本案例的最终效果如图12-1所示。

图12-1

操作步骤

步骤01 执行"文件>新建>文档"命令，或按Ctrl+N组合键，打开"新建文档"对话框；在"页面大小"下拉列表框中选择A4，设置"页数"为1，"页面方向"为横向。单击"边距和分栏"按钮，在弹出的"新建边距和分栏"对话框中进行相应的设置，然后单击"确定"按钮，如图12-2所示。

图12-2

步骤02 单击工具箱中的"矩形工具"按钮 ▭，绘制一个矩形；然后打开"渐变"面板，拖动滑块将渐变颜色调整为从蓝色到深蓝色，设置"类型"为"径向"；再单击工具箱中的"渐变工具"按钮 ▭，拖曳鼠标为矩形添加渐变效果，作为卡片的底色，如图12-3所示。

步骤03 选中渐变矩形，执行"对象>角选项"命令，在弹出的"角选项"对话框中单击"统一所有设置"按钮，设置转角大小为6毫米，形状为圆角（设置一个选项，其他选项也会随之改变），如图12-4所示。

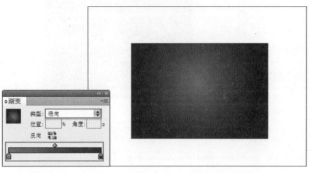

图12-3

图12-4

步骤04 打开"图层"面板，选中圆角矩形，单击拖曳到"创建新图层"按钮上创建一个副本；然后选中下一层的原图层，设置填充色为灰色，并按键盘上的"→"键，将其向右位移2像素，增加卡片的立体感，如图12-5所示。

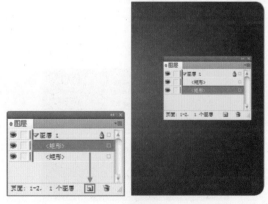

图12-5

步骤05 单击工具箱中的"矩形工具"按钮，绘制一个与卡片大小相同的矩形。执行"文件>置入"命令，在弹出的"置入"对话框中选择花纹素材文件，单击"打开"按钮将其导入。执行"窗口>效果"命令，在打开的"效果"面板中设置模式为"颜色加深"，"不透明度"为9%，如图12-6所示。

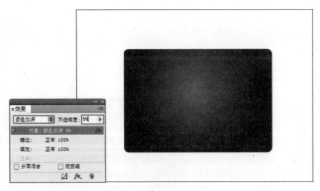

图12-6

步骤06 单击工具箱中的"钢笔工具"按钮 ♦.，绘制一条闭合路径；然后打开"渐变"面板，拖动滑块将渐变颜色调整为从绿色到深绿色，设置"类型"为"径向"。再单击工具箱中的"渐变工具"按钮拖曳鼠标为该不规则形状添加渐变效果，如图12-7所示。

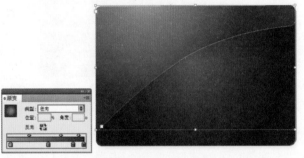

图12-7

步骤07 选择花纹素材部分，单击鼠标右键，在弹出的快捷菜单中执行"排列>置为顶层"命令，如图12-8所示。

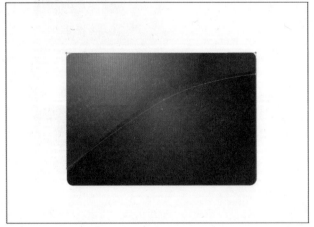

图12-8

步骤08 使用钢笔工具在交界处绘制出一条闭合路径，然后设置填充色为深蓝色，如图12-9所示。

图12-9

步骤09 保持路径的选中状态，在"图层"面板中将其拖曳到"创建新图层"按钮上，创建一个副本；然后按键盘上的"↑"键，向上位移4点；再打开"渐变"面板，拖动滑块将渐变颜色调整为金色渐变，设置"类型"为"线性"；接着单击工具箱中的"渐变工具"按钮，拖曳鼠标为该形状添加渐变效果，如图12-10所示。

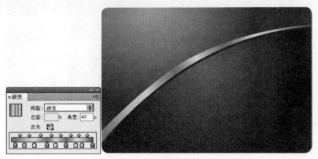

图12-10

步骤10 继续使用钢笔工具在金色渐变形状下方绘制较小的闭合路径，并填充为白色。保持路径的选中状态，执行"对象>效果>外发光"命令，在弹出的"效果"对话框中设置"模式"为"滤色"，"颜色"为黄色，"不透明度"为100%，"方法"为柔和，"大小"为2.469毫米，如图12-11所示。

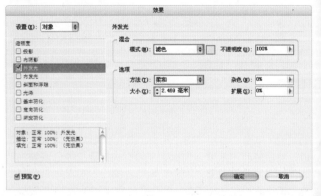

图12-11

步骤11 在"效果"对话框左侧列表框中选中"渐变羽化"样式，然后在"渐变色标"中调整渐变羽化效果，设置"类型"为"线性"，如图12-12所示。

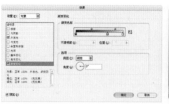

图12—12

步骤12 单击工具箱中的"文字工具"按钮**T.**，绘制一个文本框并输入文字；然后执行"窗口>文字和表>字符"命令，在打开的"字符"面板中设置字体为Stencil Std，文字大小为129点，如图12-13所示。

图12—13

步骤13 将文字选中，打开"渐变"面板，滑块将渐变颜色调整为金色渐变，设置"类型"为"线性"；在"渐变"面板上单击鼠标右键，在弹出的快捷菜单中执行"添加到色板"命令；再单击工具箱中的"渐变工具"按钮，拖曳鼠标为文字填充渐变效果；接着设置描边颜色为金色渐变，如图12-14所示。

图12—14

步骤14 将文字VIP选中，执行"对象>效果>投影"命令，在弹出的"效果"对话框中设置"模式"为"正片叠底"、"颜色"为深蓝色，"不透明度"为75%，"距离"为1毫米，"X位移"为0.707毫米，"Y位移"为0.707毫米，"角度"为135°，然后单击"确定"按钮，为文字添加投影效果，如图12-15所示。

步骤15 在"效果"对话框左侧列表框中选中"斜面和浮雕"样式，然后设置"样式"为"内斜面"，"大小"为2.469毫米，"方法"为"平滑"，"方向"为"向上"，"深度"为100%，"角度"为120°，"突出显示"为滤

色、"颜色"为白色、"不透明度"为75%，"阴影"为"正片叠底"、"颜色"为白色、"不透明度"为75%，如图12-16所示。

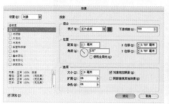

图12—15

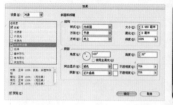

图12—16

步骤16 使用文字工具在VIP的右下方输入文本，并设置为合适的字体，文字大小为11点；然后选中文字，打开"渐变"面板，为文字添加金色渐变效果，如图12-17所示。

图12—17

步骤17 单击工具箱中的"直线工具"按钮，绘制一条直线段，并设置描边颜色为黄色；然后将其选中，按住Shift和Alt键的同时在水平方向上拖动鼠标，制作出直线段副本，如图12-18所示。

图12—18

步骤18 使用文字工具在链条直线段之间输入文本，并设置为合适的字体、大小，再为其添加渐变效果，如图12-19所示。

步骤19 继续使用文字工具在页面中输入段落文本，然后设置合适的字体、大小，并添加渐变颜色。打开"段落"面板，单击"居中对齐"按钮，如图12-20所示。

图 12-19

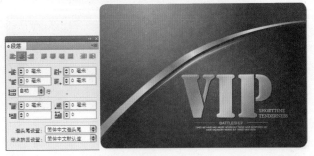

图 12-20

步骤20 单击工具箱中的"矩形框架工具"按钮 ⊠，在页面中绘制一个矩形框架；然后执行"文件>置入"命令，在弹出的"置入"对话框中选择标志素材文件，单击"打开"按钮将其导入页面中并放在左上角，如图12-21所示。

图 12-21

步骤21 在卡片正面输入其他文本，如图12-22所示。

图 12-22

步骤22 选中卡片部分，执行"文件>导出"命令，在弹出的"导出"对话框中设置保存类型为JPEG，输入合适的文件名，然后单击"保存"按钮，如图12-23所示。

图 12-23

步骤23 执行"窗口>页面"命令，在打开的"页面"面板中单击"新建页面"按钮，添加页面；然后单击右上角的 ▤ 按钮，在弹出的菜单中执行"允许文档页面随机排布"命令；接着选中第2页，按住鼠标左键将其拖曳到第1页的右侧，如图12-24所示。

图 12-24

步骤24 使用矩形工具绘制一个页面大小的形状；然后打开"渐变"面板，拖动滑块将渐变颜色调整为从蓝色到深蓝色，设置"类型"为"径向"；再单击工具箱中的"渐变工具"按钮拖曳鼠标为该形状添加渐变效果，如图12-25所示。

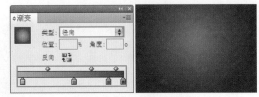

图 12-25

步骤25 使用矩形框架工具绘制一个页面大小的矩形框架；然后执行"文件>置入"命令，在弹出的"置入"对话框中选择花纹素材文件，单击"打开"按钮将其导入；再打开"效果"面板，设置"模式"为"滤色"，"不透明度"为16%，如图12-26所示。

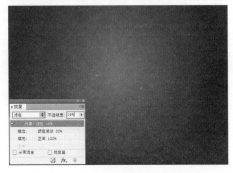

图 12-26

InDesign CS5从入门到精通

步骤26 导入手素材，如图12-27所示。

图12-27

步骤27 使用矩形工具绘制一个手中白卡大小的矩形，并设置合适的圆角数值；然后执行"文件＞置入"命令，在弹出的"置入"对话框中选择"制作贵宾卡.jpg"素材，单击"打开"按钮将其导入，如图12-28所示。

图12-28

步骤28 选中贵宾卡，使用钢笔工具在框架上多次单击添加锚点；再选择锚点，按Alt键将钢笔工具转换为转换方向点工具；利用该工具将路径进行转换为圆滑路径，把覆盖的手露出来，效果如图12-29所示。

图12-29

步骤29 继续使用钢笔工具在手指的底部绘制一条闭合路径，并填充为黑色；然后打开"效果"面板，设置"不透明度"为10%，制作出投影效果，如图12-30所示。

图12-30

步骤30 按照同样的方法为每个手指制作出投影效果，最终效果如图12-31所示。

图12-31

综合实例——欧美风格卡通音乐海报

案例文件	综合实例——欧美风格卡通音乐海报.indd
视频教学	综合实例——欧美风格卡通音乐海报.flv
难易指数	★★★★★
知识掌握	文字工具、"投影"效果

案例效果

本案例的最终效果如图12-32所示。

操作步骤

步骤01 执行"文件＞新建＞文档"命令，或按Ctrl+N组合键，打开"新建文档"对话框，在"页面大小"下拉列表框中选择A4，设置"页数"为1，"页面方向"为纵向。单击"边距和分栏"按钮，在弹出的"新建边距和分栏"对话框中进行相应的设置，然后单击"确定"按钮，如图12-33所示。

图12-32

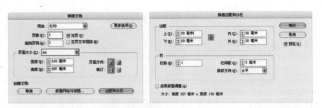

图12-33

步骤02 执行"文件>置入"命令，在弹出的"置入"对话框中选择素材文件，单击"打开"按钮，然后将光标移至页面中，当其变为形状时单击并拖曳鼠标，即可导入背景素材文件，如图12-34所示。

步骤03 单击工具箱中的"矩形框架工具"按钮，拖曳鼠标在页面上绘制一个矩形框架；然后执行"文件>置入"命令，在弹出的"置入"对话框中选择星形图像素材，单击"打开"按钮，将其导入框架中，如图12-35所示。

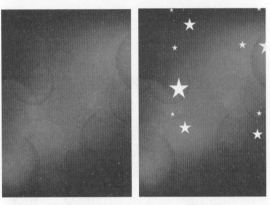

图12-34　　　　　　图12-35

步骤04 单击工具箱中的"椭圆工具"按钮，按住Shift键的同时拖曳鼠标，绘制一个正圆，并填充为灰色；然后执行"窗口>效果"命令，在打开的"效果"面板中设置"不透明度"为79%，如图12-37所示。

图12-37

步骤05 执行"文件>置入"命令，在弹出的"置入"对话框中选择音乐素材图像，单击"打开"按钮将其导入，如图12-38所示。

步骤06 使用矩形框架工具绘制一个框架；然后将其选中，按住Alt键的同时拖曳鼠标，复制出一个副本，并将其垂直摆放；接着导入两幅音乐素材图像，如图12-39所示。

图12-38　　　　　　图12-39

步骤07 按住Shift键进行加选，将两幅音乐素材图像同时选中，然后设置描边颜色为粉色，描边大小为7点，如图12-40所示。

图12-40

步骤08 单击工具箱中的"文字工具"按钮 **T.**，绘制一个文本框架并输入文字，然后在控制栏中选择一种合适的字体，设置文字大小为150点，字体颜色为白色，如图12-41所示。

图12-41

步骤09 选中文字对象，执行"对象＞效果＞投影"命令，在弹出的"效果"对话框中设置"模式"为"正片叠底"、"不透明度"为86%、"距离"为3毫米、"X位移"为2.121毫米、"Y位移"为2.121毫米、"角度"为135°、"大小"为1.764毫米，然后单击"确定"按钮，为文字添加投影效果，如图12-42所示。

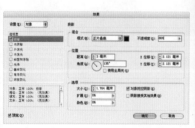

图12-42

步骤10 使用文字工具在页面中输入文本，然后在控制栏中选择一种合适的字体，设置文字大小为35点，字体颜色为白色；然后执行"文字＞创建轮廓"命令，将文字转换为文字路径；接着设置字体描边为粉色，描边大小为2点，如图12-43所示。

图12-43

步骤11 选中文字对象，执行"对象＞效果＞投影"命令，在弹出的"效果"对话框中设置"模式"为"正片叠底"、"不透明度"为86%、"距离"为1毫米、"X位移"为

0.707毫米、"Y位移"为0.707毫米、"角度"为135°、"大小"为1.764毫米，然后单击"确定"按钮，为文字添加投影效果，如图12-44所示。

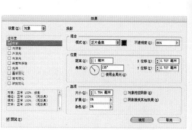

图12-44

步骤12 按照同样的方法在底部制作出装饰文字，如图12-45所示。

步骤13 再次使用文字工具在页面上输入相关文本，并按照上述相同的方法为其添加投影效果，如图12-46所示。

图12-45 　　　　　　　　 图12-46

步骤14 单击工具箱中的"矩形工具"按钮 ▢，在左下角处单击并拖曳鼠标，绘制一个矩形，并填充为绿色；然后按住Alt键的同时拖曳鼠标，复制出一个副本，并将其水平摆放；填充为黄色，如图12-47所示。

图12-47

综合实例——复古感房地产杂志内页

案例文件	综合实例——复古感房地产杂志内页.indd
视频教学	综合实例——复古感房地产杂志内页.flv
难易指数	★★★★★
知识掌握	钢笔工具、文字工具、段落样式

案例效果

本案例的最终效果如图12-48所示。

图12-48

操作步骤

步骤01 执行"文件＞新建＞文档"命令，或按Ctrl+N组合键，打开"新建文档"对话框，在"页面大小"下拉列表框中选择A4，设置"页数"为1，"页面方向"为纵向。单击"边距和分栏"按钮，在弹出的"新建边距和分栏"对话框中进行相应的设置，然后单击"确定"按钮，如图12-49所示。

图12-49

步骤02 执行"文件＞置入"命令，在弹出的"置入"对话框中选择素材文件，单击"打开"按钮，然后将光标移至页面中，当其变为形状时单击并拖曳鼠标，即可导入背景素材文件，如图12-50所示。

步骤03 单击工具箱中的"矩形框架工具"按钮，拖曳鼠标在页面上绘制两个矩形框架；然后执行"文件＞置入"命令，在弹出的"置入"对话框中选中两幅风景素材图像，单击"打开"按钮，将其分别导入两个框架中，如图12-51所示。

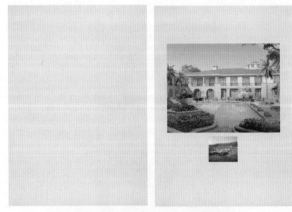

图12-50   图12-51

步骤04 导入花纹素材文件，然后按住Alt键拖曳鼠标，复制出一个，并放置在右侧位置；再将两个花纹素材同时选中，按住Alt键拖曳鼠标，再次复制；接着执行"对象＞变换＞垂直翻转"命令，将其放置在底部位置，如图12-52所示。

图12-52

步骤05 再次导入矢量花纹素材文件，如图12-53所示。

图12-53

步骤06 单击工具箱中的"矩形工具"按钮，绘制一个长矩形，并填充为深黄色；然后选中路径对象，按住Alt键拖曳鼠标，复制出一个；接着执行"对象＞变换＞水平翻转"命令，并将翻转的副本放置在对侧；再将路径对象和副本同时选中，再次进行复制，并水平位移至合适位置，如图12-54所示。

步骤07 单击工具箱中的"直线工具"按钮＼，绘制一条直线段；然后执行"窗口＞描边"命令，在打开的"描边"面板中设置"粗细"为1点，"类型"为虚线，填充色为深黄色，如图12-55所示。

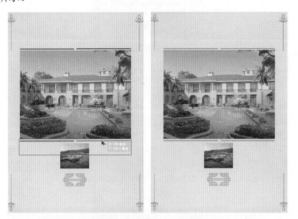

图12-54

图12-55

步骤08 选中虚线，复制两条进行摆放，如图12-56所示。

步骤09 在顶部位置，使用直线工具绘制一条直线段，然后设置描边粗细为1点，描边颜色为红色，如图12-57所示。

步骤10 单击工具箱中的"文字工具"按钮T.，绘制一个文本框架并输入文字，然后在控制栏中选择一种合适的字体，设置字体颜色为红色，如图12-58所示。

步骤11 继续使用文字工具在右侧输入较小的文字，并设置为合适的字体、大小和颜色；然后将"HicCup"和"品赏"选中，按住Alt键拖曳鼠标，复制出一个副本，放置在底部位置，如图12-59所示。

图12-56　　　　　图12-57　　　　　图12-58　　　　　图12-59

步骤12 接下来，制作标题。使用文字工具在顶部绘制一个文本框并输入文字，然后在控制栏中选择一种合适的字体，设置文字大小为42点，文字颜色为黑色，如图12-60所示。

步骤13 使用文字工具在标题上面输入文字，作为装饰文字，如图12-61所示。

步骤14 使用文字工具绘制多个文本框，然后分别输入相应文本，如图12-62所示。

步骤15 执行"窗口＞样式＞段落样式"命令，打开"段落样式"面板。选中每段文本的小标题，在"段落样式"面板中选择"小标题"样式，如图12-63所示。

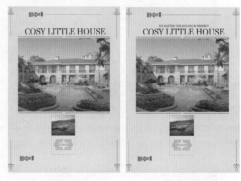

图12-60　　　　　图12-61

第12章 综合实例

图12-62　　　　　　　　图12-63

技巧提示

设置段落样式，可以单击创建样式按钮，再双击样式图层，然后弹出"段落样式选项"对话框，也可以通过菜单，选择"新建段落样式"命令，在对话框中进行相应的设置，如图12-64所示。

图12-64

步骤16 选中正文部分，在"段落样式"面板中选择"正文"样式，如图12-65所示。

图12-65

步骤17 使用同样的方法为其他文字赋予相应的段落样式，最终效果如图12-66所示。

图12-66

综合实例——杂志大图版式排版

案例文件	综合实例——杂志大图版式排版.indd
视频教学	综合实例——杂志大图版式排版.flv
难易指数	★★★★★
知识掌握	直线工具、矩形工具、"对齐"面板、钢笔工具、"效果"面板、"渐变"面板

案例效果

本案例的最终效果如图12-67所示。

图12-67

操作步骤

步骤01 执行"文件>新建>文档"命令，或按Ctrl+N组合键，打开"新建文档"对话框，在"页面大小"下拉列表框中选择A4，设置"页数"为1，"页面方向"为横向。单击"边距和分栏"按钮，在弹出的"新建边距和分栏"对话框中进行相应的设置，然后单击"确定"按钮，如图12-68所示。

图12-68

步骤02 执行"文件>置入"命令，在弹出的"置入"对话框中选择素材文件，单击"打开"按钮，然后将光标移至页面中，当其变为形状时单击并拖曳鼠标，即可导入背景素材，如图12-69所示。

InDesign CS5从入门到精通

步骤03 继续导入圆点素材文件，如图12-70所示。

图12-69

图12-70

步骤04 单击工具箱中的"直线工具"按钮 ＼，绘制一条直线段；然后设置描边颜色为白色，描边大小为0.75点；接着选中该直线段，按住Alt键拖曳鼠标，复制出3条直线段，并放置在适当的位置，如图12-71所示。

图12-71

步骤05 继续使用直线工具绘制一条白色线段，然后按住Alt键拖曳鼠标，复制出2条，如图12-72所示。

图12-72

步骤06 单击工具箱中的"钢笔工具"按钮 ♦，绘制一条闭合路径，并填充为深褐色，如图12-73所示。

步骤07 使用同样的方法再次绘制一个深红色四边形，如图12-74所示。

图12-73

图12-74

步骤08 单击工具箱中的"矩形工具"按钮 ▣，绘制一个长条矩形；然后打开"效果"面板，设置其"不透明度"为50%；保持其选中状态，按住Shift和Alt键在水平方向上拖动鼠标，复制出一个副本，如图12-75所示。

步骤09 按住Shift键将两个透明矩形同时选中，然后按住Shift和Alt键在水平方向上拖动鼠标，复制出副本。按照同样的方法继续复制，复制出一排。此时这些透明矩形分布并不均匀，因此将透明矩形全部选中，执行"窗口>对象和版面>对齐"命令，在打开的"对齐"面板中单击"水平间距分布"按钮，使其水平平均分布，如图12-76所示。

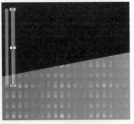

图12-75

图12-76

步骤10 保持透明矩形的选中状态，单击鼠标右键，在弹出的快捷菜单中执行"变换>切变"命令，在弹出的"切变"对话框中设置"切变角度"为50°，然后单击"确定"按钮；调整角度后，将其放置在褐色形状上；接下来，单击鼠标右键，在弹出的快捷菜单中执行"编组"命令，将其编为一组，如图12-77所示。

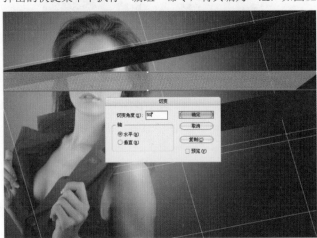

图12-77

步骤11 选中人像素材，执行"编辑>复制"与"编辑>原位粘贴"命令，效果如图12-78所示。

步骤12 将人像素材选中，按住Alt键拖曳鼠标，复制出一个人像副本，然后单击鼠标右键，在弹出的快捷菜单中执行"变换>水平翻转"命令，在打开的"效果"面板中设置"不透明度"为25%；接着将人像副本图层放置在形状的下一层中，如图12-79所示。

图12-78

图12-79

步骤13 使用矩形工具绘制一个矩形；然后执行"文件>置入"命令，在弹出的"置入"对话框中选择人像素材图像，单击"打开"按钮将其导入；接着选中矩形，设置描边颜色为白色，描边大小为1点；再将光标放置在角点位置，旋转一定的角度，如图12-80所示。

步骤15 执行"文字>创建轮廓"命令，将文字转换为文字路径；然后打开"渐变"面板，拖动滑块将渐变颜色调整为从深红色到白色，"类型"为"线性"；接着单击工具箱中的"渐变工具"按钮 □，拖曳鼠标为文字添加渐变效果，如图12-82所示。

图12-82

步骤16 按照上述同样的方法再制作出2组渐变文字，效果如图12-83所示。

图12-83

图12-80

步骤14 单击工具箱中的"文字工具"按钮 **T.**，绘制一个文本框并输入文字；然后在控制栏中选择一种合适的字体，设置文字大小为32点；接着使用选择工具选中文字，选择任一角点，将文字进行旋转，如图12-81所示。

步骤17 继续使用文字工具在页面中输入文本，然后分别设置的字体、大小和颜色，并旋转适当的角度，如图12-84所示。

图12-81

图12-84

步骤18 再次使用文字工具在画面右侧绘制文本框并输入段落文本；然后在控制栏中选择一种合适的字体，设置文字大小为12点，字体颜色为粉色；接着打开"段落"面板，单击"双齐末行齐左"按钮，使段落中最后一行文本左对齐，而其他行的左右两边分别对齐文本框的左右边界；最后将段落文本旋转至适合的角度，最终效果如图12-85所示。

图12-85

综合实例——时尚杂志封面设计

案例文件	综合实例——时尚杂志封面设计.indd
视频教学	综合实例——时尚杂志封面设计.flv
难易指数	★★★★★
知识掌握	描边设置、框架工具、"效果"面板

案例效果

本案例的最终效果如图12-86所示。

图12-86

操作步骤

步骤01 执行"文件>新建>文档"命令，或按Ctrl+N组合键，打开"新建文档"对话框，在"页面大小"下拉列表框中选择A4，设置"页数"为1，"页面方向"为横向。单击"边距和分栏"按钮，在弹出的"新建边距和分栏"对话框中进行相应的设置，然后单击"确定"按钮，如图12-87所示。

图12-87

步骤02 单击工具箱中的"矩形工具"按钮，然后在一个角点处单击并拖曳鼠标绘制一个页面大小的矩形。双击工具箱中的"填色"按钮，在弹出的"拾色器"对话框中设置填充色为粉色，然后单击"添加RGB色板"按钮，在填充颜色的同时将此颜色保存到"色板"面板中，如图12-88所示。

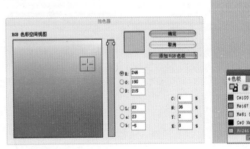

图12-88

步骤03 单击工具箱中的"钢笔工具"按钮 ✎.，按住Shift键自上而下拖曳鼠标，绘制一条直线，然后在控制栏中设置描边粗细为7点，描边颜色为白色，类型为点线，如图12-89所示。

步骤04 复制多条直线，并通过"对齐"面板将其整齐地排列在背景上，然后将其全部选中，执行"对象>编组"命令，如图12-90所示。

步骤05 单击工具箱中的"矩形框架工具"按钮 ⊠，在页面上部绘制一个矩形框架；然后执行"文件>置入"命令，在弹出的"置入"对话框中选择艺术字素材文件，单击"打开"按钮将其导入，如图12-91所示。

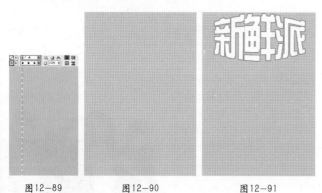

图12-89　　　图12-90　　　图12-91

 技巧提示

由于InDesign CS5中不具备制作变形文字的功能，因此这里的标题文字可以在Photoshop中制作。

步骤06 由于要在封面上使用人像素材，需要先处理一下素材图像的背景，将背景部分删除。打开Photoshop CS5软件，导入素材图像，然后使用钢笔工具勾勒出人像的轮廓，再按Ctrl+Enter组合键载入路径的选区，接着为其添加一个选区蒙版，如图12-92所示。

图12-92

步骤07 接下来，调整图像分辨率。执行"图像>图像大小"命令，在弹出的"图像大小"对话框中设置"分辨率"为300像素/英寸，单击"确定"按钮。执行"文件>另存为"命令，在弹出的"存储为"对话框中将文件存储为PNG格式，单击"保存"按钮，如图12-93所示。

图12-93

步骤08 转换到InDesign 软件中，使用矩形框架工具绘制一个矩形框架，然后执行"文件>置入"命令，在弹出的"置入"对话框中选择人像素材文件，单击"打开"按钮将其导入，如图12-94所示。

步骤09 使用矩形工具在页面中底部绘制一个矩形，然后打开"色板"面板，单击选择紫色；按照同样的方法在页面的顶部再绘制一个紫色矩形，如图12-95所示。

图12-94　　　　　　　图12-95

步骤10 单击工具箱中的"钢笔工具"按钮 ✎.，绘制一个平行四边形，然后在"色板"面板中设置填充色为蓝色，如图12-96所示。

图12-96

步骤11 使用矩形工具绘制一个矩形，并填充为白色；然后执行"对象>角选项"命令，在弹出的"角选项"对话框中单击"统一所有设置"按钮，设置转角大小为5毫米，形状为圆角（设置其中任一选项，其他选项也会随之改变）；接着执行"窗口>效果"命令，在打开的"效果"面板中设置"不透明度"为56%，使矩形呈现出半透明效果，如图12-97所示。

图12-97

步骤12 单击工具箱中的"椭圆框架工具"按钮⊗，绘制2个不同大小的圆形框架；然后执行"文件>置入"命令，在弹出的"置入"对话框中选中2幅人像素材图像，单击"打开"按钮将其导入；接着为椭圆框架设置描边效果，先将其中一个人像框架素材选中，然后设置描边颜色为紫色，描边大小为4点；再按照相同的方法设置另一个人像框架素材，如图12-98所示。

图12-98

步骤13 使用矩形框架工具绘制2个不同大小的矩形框架；然后执行"文件>置入"命令，在弹出的"置入"对话框中选择人像素材文件，单击"打开"按钮将其导入；接着选中其中一个，设置其描边颜色为蓝色，描边大小为6点；再选中另一个，设置描边颜色为紫色，描边大小为2点；接下来，使用选择工具选中蓝色描边框架，将其旋转适当的角度，如图12-99所示。

图12-99

步骤14 单击工具箱中的"文字工具"按钮**T**，绘制一个文本框并输入文字；然后在控制栏中选择一种合适的字体，设置文字大小为43点，字体颜色为橘黄色；再使用选择工具选中文本，选择文本框任一角点，将其旋转一定的角度，如图12-100所示。

图12-100

步骤15 继续使用文字工具在左下方输入文本；然后在控制栏中选择一种合适的字体，设置文字大小为30点，设置字体颜色为白色，描边颜色为蓝色；再使用选择工具将文本旋转一定的角度，如图12-101所示。

图12-101

InDesign CS5从入门到精通

步骤16 按照上述相同的方法，在右侧创建文本"粉色蕾丝"，如图12-102所示。

步骤17 按照相同的方法，配合"字符样式"面板制作其他相关文本，并旋转适当的角度，如图12-103所示。

图12-102

图12-103

步骤18 至此，完成时尚杂志封面设计，最终效果如图12-104所示。

图12-104

第12章 综合实例

综合实例——时尚杂志版式设计

案例文件	综合实例——时尚杂志版式设计.indd
视频教学	综合实例——时尚杂志版式设计.flv
难易指数	★★★★★
知识掌握	表格、表样式设置、文本绕排、段落样式面板

案例效果

本案例的最终效果如图12-105所示。

操作步骤

步骤01 执行"文件>新建>文档"命令，或按Ctrl+N组合键，打开"新建文档"对话框，在"页面大小"下拉列表框中选择A4，设置"页数"为2，选中"对页"复选框，如图12-106所示。

步骤02 单击"边距和分栏"按钮，打开"新建边距和分栏"对话框，设置"上"为20毫米，然后单击"将所有设置设为相同"按钮，将其他3个选项（"内"、"下"和"外"）调整为相同的设置，再单击"确定"按钮，如图12-107所示。

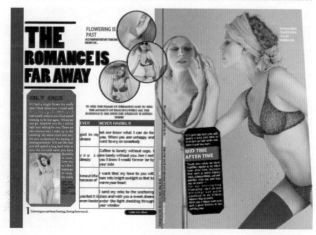

图12-105

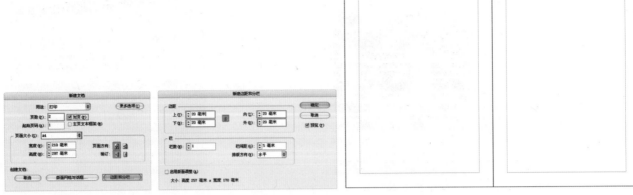

图12-106　　　　　　　　　　　　　　　　　　　　　　　　　　图12-107

步骤03 执行"文件>置入"命令，在弹出的"置入"对话框中选择人像素材文件，单击"打开"按钮，然后将光标移至页面中，当其变为⿰形状时在右侧页面单击并拖曳鼠标，即可将其导入，如图12-108所示。

步骤04 选中人像素材，单击工具箱中的"钢笔工具"按钮，在人像素材框架右上角单击添加一个锚点；然后将光标移动到要删除的锚点位置，当其变为⿰形状时单击该锚点，如图12-109所示。

图12-108　　　　　　　　　　　　　　　　　　　　图12-109

步骤05 单击工具箱中的"矩形工具"按钮，绘制一个矩形，并设置其填充色为黑色；然后选中该矩形，在任一角点位置单击并拖动鼠标，将其旋转一定的角度，如图12-110所示。

步骤06 执行"对象>角选项"命令，在弹出的"角选项"对话框中单击"统一所有设置"按钮，设置转角大小为7毫米，形状为斜角（设置任一选项，其他选项也会随之改变），如图12-111所示。

步骤07 使用矩形工具在黑色形状上绘制一个长方形，并设置填充色为粉色，如图12-112所示。

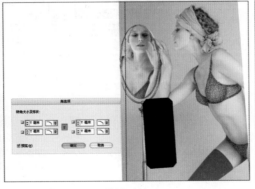

图12-110　　　　　　　　　图12-111　　　　　　　　　　　图12-112

InDesign CS5从入门到精通

步骤08 继续使用矩形工具在左侧页面绘制一个矩形，并设置填充色为粉色；然后执行"对象>角选项"命令，在弹出的"角选项"对话框中单击"统一所有设置"按钮，设置转角大小为7毫米，形状为斜角（设置任一选项，其他选项也会随之改变），如图12-113所示。

步骤09 按照上述相同的方法再制作出一个矩形，放置在左侧页面底部，如图12-114所示。

图12-113   图12-114

步骤10 保持矩形工具的选中状态，在左侧页面一个角点处单击并拖曳鼠标，绘制一个矩形。双击工具箱中的"填色"按钮，在弹出的"拾色器"对话框中设置填充色为紫色，然后单击"添加RGB色板"按钮，在填充颜色的同时将此颜色保存到"色板"面板中，如图12-115所示。

步骤11 单击工具箱中的"矩形框架工具"按钮 ⊠ ，在紫色矩形上绘制一个矩形框架；然后执行"文件>置入"命令，在弹出的"置入"对话框中选择人像素材图像，单击"打开"按钮将其导入，如图12-116所示。

图12-115   图12-116

步骤12 单击工具箱中的"椭圆框架工具"按钮 ⊗ ，绘制3个圆形框架；然后执行"文件>置入"命令，在弹出的"置入"对话框中选择3幅人像图片素材图像，单击"打开"按钮将其分别导入3个框架中；接着按住Shift键将其全部选中，设置描边颜色为黑色，描边大小为3点，如图12-117所示。

图12-117

步骤13 单击工具箱中的"文字工具"按钮 **T.**，将插入点放置在要显示表的位置，执行"表>插入表"命令，在弹出的"插入表"对话框中设置"正文行"为5，"列"为2，如图12-118所示。

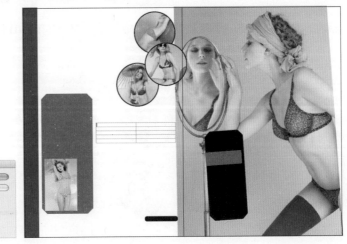

图12-118

步骤14 下面调整行高和列宽。保持文字工具的选中状态，将光标放在表的第一条列线上，当其变为↔形状时按住鼠标左键向左拖移，再将最后的列线向右拖曳，扩大表格，如图12-119所示。

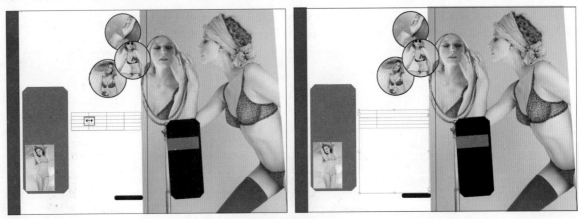

图12-119

步骤15 将光标放在表的第一条行线上，当其变为↕形状时按住鼠标左键向下拖移1格；然后选择最后一条行线，拖曳到选框底部；接着选中后4行，执行"表>均匀分布行"命令，将这几行均匀分布，如图12-120所示。

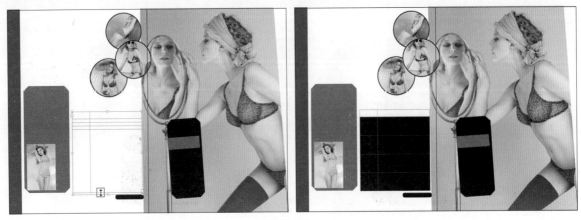

图12-120

技巧提示

将光标移至列的上边缘或行的左边缘，当其变为箭头形状（↓ 或 →）时单击，即可选择整列或整行；然后按住Shift键依次加选，即可选中后4行，如图12-121所示。

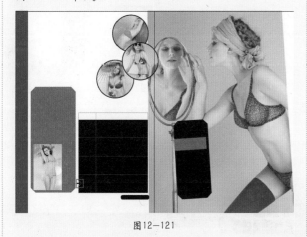

图12-121

步骤16 将插入点放置在单元格中，执行"表>表选项>表设置"命令，在弹出的"表选项"对话框中选择"表设置"选项卡，然后在"表外框"选项组中设置"粗细"为3点，"颜色"为深蓝，"类型"为直线，"色调"为100%，如图12-122所示。

图12-122

步骤17 在"表选项"对话框中选择"行线"选项卡，设置"交替模式"为"每隔一行"，"前"为1行、"粗细"为2点、"类型"为实底、"颜色"为粉色、"色调"为100%，"后"为1行、"粗细"为2点、"类型"为实底、"颜色"为粉色、"色调"为100%，如图12-123所示。

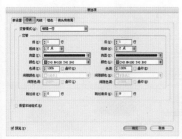
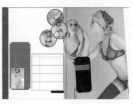

图12-123

步骤18 在"表选项"对话框中选择"列线"选项卡，设置"交替模式"为"每隔一列"，"前"为1列，"粗细"为2点，"类型"为实底，"颜色"为粉色，"色调"为100%，如图12-124所示。

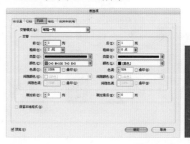

图12-124

步骤19 在"表选项"对话框中选择"颜色"选项卡，设置"前"为1行，"颜色"为紫色，"色调"为100%，"后"为4行，如图12-125所示。

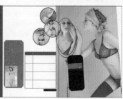

图12-125

步骤20 将插入点放置在单元格中，在每个单元格中分别输入文本；然后打开"字符"面板，选中表格中文本，设置合适的字体、大小和颜色；再打开"段落"面板，单击"左对齐"按钮，如图12-126所示。

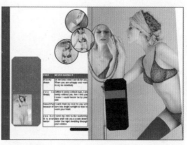
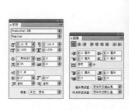

图12-126

步骤21 选中表，执行"表>单元格选项>文本"命令，在弹出的"单元格选项"对话框中设置"排版方向"为"水平"，"对齐"为"居中对齐"（使文字位于每个单元格居中位置），然后单击"确定"按钮，如图12-127所示。

步骤22 使用文字工具绘制一个文本框架并输入文字；然后将其选中，打开"字符"面板，选择一种合适的字体，设置文字大小为107点，"行距"为94点，"垂直缩放"为102%，"水平缩放"为108%，如图12-128所示。

步骤23 继续输入其他文字，并选择同样的字体，设置文字大小为71点，"行距"为67点，字体颜色为黑色，如图12-129所示。

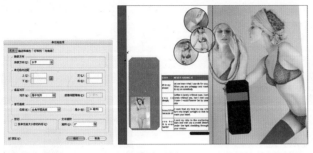

图12-127

图12-128　　　　图12-129

步骤24 使用矩形工具在文字顶部绘制一个矩形，并设置填充色为黑色；然后按住Alt键拖曳鼠标，复制出一个副本，放置在文字底部，如图12-130所示。

图12-130

步骤25 在左侧粉红色矩形上，使用文字工具绘制文本框并输入相应的段落文本；然后选中标题执行"窗口＞样式＞段落样式"命令，在打开的"段落样式"面板中单击底部的"创建新样式"按钮，新建段落样式；接着双击新建的段落样式，在弹出的"段落样式选项"对话框中选择"基本字符格式"选项卡，从中进行相应的设置；再按照相同的方法设置正文段落，如图12-131所示。

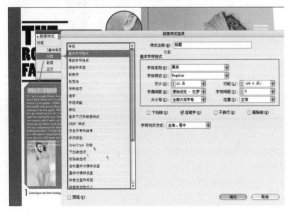

图12-131

步骤26 继续使用文字工具输入相关文本，然后执行"窗口＞样式＞字符样式"命令，在打开的"字符样式"面板中新建样式，并设置好字体、文字大小、行距、字间距等内容，如图12-132所示。

图12-132

步骤27 选中文本中的小标题，在"字符样式"面板中选择"小标题"选项；然后选中小标题下的文本，在"字符样式"面板中选择"文本"选项；再使用同样的方法设置其他文字样式，如图12-133所示。

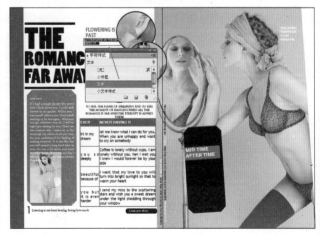

图12-133

步骤28 由于左侧粉红色圆角矩形上的文字与图片产生了重叠效果，需要进行相应的处理。选中要应用文本绕排的图片，如图12-134所示。

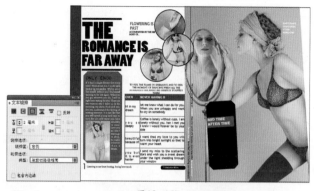

图12-135

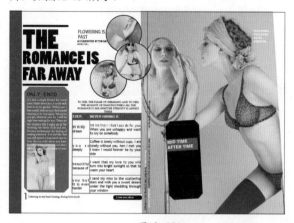

图12-134

步骤29 执行"窗口>文本绕排"命令，在打开的"文本绕排"面板中单击"沿对象形状绕排"按钮，设置"绕排至"为"右侧"，"类型"为"与剪切路径相同"，如图12-135所示。

步骤30 使用文字工具在右侧页面的矩形上输入相应文字，然后使用选择工具将其选中，旋转一定的角度，最终效果如图12-136所示。

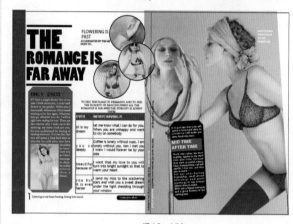

图12-136

综合实例——环保主题展板

案例文件	综合实例——环保主题展板.indd
视频教学	综合实例——环保主题展板.flv
难易指数	★★★★★
知识掌握	渐变面板、投影效果、框架的编辑

案例效果

本案例的最终效果如图12-137所示。

图12-137

操作步骤

步骤01 执行"文件>新建>文档"命令，或按Ctrl+N组合键，在弹出的"新建文档"对话框中设置"页数"为1，"宽度"为80毫米，"高度"为200毫米，"页面方向"为纵向，如图12-138所示。

步骤02 单击"边距和分栏"按钮，在弹出的"新建边距和分栏"对话框中设置"上"为0毫米，然后单击"将所有设置设为相同"按钮，将其他3个选项（"内"、"下"和"外"）调整为相同的设置，再单击"确定"按钮，如图12-139所示。

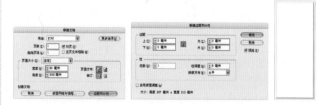

图12-138　　　　　　图12-139

步骤03 执行"文件>置入"命令,在弹出的"置入"对话框中选择风景素材文件,单击"打开"按钮,然后将光标移至页面中,当其变为 形状时单击并拖曳鼠标,即可将其导入,如图12-140所示。

步骤04 选中风景素材图像,单击工具箱中的"钢笔工具"按钮 ,在风景素材框架上依次单击添加多个锚点;然后选择要删除的锚点,当光标变为 形状时单击该锚点;接着在要将锚点转换为平滑锚点处,按Alt键将钢笔工具转换为转换方向点工具 ,将锚点转换成平滑锚点,如图12-141所示。

步骤05 单击工具箱中的"矩形框架工具"按钮 ,在页面上半部分绘制一个矩形框架;然后执行"文件>置入"命令,在弹出的"置入"对话框中选择光照素材文件,单击"打开"按钮将其导入,如图12-142所示。

图12-140　　　　　　　　　　图12-141　　　　　　　　　　图12-142

步骤06 单击工具箱中的"钢笔工具"按钮 ,在风景素材的底部绘制一条闭合路径;然后打开"渐变"面板,拖动滑块将渐变颜色调整为从蓝色到绿色,设置"类型"为"线性";再单击工具箱中的"渐变工具"按钮 ,拖拽鼠标为路径添加渐变效果,如图12-143所示。

步骤07 继续使用钢笔工具绘制一条路径;然后打开"渐变"面板,拖动滑块将渐变颜色调整为黄色和绿色渐变;接着设置描边颜色为渐变色,描边大小为1点;再按住Alt键拖曳鼠标,复制出一个路径副本,并将其旋转一定的角度,如图12-144所示。

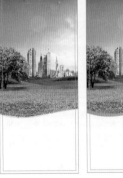

图12-143　　　　　　　　　　　　图12-144

步骤08 单击工具箱中的"文字工具"按钮 T.,在页面中绘制一个文本框并输入文本;然后执行"窗口>文字和表>字符"命令,在打开的"字符"面板中选择一种合适的字体,设置文字大小为22点,字体颜色为黑色,如图12-145所示。

步骤09 保持文字工具的选中状态,在"保护绿色家园"上方输入一行文本;然后打开"字符"面板,从中选择一种合适的字体,设置文字大小为13点,字体颜色为红色,如图12-146所示。

图12-145　　　　　图12-146

步骤10 使用矩形框架工具在"园"字右侧绘制一个矩形框架；然后执行"文件>置入"命令，在弹出的"置入"对话框中选择树叶素材文件，单击"打开"按钮将其导入；接着使用选择工具将树叶选中，旋转一定的角度；再按住Alt键拖曳鼠标，复制出一个树叶副本；最后选中该副本并将其放大，旋转一定的角度，如图12-147所示。

步骤11 继续使用文字工具在底部绘制文本框并输入段落文本，然后设置合适的字体、大小和颜色；接着打开"段落"面板，单击"双齐末行齐左"按钮，使段落中最后一行文本左对齐，而其他行的左右两边分别对齐文本框的左、右边界；再将段落文本旋转一定的角度，如图12-148所示。

图12-147

图12-148

步骤12 再次使用文字工具在页面底部输入文本，并设置为合适的字体；然后选择前4个字，设置其大小为7点，字体颜色为灰色；再选择中间电话号码部分，设置其文字大小为7点，字体颜色为红色；最后选择后面剩余的部分，设置其大小为5点，字体颜色为黑色，如图12-149所示。

步骤13 下面制作标题文字。首先使用钢笔工具绘制一条曲线路径，然后设置描边颜色为白色，描边大小为0.25点，如图12-150所示。

步骤14 选中曲线路径，按住Alt键拖曳鼠标，复制出多个副本，然后调整曲线弧度，如图12-151所示。

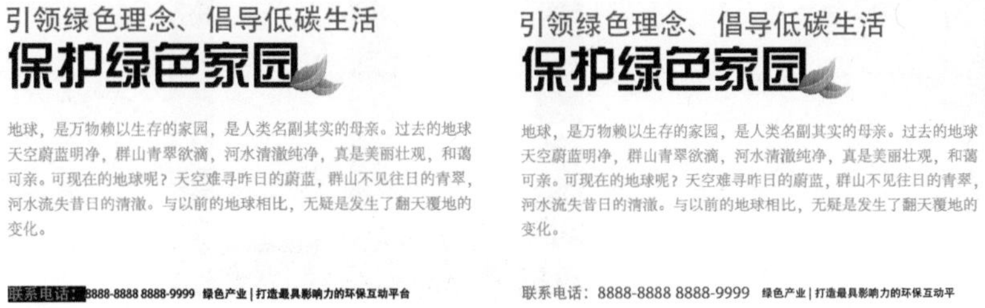

图12-149

图12-150

图12-151

步骤15 按照同样的方法再绘制两条灰色曲线路径，如图12-152所示。

步骤16 使用文字工具输入标题文本；然后在"字符"面板中选择一种合适的字体，设置"行距"为35点；接着选中"关注"两字，设置其大小为20点；再选中"美化"两字，设置其大小为20点；以同样的方法，设置"家园"大小为20点；最后设置字体颜色为白色，如图12-153所示。

步骤17 选中标题文字，执行"文字>创建轮廓"命令，将其转换为文字路径。在"图层"面板中，将该文字路径两次拖曳到"创建新图层"按钮上，建立2个副本，如图12-154所示。

图12-152

图12-153

图12-154

步骤18 选中"副本2"图层中的文字。执行"对象>效果>投影"命令，在弹出的"效果"对话框中设置"模式"为"正片叠底"、"颜色"为黑色、"不透明度"为100%、"距离"为0.6毫米、"X位移"为﹣0.56毫米、"Y位移"为﹣0.215毫米、"角度"为﹣21°，如图12-155所示。

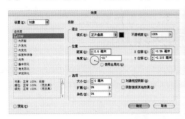

图12-155

步骤19 选中"副本"图层中的文字；然后打开"渐变"面板，拖动滑块将渐变颜色为黄色与绿色渐变，设置"类型"为"线性"；接着在"渐变"面板上单击鼠标右键，在弹出的快捷菜单中执行"添加到色板"命令；再在控制栏中为文字设置描边颜色，设置描边大小为10点；最后单击工具箱中的使用"渐变工具"按钮，拖曳鼠标为文字添加渐变效果，并适当调整角度，如图12-156所示。

步骤20 选中最底部的文字，设置描边颜色为白色，描边大小为18点，如图12-157所示。

图12-156　　　　　　图12-157

步骤21 将之前导入的树叶图层拖曳到"创建新图层"按钮上，建立树叶副本；然后将树叶副本图层拖曳到最顶层，放置在文字的右侧；接着按住Alt键拖曳鼠标，复制出多个树叶副本，并调整其大小，旋转一定的角度，如图12-158所示。

图12-158

步骤22 导入一个瓢虫素材，放置在文字上面，如图12-159所示。

步骤23 至此，完成第一个展板的制作；使用同样的方法制作出另外一个展板，效果如图12-160所示。

图12-159

步骤24 下面将制作完成的文件保存为InDesign文件。分别对两个展板执行"文件＞导出"命令，在弹出的"导出"对话框中输入相应的文件名，并将"保存类型"设置为JPEG，如图12-161所示。

图12-160　　　　　　　　　　图12-161

步骤25 按Ctrl+N组合键，新建一个文档；然后执行"文件＞置入"命令，在弹出的"置入"对话框中选择素材文件，单击"打开"按钮；再将光标移至页面中，当其变为形状时在右侧页面单击并拖动鼠标，即可将其导入，如图12-162所示。

图12-162

步骤26 执行"文件>置入"命令，置入之前导出的展板效果图，分别摆放在两个展架上。选中右侧展板，使用直接选择工具选择框架上锚点，调整其位置，使每个锚点与白色展板的角点吻合，最终效果如图12-163所示。

图12-163

综合实例——制作童话风格日历

案例文件	实例练习——制作童话风格日历.indd
视频教学	实例练习——制作童话风格日历.flv
难易指数	★★★★★
知识掌握	"页面"面板、文字框架、"效果"面板、"对齐"面板

案例效果

本案例的最终效果如图12-164所示。

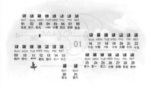

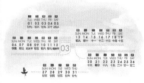

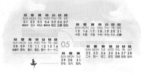

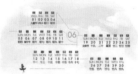

图12-164

操作步骤

步骤01 执行"文件>新建>文档"命令，或按Ctrl+N组合键，打开"新建文档"对话框，在"页面大小"下拉列表框中选择A4，设置"页数"为14，选中"对页"复选框，如图12-165所示。

步骤02 单击"边距和分栏"按钮，在弹出的"新建边距和分栏"对话框中设置"上"为20毫米，然后单击"将所有设置设为相同"按钮，将其他3个选项（"下"、"内"和"外"）调整为相同的设置，再单击"确定"按钮，如图12-166所示。

图12-165 图12-166

步骤03 执行"窗口>页面"命令，在打开的"页面"面板中单击右上角的"■"按钮，在弹出的菜单中取消选择"允许文档页面随机排布"命令；然后选中第14页，按住鼠标左键将其拖曳到第1页的左侧，如图12-167所示。

步骤04 双击"主页"中的右侧页面，进入主页编辑状态。执行"文件>置入"命令，在弹出的"置入"对话框中选择背景素材文件单击"打开"按钮，然后将光标移至页面中，当其变为 形状时单击并拖曳鼠标，即可将其导入。选中素材图像，执行"窗口>效果"命令，在打开的"效果"面板中设置"不透明度"为56%，减淡画面效果，如图12-168所示。

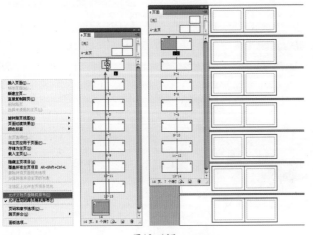

图12-167

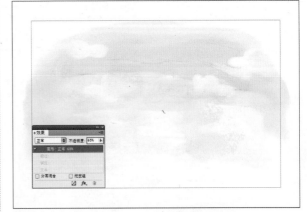

图12-168

步骤05 在"页面"面板中双击第1页，此时所有右侧页面都会出现主页中的底图，如图12-169所示。

步骤06 若要将第2页中的底图取消，选择"页面"面板中的"无"页面，将其拖曳到第2页中，第2页中的底图就会被取消，如图12-170所示。

步骤07 在"页面"面板中双击第1页，在其中制作封面。单击工具箱中的"矩形框架工具"按钮 ，在第1页中绘制一个页面大小的矩形框架；然后执行"文件>置入"命令，在弹出的"置入"对话框中选择背景素材，单击"打开"按钮将其导入，如图12-171所示。

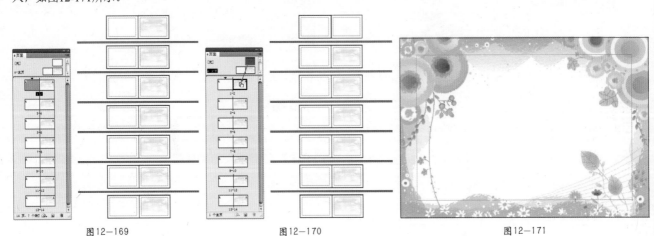

图12-169　　　　　　　　　　图12-170　　　　　　　　　　图12-171

步骤08 单击工具箱中的"文字工具"按钮 ，绘制一个文本框并输入文本；然后在控制栏中选择一种合适的字体，设置文字大小为200点，字体颜色为绿色，如图12-172所示。

步骤09 选择文字图层，将其拖曳到"创建新图层"按钮上，建立一个副本；然后选中下一层的原文字图层，执行"文字>创建轮廓"命令，将文字转换为文字路径；再执行"窗口>描边"命令，在打开的"描边"面板中设置"粗细"为5点，"斜接限制"为4x，在"类型"下拉列表框中选择一种合适的类型；最后设置描边颜色为绿色，填充为"无"，如图12-173所示。

步骤10 继续使用文字工具在"2026"底部输入文字，然后在控制栏中选择一种合适的字体，设置文字大小为35点，字体颜色为绿色，如图12-174所示。

图12-172

图12-173

图12-174

步骤11 单击工具箱中的"直线工具"按钮 ＼，绘制一条直线段，并设置描边颜色为绿色，描边大小为1点；然后按住Alt键拖曳鼠标，复制出一条直线段，如图12-175所示。

图12-175

步骤12 使用矩形框架工具绘制一个矩形框架，然后执行"文件>置入"命令，在弹出的"置入"对话框中选择卡通素材文件，单击"打开"按钮将其导入，如图12-176所示。

步骤13 在"页面"面板中双击第2页，跳转到第2页中制作封底。首先使用矩形框架工具绘制一个页面大小的矩形框架，然后执行"文件>置入"命令，在弹出的"置入"对话框中选择背景素材，单击"打开"按钮将其导入，如图12-177所示。

图12-176　　　　　　　图12-177

步骤14 单击工具箱中的"矩形工具"按钮 □，绘制一个矩形，并设置填充色为白色，描边颜色为绿色；然后执行"对象>角选项"命令，在弹出的"角选项"对话框中单击"统一所有设置"按钮，设置转角大小为5毫米，形状为斜角（设置任一选项，其他选项也会随之改变），如图12-178所示。

图12-178

步骤15 选中该矩形，执行"窗口>效果"命令，在打开的"效果"面板中设置"不透明度"为70%，如图12-179所示。

图12-179

步骤16 使用选择工具将第1页中除背景以外的所有对象全部选中；然后按住Shift和Alt键在水平方向上拖动鼠标，复制出一个副本；再放置到第2页的形状上面，并等比例缩小，如图12-180所示。

步骤17 使用矩形工具在顶部绘制一个矩形，并设置填充颜色为绿色，如图12-181所示。

图12-180　　　　　　　　　　　　　　　　图12-181

步骤18 继续使用矩形工具在上面绘制一个长条矩形，然后打开"效果"面板，设置"不透明度"为50%；保持其选中状态，然后按住Shift和Alt键在水平方向拖动鼠标，复制出一个副本，如图12-182所示。

图12-182

步骤19 按住Shift键将两个半透明矩形同时选中，然后按住Shift和Alt键在水平方向上拖动鼠标，复制出一个副本。按照同样的方法继续进行复制，复制出一排。此时的矩形分布并不均匀，因此执行"窗口＞对象和版面＞对齐"命令，在打开的"对齐"面板中单击"水平间距分布"按钮，使其水平平均分布，如图12-183所示。

图12-183

步骤20 将顶部所有矩形全部选中，按住Alt键拖曳鼠标，复制出一个副本，放置在底部位置；然后执行"对象＞变换＞垂直翻转"命令，将副本垂直翻转，如图12-184所示。

图12-184

步骤21 下面开始制作内页。选择第3页，执行"文件＞置入"命令，导入一幅水彩画素材图像，如图12-185所示。

图12-185

步骤22 选择第4页，制作日历的"1月"。使用文字工具绘制出一个文本框并输入文字；然后执行"窗口＞文字和表＞字符"命令，在打开的"字符"面板中选择一种合适的字体，设置文字大小为12点，文字颜色为白色；再使用选择工具选中文本框，设置填充颜色为深绿色，如图12-186所示。

图12-186

步骤23 按照同样的方法创建"日"、"一"、"二"、"三"、"四"、"五"、"六"一组7个汉字。此时可以看到其分布并不均匀，因此按住Shift键将7个汉字同时选中，打开"对齐"面板，单击"底对齐"按钮，再单击"水平间距分布"按钮，使文字对齐并均匀分布，如图12-187所示。

图12-187

步骤24 继续使用文字工具在"六"底部输入英文，选择一种合适的字体，设置文字大小为15点，字体颜色为绿色；然后按照同样的方法输入一组英文星期，每个英文星期均与上面的汉字相对应；接着打开"对齐"面板，单击"底对齐"按钮，如图12-188所示。

图12-288

步骤25 继续使用文字工具输入日期，并选择一种合适的字体，设置文字大小为18点，字体颜色为深绿色；然后按照同样的方法制作出一组日期，如图12-189所示。

步骤26 在日期底部输入一组汉字，设置合适的字体、大小和颜色；再选中"12月大"，将文字大小缩小为9点，如图12-190所示。

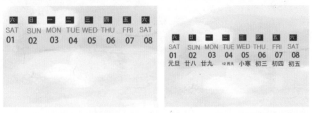

图12-189　　　　　　　图12-190

步骤27 使用同样的方法在页面上制作出当月的其他日期，效果如图12-191所示。

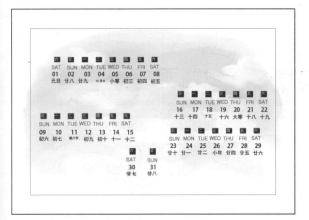

图12-191

步骤28 单击工具箱中的"钢笔工具"按钮，绘制一条路径；然后执行"窗口>描边"命令，打开"描边"面板，设置"粗细"为1.417点，在"类型"下拉列表框中选择圆点；接着设置描边颜色为红色，如图12-192所示。

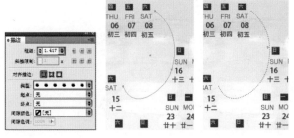

图12-192

步骤29 继续使用钢笔工具绘制不同形状的路径，并通过"描边"面板为其添加相同的描边样式，如图12-193所示。

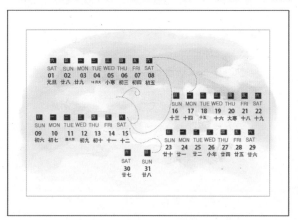

图12-193

步骤30 再次使用钢笔工具绘制一条三角形闭合路径，并通过"描边"面板为其添加描边样式；然后设置描边颜色为深绿色；接着按住Shift和Alt键在水平方向拖动鼠标，复制出4个副本，如图12-194所示。

步骤31 选中三角形路径，按住Alt键拖曳鼠标，复制出3个副本；然后按住Shift键同时选中其中两个，单击鼠标右键，在弹出的快捷菜单中执行"变换>垂直翻转"命令；再选中另一个，单击鼠标右键，在弹出的快捷菜单中执行"变换>逆时针旋转90°"命令，如图12-195所示。

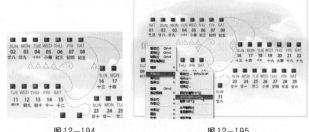

图12-194　　　　　　　图12-195

步骤32 单击工具箱中的"直线工具"按钮，水平拖曳鼠标，绘制多条直线段，然后设置描边颜色为红色或绿色，并通过"描边"面板为其添加描边样式，如图12-196所示。

步骤33 使用矩形工具绘制一个矩形，并设置填充颜色为深绿色，如图12-197所示。

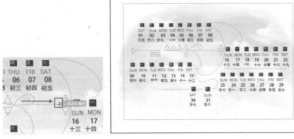

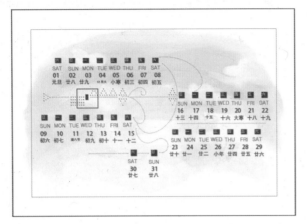

图12-196

图12-197

步骤34 选中封底中的卡通素材文件，按住Alt键拖曳鼠标，复制出一个副本，放置在该页面的左侧，如图12-198所示。

步骤35 使用文字工具在页面中心位置输入文本"01"，并选择一种合适的字体，设置文字大小为48点，字体颜色为灰色，如图12-199所示。

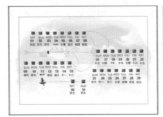 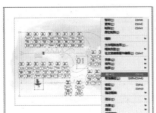

图12-198　　　　　图12-199

步骤36 使用选择工具将页面中的对象全部框选，然后单击鼠标右键，在弹出的快捷菜单中执行"编组"命令，将其编为一组，如图12-200所示。

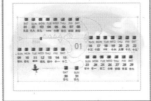

图12-200

步骤37 按照上述制作内页的方法，依次制作出"02"、"03"、"04"、"05"、"06"月的内页，效果如图12-201所示。

图12-201

步骤38 在Photoshop中制作出日历的立体效果，最终效果如图12-202所示。

图12-202

案例文件	综合实例——儿童摄影三折页设计.indd
视频教学	综合实例——儿童摄影三折页设计.flv
难易指数	★★★★★
知识掌握	钢笔工具、路径文字工具、"角选项"命令、"渐变"面板

案例效果

本案例的最终效果如图12-203所示。

图12-203

操作步骤

步骤01 执行"文件>新建>文档"命令,或按Ctrl+N组合键,打开"新建文档"对话框,在"页面大小"下拉列表框中选择A4,设置"页数"为1,"页面方向"为横向,如图12-204所示。

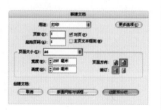

图12-204

步骤02 单击"边距和分栏"按钮,打开"新建边距和分栏"对话框,设置"上"为0毫米,然后单击"将所有设置设为相同"按钮,将其他3个选项调整为相同的设置,再设置"栏数"为3,"栏间距"为0毫米,单击"确定"按钮,如图12-205所示。

图12-205

步骤03 下面先制作第一页。执行"文件>置入"命令,在弹出的"置入"对话框中选择背景素材图像,单击"打开"按钮,然后将光标移至页面中,当其变为 形状时单击并拖曳鼠标,即可将其导入,如图12-206所示。

步骤04 单击工具箱中的"多边形框架工具"按钮 ⊗,绘制4个不同大小的多边形框架;然后执行"文件>置入"命令,在弹出的"置入"对话框中选择4幅儿童素材图像,单击"打开"按钮,将它们导入页面中并调整到合适大小,如图12-207所示。

图12-206　　　　　图12-207

步骤05 选中第一个多边形框架,然后设置描边颜色为黄色,描边大小为3点;再选择第二个,设置描边颜色为粉色,描边大小为3点;接着按照同样的方法制作出蓝色和绿色框架,如图12-208所示。

步骤06 单击工具箱中的"矩形框架工具"按钮 ⊠,在底部绘制2个矩形框架;然后执行"文件>置入"命令,在弹出的"置入"对话框中选择2幅素材图像,单击"打开"按钮将其导入页面中,如图12-209所示。

图12-208　　　　　图12-209

步骤07 单击工具箱中的"钢笔工具"按钮 ♦,绘制一条路径;然后在路径上单击添加锚点;再按Alt键,将钢笔工具转换为转换方向点工具 ♦,通过拖动鼠标将路径改变为弧形,如图12-210所示。

步骤08 单击工具箱中的"路径文字工具"按钮 ,然后将光标移至路径上并单击;当路径上出现文本光标后,输入相应的文本;然后在控制栏中选择一种合适的字体,设置文字大小为16点,字体颜色为红色,如图12-211所示。

图12-210   图12-211

 技巧提示

在绘制完路径后，注意将"填充"和"描边"设置为"无"。

步骤09 接下来，制作第2页。单击工具箱中的"矩形工具"按钮，在第二页中绘制一个页面大小的矩形；然后执行"窗口>颜色>渐变"命令，打开"渐变"面板，拖动滑块将渐变颜色调整为浅灰渐变，设置"类型"为"线性"；接着单击工具箱中的"渐变工具"按钮，拖曳鼠标为矩形添加渐变效果，如图12-212所示。

步骤10 导入背景素材，如图12-213所示。

图12-212   图12-213

步骤11 继续导入卡通素材，如图12-214所示。

步骤12 使用矩形框架工具绘制一个矩形框架，然后执行"文件>置入"命令，在弹出的"置入"对话框中选择儿童合集素材，单击"打开"按钮将其导入，如图12-215所示。

图12-214   图12-215

步骤13 选择儿童图片的矩形框架，执行"对象>角选项"命令，在弹出的"角选项"对话框中单击"统一所有设置"按钮，设置转角大小为6毫米，形状为圆角（设置任一选项，其他选项也会随之改变），如图12-216所示。

步骤14 再次使用矩形框架工具在底部绘制一个矩形框架，然后导入素材文件，如图12-217所示。

图12-216   图12-217

步骤15 使用文字工具输入段落文本；然后在控制栏中选择一种合适的字体，设置文字大小为12点，字体颜色为黄色；接着打开"段落"面板，单击"左对齐"按钮，使每段文字向左对齐，如图12-218所示。

步骤16 继续使用文字工具在页面底部输入文本，然后设置合适的字体、大小和颜色，效果如图12-219所示。

图12-218   图12-219

步骤17 下面制作第三页。单击工具箱中的"钢笔工具"按钮，绘制几个不规则圆形，组成一个蝴蝶的形状；然后将其全部选中，在"路径查找器"面板中单击按钮，将其合并为一个对象，如图12-220所示。

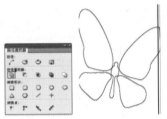

图12-220

步骤18 选中蝴蝶，在其中置入一幅儿童素材图像，并设置描边为"无"，如图12-221所示。

步骤19 使用同样的方法制作其他的彩色蝴蝶，效果如图12-222所示。

图12-221　　图12-222

步骤20 导入花素材文件，放在画面底部，如图12-223所示。

步骤21 单击工具箱中的"矩形工具"按钮，在右上角点处单击并拖曳鼠标绘制一个长条矩形，然后设置填充颜色为粉色，如图12-224所示。

图12-223　　图12-224

步骤22 使用文字工具在页面中输入文本，然后在"字符"面板中选择一种合适的字体，设置文字大小为38点，字体颜色为粉色，如图12-225所示。

图12-225

步骤23 选中文字图层，将其拖曳到"创建新图层"按钮上，建立一个副本；然后选中原图层中的文字，设置描边颜色为浅粉色，描边大小为7点，如图12-226所示。

图12-226

步骤24 继续使用文字工具，在"幸福时钟"顶部输入装饰文本，并选择一种合适的字体，设置文字大小为12点，字体颜色为粉色，如图12-227所示。

步骤25 再次使用文字工具输入段落文本，并设置合适的字体、大小和颜色；然后打开"段落"面板，单击"双齐末行齐左"按钮，使段落中最后一行文本左对齐，而其他行的左右两边分别对齐文本框的左、右边界，效果如图12-228所示。

图12-227　　图12-228

步骤26 至此，完成儿童摄影三折页的设计，最终效果如图12-229所示。

图12-229

综合实例——家居周刊排版

案例文件	综合实例——家居周刊排版.indd
视频教学	综合实例　　家居周刊排版.flv
难易指数	★★★★★
知识掌握	"页面"面板、页码的使用、分栏、文字工具

案例效果

本案例的最终效果如图12-230所示。

操作步骤

步骤01 执行"文件>新建>文档"命令，或按Ctrl+N组合键，打开"新建文档"对话框，在"页面大小"下拉列表框中选择A4，设置"页数"为2，选中"对页"复选框，如图12-231所示。

图12-230

步骤02 单击"边距和分栏"按钮，打开"新建边距和分栏"对话框，设置"上"为20毫米，然后单击"将所有设置设为相同"按钮，将其他3个选项（"下"、"内"、"外"）调整为相同的设置，单击"确定"按钮，如图12-232所示。

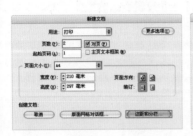

图12-231

图12-232

步骤03 执行"窗口>页面"命令，在打开的"页面"面板中选择第1页；然后执行"版面>边距和分栏"命令，在弹出的"边距和分栏"对话框中设置"栏数"为3，如图12-233所示。

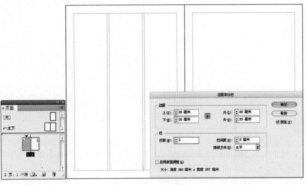

图12-233

步骤04 在"页面"面板中双击"A-主页"，将其显示在工作区中，如图12-234所示。

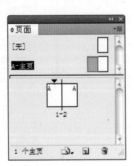

图12-234

也可以在文档底部的下拉列表框中选择"A-主页"选项，将其显示在工作区中，如图12-235所示。

图12-235

步骤05 单击工具箱中的"文字工具"按钮 T，在左下角插入页码的部分绘制一个文本框，然后执行"文字>插入特殊字符>标识符>当前页码"命令，就会在光标闪动的地方出现页码标志（出现的标志是由主页的前缀决定的，本例在文本框中出现是A）。按住Shift和Alt键在水平方向上拖动鼠标，复制出一个文本副本，并将其放置在第2页右侧，如图12-236所示。

图12-236

步骤06 选中右侧的副本，执行"窗口>文字和表>段落"命令，在打开的"段落"面板中单击"右对齐"按钮，使添加的页码居右对齐，如图12-237所示。

步骤07 在"页面"面板中双击第1页，以显示此页面。使用文字工具在页面顶部绘制一个文本框并输入文本，然后执行"窗口>文字和表>字符"命令，在打开的"字符"面板中选择一种合适的字体，设置文字大小为18点，字体颜色为黑色，如图12-238所示。

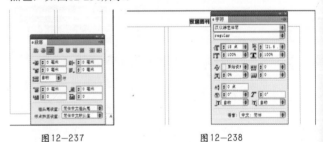

图12-237　　　　　　　　　　图12-238

步骤08 选中文本，按住Shift和Alt键在水平方向上拖动鼠标，复制出一个文本副本，并将其放置在第2页，如图12-239所示。

步骤09 在"页面"面板中双击第2页，以显示此页面。单击工具箱中的"矩形工具"按钮 □，绘制一个矩形。双击工具箱中的"填色"按钮，打开"拾色器"对话框，设置填充

InDesign CS5从入门到精通

颜色为褐色，然后单击"添加Lab色板"按钮，在填充颜色的同时将此颜色保存到"色板"面板中，如图12-240所示。

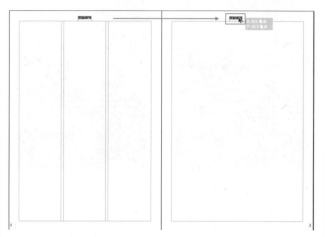

图12-239

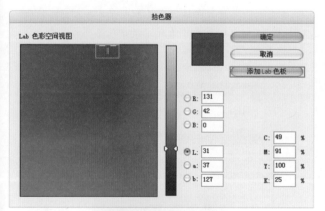

图12-240

步骤10 单击工具箱中的"矩形框架工具"按钮⊠，在第2页中绘制一个矩形框架；然后执行"文件＞置入"命令，在弹出的"置入"对话框中选择家居素材图像，单击"打开"按钮将其导入，如图12-241所示。

步骤11 单击工具箱中的"矩形工具"按钮，在页面底部绘制一个矩形；然后选中矩形，按住Shift和Alt键的同时水平拖曳鼠标，复制出两个矩形；再执行"文件＞置入"命令，在3个矩形中分别导入家居素材图像，如图12-242所示。

图12-241　　　　　　　　图12-242

步骤12 按住Shift键的同时将底部3张家居图片全部选中，然后执行"对象＞角选项"命令，在弹出的"角选项"对话框中单击"统一所有设置"按钮，设置转角大小为5毫米，形状为圆角（设置任一选项，其他选项也会随之改变），如图12-243所示。

图12-243

步骤13 使用文字工具输入文本；然后执行"窗口＞文字和表＞字符"命令，打开"字符"面板；接着选择前两个字，选择一种字体，设置文字大小为135点；再选择后两个字，选择一种合适的字体，设置文字大小为90点；最后设置文字颜色为白色，如图12-244所示。

图12-244

图12-247

步骤14 执行"文字>创建轮廓"命令，将文字转换为文字路径；然后选中文字路径，将其拖曳到"创建新图层"按钮上建立一个副本；接着选择原文字路径图层，设置描边颜色为褐色，描边大小为16点；再选择副本路径图层，设置描边颜色为黑色，描边大小为2点，如图12-245所示。

图12-245

步骤15 继续使用文字工具在"周刊"底部输入文本，并选择一种合适的字体，设置文字大小为23点，字体颜色为褐色，如图12-246所示。

步骤16 继续使用文字工具在页面上输入相关的周刊文本；然后打开"字符样式"面板，单击"创建新样式"按钮，新建样式并设置好字体、文字大小、行距、字间距等内容；再选中标题文本，在"字符样式"面板中，选择"标题"选项；接着选中小标题，在"字符样式"面板中选择"小标题"选项，如图12-247所示。

图12-246

步骤17 按照上述同样的方法为其他文字设置样式，效果如图12-249所示。

步骤18 单击工具箱中的"钢笔工具"按钮，绘制一条曲线；然后执行"窗口>描边"命令，在打开的"描边"面板中设置"粗细"为2点，"斜接限制"为4x，在"类型"下拉列表框中选择"虚线"选项；再设置描边颜色为褐色，如图12-250所示。

步骤19 选中虚线，按住Alt键拖曳鼠标，复制出一个副本；然后选择任一角点，将其旋转一定的角度，如图12-251所示。

步骤20 使用钢笔工具再绘制一条曲线，并设置描边颜色为"无"；然后单击工具箱中的"路径文字工具"按钮，将光标置于路径上并单击，当文本光标出现时输入文本，如图12-252所示。

图12-249　　　　　　　　图12-250　　　　　　　　图12-251　　　　　　　　图12-252

步骤21 下面开始制作左侧页面。首先使用矩形框架工具在第1页绘制一个矩形框架，然后执行"文件＞置入"命令，在弹出的"置入"对话框中选择家居素材图像，单击"打开"按钮将其导入，如图12-253所示。

步骤22 使用矩形框架工具再绘制3个矩形框架；然后执行"文件＞置入"命令，在弹出的"置入"对话框中选择3幅素材图像，单击"打开"按钮将其导入；接着选择底部的一幅素材图像，设置描边颜色为白色，描边大小为3点；再使用选择工具将其选中，选择任一角点进行旋转，如图12-254所示。

图12-253　　　　　　　　　　　　　　　　图12-254

步骤23 单击工具箱中的"钢笔工具"按钮，绘制一条闭合路径；然后打开"色板"面板，设置填充颜色为褐色，如图12-255所示。

图12-255

步骤24 使用文字工具绘制一个文本框并输入文本；然后在控制栏中选择一种合适的字体；接着选择前5个字，设置文字大小为30点；再选择后4个字，设置文字大小为67点；最后设置字体颜色为红色，描边颜色为褐色，如图12-256所示。

图12-256

步骤25 继续使用文字工具输入文本，并设置合适的字体、大小和颜色，如图12-257所示。

图12-257

步骤26 打开配书光盘中的"文本.doc"文件，复制其中的文本；然后切换到InDesign CS5中，使用文字工具绘制文本框，按Ctrl+V组合键粘贴段落文本，如图12-258所示。

图12-258

步骤27 使用横排文字工具输入标题文字并设置合适的颜色，效果如图12-259所示。

现代风格极力反对从古罗马到洛可可等一系列旧的传统样式，力求创造出适应工业时代精神，独具新意的现代风格。设计简朴、通俗、清新，更接近人们生活，其装饰特点由曲线和非对称线条构成，如花梗、花蕾、葡萄藤、昆虫翅膀以及自然界各种优美、波状的形体图案等，体现再墙面、栏杆、窗棂和家具等装饰上。

乡村风格主要表现为尊重民间的传统习惯、风土人情，注重保持民间特色，注意运用地方建筑材料或模仿故事等等作为室内与与人造光彩，频繁地使用形态方向多变的如"C""S"或涡卷形曲线、弧线，并常用大镜面作装饰，大量运用花环、花束、彩箭及贝壳图案纹样，善用金色和象牙白，色彩明快、柔和、清淡却豪华富丽。室内装饰造型

天空光 均衡与稳定

人们在不断满足现实生活要求的同时，又痴爱有艺术价值的传统家具陈设的情趣。于是，曲线优美、线条流动的巴洛克和洛可可风格的家具常用作为居室的陈设，再配以相同格调的壁板、帷幔、地毯、家具外罩等装饰织物，给室内增添了端庄、典雅的贵族气氛。

东南亚豪华风格是一个结合东南亚民族岛屿的特色及精致文化品位相结合的设计。广泛地运用木材和其他的天然原材料，如藤、竹、石材、青铜和黄铜，深木色的家具，局部采用一些金色的壁纸、丝绸质感的布料，灯光的变化体现了稳重直爽沉稳感。

人们在不断满足现代生活要求的同时，又痴发出一种向往传统、怀念古老家饰品、珍爱有艺术价值的传统家具陈设的情趣……风格的家具有着罗巴的奢华大气……优美…………织物，给室内…………式，没有了……就了……又是……

它有着罗巴的奢华与贵气，但又结合了美洲大陆这块水土的不同，这样结合了新的怀旧、贵气加大气而又不失自在与随意的风格。美式家居风格的这些元素也正好符合了时下的文化资产者对生活方式的需求，即为文化感、有贵气感，还不能缺乏自在感与情调感。

图12-259

步骤28 按照相同的方法制作其他文字，效果如图12-260所示。

图12-260

步骤29 使用钢笔工具在标题底部绘制一条直线路径，并设置描边颜色为褐色，描边大小为3点；然后按住Alt键拖曳直线路径，复制出两个副本，放置在其他标题底部，如图12-261所示。

图12-261

步骤30 使用选择工具选择其中一个段落，然后使用直接选择工具选择框架左上角的锚点，将其向右拖曳，此时框架中的文本也会随之变化，如图12-262所示。

图12-262

InDesign CS5从入门到精通

步骤31 单击工具箱中的"垂直文字工具"按钮 **T.**，绘制一个文本框并输入文字；然后在"字符"面板选择一种合适的字体，设置文字大小为20点，旋转为45°；接着设置文字颜色为蓝色，如图12-263所示。

图12-263

步骤32 至此，完成家居报纸排版，最终效果如图12-264所示。

图12-264

综合实例——建筑楼盘宣传画册

案例文件	综合实例——建筑楼盘宣传画册.indd
视频教学	综合实例——建筑楼盘宣传画册.flv
难易指数	
知识掌握	"页面"面板、渐变羽化工具、表格的制作、表选项设置

案例效果

本案例的最终效果如图12-265所示。

图12-265

操作步骤

步骤01 执行"文件＞新建＞文档"命令，或按Ctrl+N组合键，打开"新建文档"对话框，在"页面大小"下拉列表框中选择A4，设置"页数"为8，选中"对页"复选框，如图12-266所示。

步骤02 单击"边距和分栏"按钮，打开"新建边距和分栏"对话框，设置"上"为20毫米，然后单击"将所有设置设为相同"按钮，将其他3个选项（"下"、"内"、"外"）调整为相同的设置，再单击"确定"按钮，如图12-267所示。

步骤03 执行"窗口＞页面"命令，在打开的"页面"面板中单击右上角的 按钮，在弹出的菜单中取消选择"允许文档页面随机排布"命令；然后选中第8页，按住鼠标左键

将其拖曳到第1页的左侧，如图12-268所示。

图12-266　　　　　图12-267

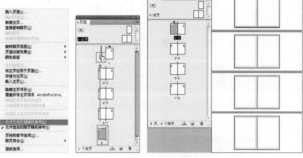

图12-268

步骤04 双击"主页"，进入该页面进行编辑。在"图层"面板中，新建一个图层，单击工具箱中的"钢笔工具"按钮 **.**，在页面左侧绘制一条闭合路径，并设置填充颜色为蓝色，如图12-269所示。

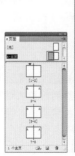

图12-269

将"主页"图层放置在"图层"面板的最顶层，这样主页中的内容就不会被其他图层覆盖了，如图12-270所示。

图12-270

步骤05 单击工具箱中的"直排文字工具"按钮 IT.，绘制一个文本框并输入文字；然后在控制栏中选择一种合适的字体，设置文字大小为16点，文字颜色为蓝色；接着将文字旋转一定的角度。此时单击所有左侧页面，都会出现主页中的页标，效果如图12-271所示。

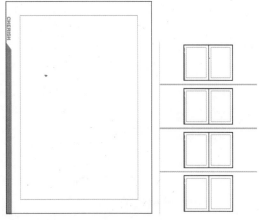

图12-271

步骤06 由于页面1为封底，不需要包含主页的样式，故选择"页面"面板中的"无"选项，将其拖曳到第1页中，第1页中的页标会被取消，如图12-272所示。

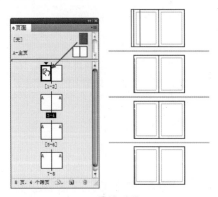

图12-272

步骤07 单击工具箱中的"矩形工具"按钮 ■，在第1页上绘制一个页面大小的矩形；然后打开"渐变"面板，拖动滑块将渐变颜色调整为从淡蓝色到蓝色，设置"类型"为"线性"；接着单击工具箱中的"渐变工具"按钮 ■，拖曳鼠标为矩形添加渐变效果，如图12-273所示。

图12-273

步骤08 使用矩形工具在页面底部绘制一个矩形，并设置填充颜色为白色；然后单击工具箱中的"渐变羽化工具"按钮 ■，在页面中的选区部分自下而上地填充渐变羽化效果，如图12-274所示。

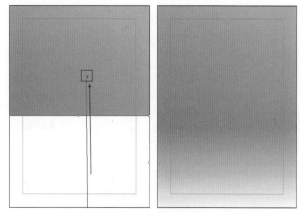

图12-274

步骤09 使用选择工具将其全选，然后按住Alt键拖曳鼠标，复制出一个副本，并将其放置在第2页中，如图12-275所示。

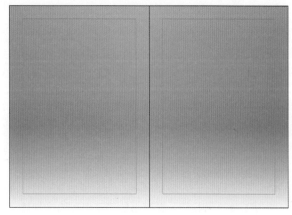

图12-275

InDesign CS5从入门到精通

步骤10 单击工具箱中的"矩形框架工具"按钮 ⊠，依次在第1、2、4页绘制3个不同大小的矩形框架；然后执行"文件>置入"命令，置入3幅立体素材图像，如图12-276所示。

图12-276

步骤11 使用矩形工具在第3、4页绘制不同大小的矩形；然后打开"渐变"面板，拖动滑块将渐变颜色调整为从淡蓝色到蓝色，设置"类型"为"线性"；再单击工具箱中的"渐变工具"按钮，分别为矩形填充不同角度的渐变效果，如图12-277所示。

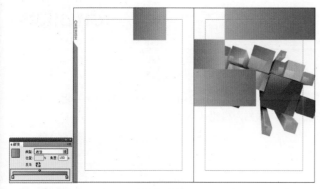

图12-277

步骤12 继续使用矩形工具在第3、4页中绘制不同大小的矩形；然后双击工具箱中的"填色"按钮，打开"拾色器"对话框，设置填充颜色为不同的蓝色，并单击"添加CMYK色板"按钮，在填充颜色的同时将此颜色保存到"色板"面板中，如图12-278所示。

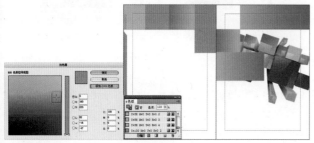

图12-278

技巧提示

单击"添加RGB色板"按钮后，可以将颜色保存在色板中，日后需要时可以直接在色板中选择颜色。

步骤13 执行"文件>置入"命令，在弹出的"置入"对话框中选择天空云朵素材文件，单击"打开"按钮，然后将光标移至页面中，当其变为⬚形状时在第5、6页中单击并拖曳鼠标，即可将其导入，如图12-279所示。

图12-279

步骤14 使用矩形框架工具在页面上绘制一个矩形框架，然后执行"文件>置入"命令，置入建筑素材图像，如图12-280所示。

图12-280

步骤15 使用矩形工具在页面上绘制一个矩形，然后打开"色板"面板，在其中选择蓝色。按照相同的方法继续绘制出多个蓝色矩形，如图12-281所示。

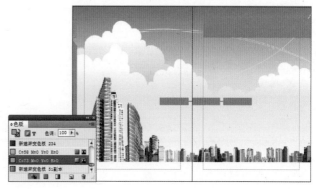

图12-281

步骤16 使用矩形框架工具依次在第4、6、7页绘制不同大小的7个矩形框架，然后执行"文件>置入"命令，分别置入7幅风景素材，如图12-282所示。

图12-282

步骤17 在"页面"面板中选择第8页，进入其编辑状态。首先导入一幅背景素材图像作为底图；然后使用矩形框架工具绘制一个矩形框架，再执行"文件>置入"命令，在弹出的"置入"对话框中选择需要的光盘素材文件，单击"打开"按钮将其导入，如图12-283所示。

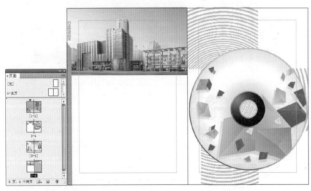

图12-283

步骤18 在"页面"面板中双击第2页，开始制作封面。单击工具箱中的"文字工具"按钮 T.，绘制一个文本框并输入文本；然后在控制栏中选择一种合适的字体，设置文字大小为43点，文字颜色为黑色，如图12-284所示。

步骤19 选择"文字"图层，将其拖曳到"创建新图层"按钮上，建立一个副本；然后选中下一层的原图层，执行"窗口>效果"命令，打开"效果"面板，设置"不透明度"为28%；接着按键盘上的"↑"键，将文本向上位移2点，增强其立体感，如图12-285所示。

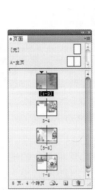
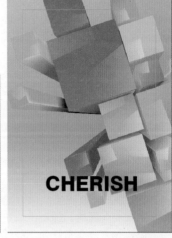

图12-284

图12-285

步骤20 使用文字工具选中文本中的第2、3个字母"HE"，设置字体颜色为白色，如图12-286所示。

图12-286

步骤21 继续使用文字工具在标题文字下方绘制文本框并输入段落文本，设置合适的字体、大小、颜色；然后执行"窗口>文字和表>段落"命令，在打开的"段落"面板中单击"居中对齐"按钮；接着选中该文本图层，将其拖曳到"创建新图层"按钮上，建立一个副本。再选中原图层，打开"效果"面板，设置"不透明度"为28%；最后按键盘上的"↑"键，将其向上位移一个点，如图12-287所示。

步骤22 选中封面中的文本，按住Alt键的同时拖曳鼠标，复制出多个标题副本，然后依次放置在其他页面中，并适当调整其大小、颜色和内容，效果如图12-288所示。

图12-287

图12-288

步骤23 选择封底页面，使用文字工具在底部输入段落文本；然后在控制栏中选择一种合适的字体，设置文字大小为12点，文字颜色为黑色；再打开"段落"面板，单击"右对齐"按钮，如图12-289所示。

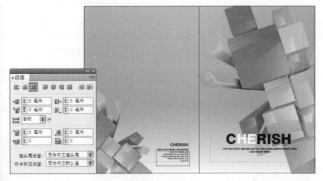

图12-289

步骤24 在"页面"面板中双击第4页，跳转到该页中制作表格。单击工具箱中的"文字工具"按钮 **T.**，将插入点放置在要显示表的位置，然后执行"表＞插入表"命令，在弹出的"插入表"对话框中设置"正文行"为5，"列"为4，如图12-290所示。

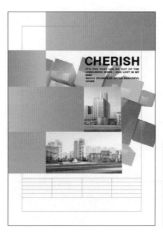

图12-290

步骤25 将鼠标放在表的行线上，当其变为 ‡ 形状时，按住鼠标左键向下拖移调整行高；然后执行"表＞选择＞表"命令，将表选中；再执行"表＞均匀分布行"命令，将各行均匀分布，如图12-291所示。

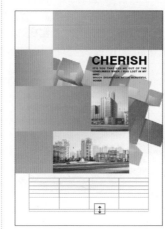

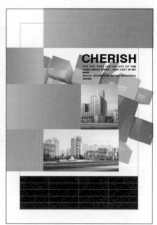

图12-291

技巧提示

将光标移至表的左上角，当其变为 ⌐ 形状时单击，即可选中整个表，如图12-292所示。

图12-292

步骤26 将插入点放置在单元格中，然后执行"表>表选项>表设置"命令，打开"表选项"对话框。在该对话框中选择"表设置"选项卡，然后在"表外框"选项组中设置"粗细"为1点、"颜色"为深蓝、"类型"为直线、"色调"为100%，如图12-293所示。

图12-293

步骤27 在"表选项"对话框中选择"行线"选项卡，设置"交替模式"为"每隔一行"、"前"为1行、"粗细"为1点、"类型"为实底、"颜色"为绿色、"色调"为100%、"后"为1行、"粗细"为1点、"类型"为实底、"颜色"为绿色、"色调"为100%，如图12-294所示。

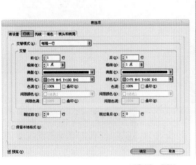

图12-294

步骤28 在"表选项"对话框中选择"列线"选项卡，设置"交替模式"为"每隔一列"，"前"为1列、"粗细"为1点、"类型"为实底、"颜色"为绿色、"色调"为100%，后为1列、粗细为1点、类型为实底、颜色为绿色、色调为100%，如图12-295所示。

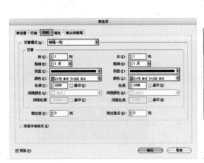

图12-295

步骤29 在"表选项"对话框中选择"填色"选项卡，设置"交替模式"为"每隔两行"、"前"为2列、"颜色"为蓝色、"色调"为20%，"后"为2行、"颜色"为绿色、"色调"为20%，如图12-296所示。

图12-296

步骤30 将光标插入单元格中，分别输入相应的文本；然后选择表格中文本，设置合适的字体、大小和颜色；接着执行"表>单元格选项>文本"命令，打开"单元格选项"对话框，设置"排版方向"为"水平"，"对齐"为"水平居中"（使文字位于每个单元格居中位置），单击"确定"按钮，如图12-297所示。

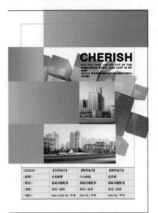

图12-297

步骤31 使用文字工具分别在不同页面上输入段落文本，如图12-298所示。

图12-298

InDesign CS5从入门到精通

执行"窗口>样式>段落样式"命令，打开"段落样式"面板，从中新建多个样式，并为不同区域文字添加不同的段落样式，如图12-299所示。

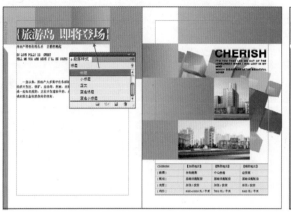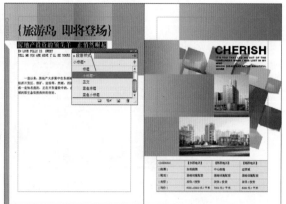

图12-299

 技巧提示

在"段落样式"面板中单击"创建新样式"按钮，然后双击样式图层，或者单击右上角的 按钮，在弹出的菜单中选择"新建段落样式"命令，在弹出的"段落样式选项"对话框中可以进行相应的设置，如图12-300所示。

图12-300

步骤33 使用相同的方法为其他段落文本添加段落样式，效果如图12-301所示。

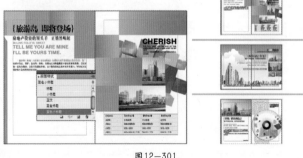

图12-301

步骤34 在"页面"面板中双击第3页，跳转到该页中进行制作。使用矩形工具在一个角点处单击并拖曳鼠标，绘制一个矩形，然后设置填充颜色为灰色，如图12-302所示。

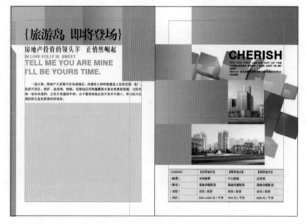

图12-302

步骤35 使用矩形工具在灰色矩形上绘制一个矩形，并设置填充颜色为白色；然后执行"对象>角选项"命令，在弹出的"角选项"对话框中单击"统一所有设置"按钮，将其中两个对角的转角大小设置为5毫米，形状为圆角，如图12-303所示。

图12-303

步骤36 按照同样的方法制作出多个圆角矩形，如图12-304所示。

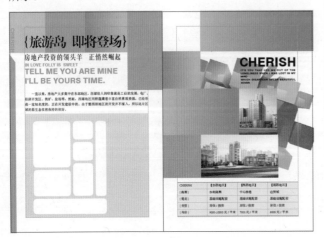

图12-304

步骤37 单击工具箱中的"椭圆工具"按钮 ，按住Shift键拖曳鼠标，绘制一个正圆，并设置填充颜色为白色；然后选中正圆，按住Alt键拖曳鼠标，复制出3个并垂直排列；接着按住Shift键进行加选，将正圆全选；再单击鼠标右键，在弹出的快捷菜单中执行"编组"命令，将4个圆编为一组，如图12-305所示。

图12-305

步骤38 选中圆组，按住Alt键拖曳鼠标，复制出两组副本。将一组副本水平位移，放置在对侧；在另一组上单击鼠标右键，在弹出的快捷菜单中执行"变换＞顺时针旋转90°"命令，将其放置在顶部位置，如图12-306所示。

步骤39 按照绘制白色圆的方法制作出3组红色圆，如图12-307所示。

步骤40 使用矩形框架工具绘制矩形框架；然后将其选中，按住Alt键拖曳鼠标，复制出一个副本，并将其垂直摆放；接着导入两幅风景素材图像，如图12-308所示。

步骤41 使用文字工具输入文本；然后在控制栏中选择一种

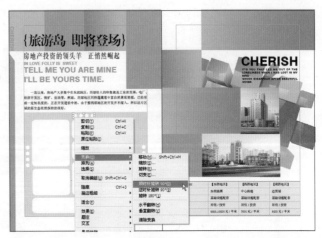

图12-306

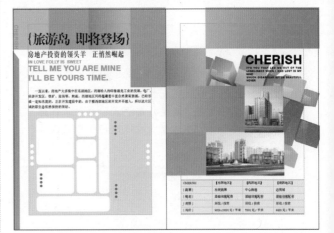

图12-307

图12-308

合适的字体，设置文字大小为35点；再选择前两个字，通过"色板"面板将其颜色设置为紫色；接着选中其右侧的两个文字，设置为红色；以相同的方法依次选择余下的文字并设置适当的颜色，使其产生彩色文字效果，如图12-309所示。

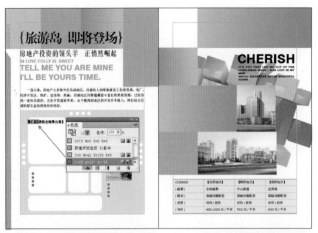

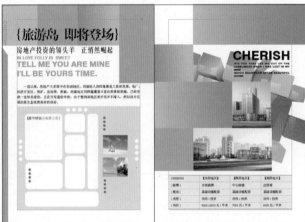

图12-309

步骤42 使用文字工具输入段落文本；然后在控制栏中选择一种合适的字体，设置文字大小为12点，文字颜色为黑色；接着打开"段落"面板，单击"双齐末行齐左"按钮，如图12-310所示。

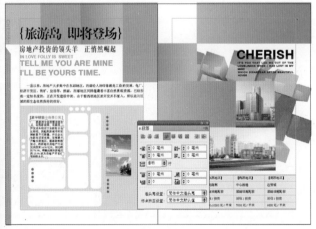

图12-310

步骤43 继续使用文字工具输入相关文本，并设置字体、大小和颜色，效果如图12-311所示。

图12-311

步骤44 至此，完成建筑楼盘宣传画册的制作，最终效果如图12-312所示。

图12-312

读书笔记